Dimitri O. Ledenyov
Viktor O. Ledenyov

Nieliniowości w nadprzewodnictwie mikrofalowym

Dimitri O. Ledenyov
Viktor O. Ledenyov

Nieliniowości w nadprzewodnictwie mikrofalowym

(NO SUBTITLE)

Wydawnictwo Bezkresy Wiedzy

Cover image: www.ingimage.com

This book is a translation from the original published under ISBN 978-613-9-99775-6.

Publisher:
Wydawnictwo Bezkresy Wiedzy
is a trademark of
Dodo Books Indian Ocean Ltd., member of the OmniScriptum S.R.L Publishing group
str. A.Russo 15, of. 61, Chisinau-2068, Republic of Moldova Europe
Printed at: see last page
ISBN: 978-620-0-54132-1

Do naszych ukochanych rodziców Olega P. Liedenyova i Tamary W. Liedenyovej.

Spis treści

Spis treści **2**

Wprowadzenie **7**

Rozdział 1. Badania nad nieliniowościami w $YBa2Cu3O7-_{\delta}$ i $NdBa2Cu3O7-_{\delta}$ Nadprzewodniki w mikrofalach **10**

1.1. Ewolucyjny postęp w dziedzinie elektroniki **10**

1.2. Nadprzewodnictwo mikrofalowe Nauka o nadprzewodnictwie. **10**

1.3. Problem z nieliniowościami w nadprzewodnictwie mikrofalowym **12**

1.4. Rozwiązanie problemu dotyczącego nieliniowości w nadprzewodnictwie mikrofalowym **18**

Referencje **21**

Rozdział 2. Przegląd historyczny Odkrywanie fenomenów nadprzewodnictwa i synteza materiałów nadprzewodnikowych w zastosowaniach mikrofalowych w elektronice **25**

2.1. Nadprzewodność **25**

2.2. Podstawowe właściwości nadprzewodników HighTC **30**

2.3. Zanikająca oporność elektryczna nadprzewodników **30**

2.4. Diamagnetyczne zachowanie: Efekt Meissnera-Ochsenfelda w nadprzewodnikach **32**

2.5. Parametry krytyczne nadprzewodników **34**

2.6. Teorie na rzecz zrozumienia nadprzewodnictwa **40**

2.7. Gorter-Casimir Teoria nadprzewodnictwa dwupłynnego **40**

2.8. London Electrodynamics Theory of Superconductivity **43**

2.9. Ginsburg-Landau Teoria nadprzewodnictwa (Ginsburg-Landau Theory of Superconductivity) **45**

2.10. Bardeen, Cooper, Schrieffer Teoria nadprzewodnictwa **48**
2.11. Techniczne zastosowania nadprzewodników **52**
2.12. Nowoczesne zastosowania techniczne materiałów HTS........ **53**
2.13. Filtry sygnałów elektromagnetycznych HTS...................... **55**
Referencje **58**

Rozdział 3. Właściwości mikrofalowe nadprzewodników **62**
3.1. Właściwości mikrofalowe nadprzewodników...................... **62**
3.2. Precyzyjny pomiar parametrów fizycznych nadprzewodników wysokotemperaturowych za pomocą rezonatorów dielektrycznych i rezonatorów mikropaskowych w mikrofalach **68**
3.3. Dokładna charakterystyka nieliniowych parametrów fizycznych nadprzewodników wysokotemperaturowych z rezonatorami dielektrycznymi i rezonatorami mikropaskowymi w mikrofalach ... **77**
3.4. Analiza mierzonych nieliniowych parametrów fizycznych nadprzewodników wysokotemperaturowych z rezonatorami dielektrycznymi i rezonatorami mikropaskowymi w mikrofalach ... **80**
3.5. Niektóre propozycje dotyczące charakteru nieliniowości i możliwych fizycznych mechanizmów powstawania nieliniowości w nadprzewodnictwie mikrofalowym **101**
Referencje **102**

Rozdział 4. Przegląd badań nad modelami układów równoważnych elementów grudkowych nadprzewodników i rezonatorów nadprzewodnikowych w mikrofalach **110**
4.1. Computer Modeling of Superconductors at Microwaves....... **110**
4.2. Modele układów równoważnych elementów grudkowych nadprzewodników w mikrofalach **111**

4.3. RLC Modele układów równoważnych elementów grudkowych układów rezonansowych w mikrofalach **120**
Referencje **137**

Rozdział 5. Zaawansowane modele układów scalonych o nieliniowych właściwościach $YBa2Cu3O7-_{\delta}$ i $NdBa2Cu3O7-_{\delta}$ Nadprzewodniki wysokotemperaturowe w rezonatorze dielektrycznym i rezonatorze mikropaskowym w mikrofalach do projektowania wspomaganego komputerowo (CAD) **141**
5.1. Modele układów równoważnych elementów grudkowych nadprzewodników wysokotemperaturowych i wysokotemperaturowych rezonatorów nadprzewodnikowych w mikrofalach **141**
5.2. Podstawowe modele układów równoważnych elementów wielkotemperaturowych nadprzewodnika w rezonatorze dielektrycznym w mikrofalach **142**
5.3. Zaawansowane modele Ledenyova z układem scalonym o wysokiej temperaturze nadprzewodnika w rezonatorze dielektrycznym w mikrofalach **147**
5.4. Zależność modeli obwodów zastępczych elementów w bryłach od pola magnetycznego, Hrf, i mocy sygnału, P, w mikrofalach **152**
5.5. Modelowanie mikrofalowej mocy sygnału o częstotliwości Zależności nieliniowych za pomocą zaawansowanych modeli Ledenyova z układem scalonym o wysokiej temperaturze nadprzewodnika w rezonatorze dielektrycznym **154**
Referencje **166**

Rozdział 6. Badanie eksperymentalne $YBa2Cu3O7-_{\delta}$ i $NdBa2Cu3O7-_{\delta}$ Cienkie filmy na podłożach MgO w rezonatorze dielektrycznym w mikrofalach **167**

6.1. Podejście badawcze do dokładnej charakterystyki YBa2Cu3O7-δ i NdBa2Cu3O7-δ Cienkie filmy w rezonatorze dielektrycznym w mikrofalach **167**
6.2. Eksperymentalny zestaw pomiarowy do dokładnej charakterystyki YBa2Cu3O7-δ i NdBa2Cu3O7-δ Cienkie filmy w rezonatorze dielektrycznym w mikrofalach **169**
6.3. Eksperymentalne techniki pomiarowe i wyniki dokładnej charakterystyki YBa2Cu3O7-δ i NdBa2Cu3O7-δ Cienkie filmy na podłożach MgO w rezonatorze dielektrycznym w mikrofalach **172**
6.4. Wyniki pomiarów doświadczalnych dotyczących dokładnej charakterystyki YBa2Cu3O7-δ i NdBa2Cu3O7-δ Cienkie filmy na podłożach MgO w rezonatorze dielektrycznym przy różnych poziomach mocy sygnału mikrofalowego **177**
Referencje **181**

Rozdział 7. Badania eksperymentalne YBa2Cu3O7-δ i NdBa2Cu3O7-δ Cienkie filmy na podłożach MgO w rezonatorach mikropaskowych w mikrofalach **184**
7.1. Podejście badawcze do dokładnej charakterystyki YBa2Cu3O7-δ i NdBa2Cu3O7-δ Cienkie filmy w rezonatorach mikropaskowych w mikrofalach **184**
7.2. YBa2Cu3O7-δ i NdBa2Cu3O7-δ Obliczanie geometrii układu rezonatorów mikropaskowych, symulacja reakcji na sygnał, optymalizacja projektu i opracowanie prototypu **185**
7.3. Zmierzone zależności współczynnika transmisji od częstotliwości, S21(f), YBa2Cu3O7-δ i NdBa2Cu3O7-δ Rezonatory mikropaskowe przy różnych poziomach mocy sygnału mikrofalowego przy wybranych temperaturach w mikrofalach **188**

7.4. Obliczona zależność współczynnika jakości od temperatury, Q0(T), oraz oporności powierzchniowej od mocy sygnału mikrofalowego, RS(P), oraz zmiany oporności powierzchniowej od temperatury, RS (T), $YBa_2Cu_3O_{7-\delta}$ i $NdBa_2Cu_3O_{7-\delta}$ Rezonatory mikropaskowe przy różnych poziomach mocy sygnału mikrofalowego przy wybranych temperaturach w mikrofalach **193**

Referencje **202**

Rozdział 8. Charakterystyka i mechanizmy fizyczne nieliniowości w $YBa_2Cu_3O_{7-\delta}$ i $NdBa_2Cu_3O_{7-\delta}$ Nadprzewodniki wysokotemperaturowe w mikrofalach **205**

8.1. Zrozumienie natury i fizycznych mechanizmów nieliniowości w $YBa_2Cu_3O_{7-\delta}$ i $NdBa_2Cu_3O_{7-\delta}$ Nadprzewodniki wysokotemperaturowe w mikrofalach **205**

8.2. Główne wyniki precyzyjnego pomiaru nieliniowości w $YBa_2Cu_3O_{7-\delta}$ i $NdBa_2Cu_3O_{7-\delta}$ Nadprzewodniki wysokotemperaturowe w mikrofalach **207**

Referencje **215**

Wniosek **218**

Dyskusje końcowe, uwagi i perspektywy **218**

Podziękowanie **225**

Lista danych liczbowych **228**

Lista tabel **240**

Indeks tematów **241**

Indeks autorski **253**

Okładka tylna **257**

Wprowadzenie

Książka ta przedstawia pokrótce wszystkim zainteresowanym studentom, inżynierom i naukowcom dziedzinę badań nad nieliniowością nadprzewodnictwa mikrofalowego. W kolejnych rozdziałach obszernie omówiono wszystkie teoretyczne i eksperymentalne wyniki badań nad nieliniowością nadprzewodnictwa mikrofalowego, które Dimitri O. Liedenyov uzyskał w ramach swojego programu badawczego doktoratu na Uniwersytecie Jamesa Cooka w Australii oraz na współpracujących z nim uniwersytetach, instytucjach i firmach badawczych w Niemczech, P.R. Chinach, na Ukrainie. Ponadto, książka przedstawia rozszerzoną dyskusję ze szczególnym naciskiem na nowatorstwo teoretycznych i eksperymentalnych wyników badań nadprzewodnictwa mikrofalowego i różnych możliwych zastosowań technicznych. Te innowacyjne badania były wspierane i częściowo finansowane przez James Cook University, Australia; CSIRO, Australia; Tsinghua University, P.R. China i IEEE, USA.

Wiemy, że prosty nieliniowy system może wykazywać dość złożone zachowania fizyczne. Powstanie nieliniowych zjawisk w nadprzewodnikach wysokotemperaturowych (HTS) w określonych warunkach może doprowadzić do zaprojektowania nowych elektronicznych/fotonicznych urządzeń pasywnych/aktywnych HTS, jednak z drugiej strony może znacznie ograniczyć lepsze parametry techniczne urządzeń mikrofalowych HTS przy podwyższonych poziomach mocy sygnału mikrofalowego. Dlatego też badania mające na celu zrozumienie pełnego zakresu problemu dotyczącego zalet parametrów technicznych w porównaniu z ograniczeniami charakterystyk technicznych, a także ewentualne ich przewidywanie, mogą z pewnością przynieść znaczne korzyści na wczesnym etapie procesu badań i rozwoju urządzeń/modułów/systemów mikrofalowych (R&D). Dlatego też, jednym z głównych celów tej książki jest zbadanie właściwości mikrofalowych nadprzewodników wysokotemperaturowych, wykazujących w określonych warunkach liczne nieliniowe efekty działania różnych rodzajów natury. Ponadto, kontynuowano rozwój cienkich warstw HTS o znacznie lepszych możliwościach obsługi sygnałów elektromagnetycznych do wykorzystania w komponentach, obwodach i urządzeniach mikrofalowych. Badanie eksperymentalne zostało przeprowadzone przy użyciu rezonatora dielektrycznego i rezonatora mikropaskowego, skupiając się na problemie: Czy istnieje materiał, który wykazuje słabe efekty nieliniowe, niż ten, który występuje w powszechnie stosowanym nadprzewodniku YBa2Cu3O7-$_{\delta}$ (YBCO)?

Książka ta opisuje innowacyjne badania mające na celu opracowanie nowatorskich modeli układów scalonych z materiałów HTS, które dokładnie uwzględniają wszystkie nieliniowe efekty w HTS i różnych rezonatorach mikrofalowych. Modele teoretyczne Liedenyowa bardziej wyczerpująco opisują nadprzewodniki w ramach teorii obwodów nadprzewodnikowych niż zwykły model dwuprzewodowy Gortera-Casimira przy ultra wysokich częstotliwościach. Uzyskane przez autorów wyniki symulacji ściśle przybliżają zmierzone wielkości parametrów fizycznych cienkowarstwowych HTS oraz zachowania na mikrofalach.

Niedawno cienkie folie HTS, wykonane z neodymu, wzbudziły duże zainteresowanie inżynierów i naukowców. Podczas gdy folie NdBa2Cu3O7-$_{\delta}$ (NdBCO) mają wyższą temperaturę krytyczną, $_{TC}$ i prąd krytyczny, JC, niż folie YBCO; YBCO było prawie wyłącznie używane w aplikacjach mikrofalowych HTS. Powodem tego jest komercyjna dostępność wysokiej jakości folii YBCO, osadzających się na dużych powierzchniach, oraz ich rozsądne ceny. I tak, w tej książce autorzy badali właściwości mikrofalowe rezonatorów mikropaskowych, wykonanych z ulepszonych folii NdBCO z warstwą buforową YBCO na podłożach MgO, przy użyciu techniki syntezy kooparowania termicznego firmy CERACO/THEVA (Niemcy).

Zaproponowano również bardziej zaawansowane projekty rezonatorów mikropaskowych NdBCO, obliczono ich funkcje odpowiedzi na sygnał oraz opracowano różne możliwe geometrie układu. Rezonatory mikropaskowe NdBCO i YBCO zostały wyprodukowane na Uniwersytecie Tsinghua w P.R. w Chinach.

Zakończono pomiary oporów powierzchniowych folii NdBCO i YBCO w funkcji temperatury i mikrofalowych mocy sygnału wejściowego: 1) dokładnie scharakteryzowano folie NdBCO i YBCO w rezonatorze dielektrycznym, a także 2) dokładnie scharakteryzowano folie NdBCO i YBCO w rezonatorach mikropaskowych przy częstotliwościach odpowiednio 25GHz i 2,1GHz w określonych temperaturach. Analiza porównawcza efektów nieliniowych w cienkich warstwach YBCO i cienkich warstwach NdBCO przy podobnych rezonatorach mikrofalowych jest przedstawiona i wyczerpująco omówiona w niniejszym manuskrypcie.

Badania opisane w tej książce sugerują, że folie NdBCO i rezonatory mikrofalowe oparte na cienkich warstwach NdBCO charakteryzują się wyższymi zdolnościami obsługi sygnału elektromagnetycznego niż folie YBCO i rezonatory mikrofalowe oparte na cienkich warstwach YBCO przy ultra wysokich częstotliwościach w temperaturach pracy, dlatego też folie NdBCO są uważane za całkiem odpowiednie do zastosowań technicznych o wysokich parametrach w obwodach mikrofalowych w elektronice mikrofalowej/fotonice.

W trakcie pisania książek, autorzy postanowili omówić następujące problemy naukowe:

1) Problem nauki podstawowej (aspekty teoretyczne i doświadczalne) dotyczący dokładnej charakterystyki parametrów nadprzewodników $NdBa2Cu3O7-_{\delta}$ (NdBCO) i $YBa2Cu3O7-_{\delta}$ (YBCO) w mikrofalach;

2) Problem nauk stosowanych dotyczący możliwych zastosowań technicznych nadprzewodników $NdBa_2Cu_3O_{7-\delta}$ (NdBCO) i $YBa_2Cu_3O_{7-\delta}$ (YBCO) w mikrofalach, i co najważniejsze;

3) Założenia na przyszłość dotyczące zbliżających się ważnych wydarzeń w fascynującej, szybko rozwijającej się dziedzinie nauki o nadprzewodnictwie mikrofalowym.

Rozdział 1

Badania nad nieliniowościami w $YBa2Cu3O7\text{-}_\delta$ i $NdBa2Cu3O7\text{-}_\delta$ Nadprzewodniki w mikrofalach

1.1. Ewolucyjny postęp w dziedzinie elektroniki

We współczesnym świecie duża liczba urządzeń elektronicznych jest używana przez ludzi w ich codziennym życiu we współczesnych społeczeństwach w różnych miejscach geograficznych. W ostatnich dziesięcioleciach całkowita liczba urządzeń elektronicznych znacznie wzrosła w skali światowej. Nowoczesne miasta i społeczeństwa zmieniają się błyskawicznie w wyniku intensywnych zastosowań urządzeń elektronicznych. Gospodarka globalnie połączona w sieć, rozwój, który jest kształtowany przez konwergencję: 1) rosnąca moc obliczeniowa, 2) szybkie sieci telekomunikacyjne, 3) zaawansowane materiały elektroniczne, szybko się rozwijają. Ten globalny rozwój, połączony z nieograniczoną dostępnością zasobów technologicznych i talentów inżynierskich, stworzył duże zapotrzebowanie zarówno na 1) nowe urządzenia, moduły i systemy elektroniczne o lepszych parametrach technicznych, jak i 2) nowe materiały o lepszych właściwościach fizycznych/chemicznych/elektronicznych. Tak więc intensywne prace badawczo-rozwojowe (R&D) nad syntezą i zastosowaniem materiałów nadprzewodnikowych w nowych urządzeniach elektronicznych i fotonicznych przyniosą nieograniczone możliwości biznesowe w przemyśle elektronicznym, poprawiając jakość naszego życia w nadchodzących latach.

1.2. Nadprzewodnictwo mikrofalowe Nauka o nadprzewodnictwie

Od czasu odkrycia zjawiska nadprzewodnictwa i niskotemperaturowych nadprzewodników (LTS) przez Heike Kamerlingh Onnes w 1911 roku [1]; pierwsze badania nad LTS w mikrofalach przez McLennana, Burtona, Pitta,

Wilhelma w 1931,1932 roku [2, 3]; oraz późniejsze odkrycie wysokotemperaturowych nadprzewodników (HTS) przez Bednorza i Mullera w 1986 r. [4], znaczne zainteresowanie badawcze zaczęło koncentrować się na rozwoju materiałów, komponentów, urządzeń i systemów HTS do zastosowań w elektronice mikrofalowej. Materiały i urządzenia HTS są przeznaczone głównie do szeregu zastosowań technicznych w szybko rozwijających się branżach komunikacji informacyjnej, kosmicznej, elektronicznej, medycznej i niektórych innych. W ciągu ostatnich 30 lat przemysł telefonii komórkowej nadal jest silnym motorem napędowym dla zastosowań nadprzewodzących. Jednakże ze względu na istniejące trudności w syntezie materiałów HTS i rozwoju urządzeń HTS (niezawodność i koszty), nowa technologia HTS nie została szeroko przyjęta przez przedsiębiorstwa w otwartej gospodarce rynkowej. Nadprzewodniki oferują jednak znaczne zalety pod względem parametrów technicznych w stosunku do konwencjonalnych materiałów w obwodach mikrofalowych urządzeń nadprzewodzących. W XXI wieku technologie urządzeń nadprzewodnikowych zaczynają odgrywać dominującą rolę we współczesnych społeczeństwach, a zastosowanie HTS w mikrofalowych komponentach, urządzeniach i systemach elektronicznych nadal rośnie wykładniczo.

Obecnie technologia cienkowarstwowych mikropasek HTS oferuje szereg obiecujących korzyści technicznych w zaprojektowanych na zamówienie urządzeniach mikrofalowych w systemach komunikacji kosmicznej, systemach komunikacji mobilnej, wysokowydajnych systemach obliczeniowych oraz zaawansowanych, elektronicznie skanowanych radarach z matrycą fazową na całym świecie. Szeroka gama pasywnych i aktywnych urządzeń HTS, pracujących na ultra wysokich częstotliwościach, została już przebadana, opracowana i zbudowana. Na przykład, rezonatory mikrofalowe HTS, filtry, miksery, linie opóźniające i anteny. HTS jest bardzo atrakcyjnym materiałem do zastosowania w pasywnych obwodach mikrofalowych z kilku powodów. Powodem jest przede wszystkim fakt, że HTS'y mają bardzo niski opór powierzchniowy w porównaniu z najlepszymi konwencjonalnymi metalami normalnymi. Na przykład, powiedzmy, przy częstotliwości 1GHz w niskiej temperaturze 77K, HTS wykazuje opór powierzchniowy, Rs, czyli w trzech lub czterech rzędach wielkości mniejszych niż opór powierzchniowy, Rs, miedzi (Cu) w zastosowaniach mikrofalowych w warunkach równoważnych. Wydajność ta umożliwia tworzenie elementów mikrofalowych z nieznacznymi stratami na wkładce oraz kompaktowych struktur rezonansowych o wyjątkowo wysokiej jakości. Niskostratne właściwości nadprzewodników powodują, że produkowane są różne elementy mikrofalowe o znacznie bardziej zwartej geometrii niż ich normalne metalowe odpowiedniki. Filtry mikrofalowe, rezonatory mikrofalowe o dużych rozmiarach oraz struktury rezonatorów mikrofalowych dielektrycznych można zastąpić kompaktowymi konstrukcjami mikropasek, wykonanych na podłożach waflowych w zastosowaniach o niskiej mocy sygnału elektromagnetycznego w elektronice. W ciągu ostatnich dziesięcioleci nadprzewodnictwo mikrofalowe nadal szybko ewoluuje jako innowacyjna dziedzina badań, koncentrując się głównie na podstawowych właściwościach nadprzewodników i technicznych zastosowaniach nadprzewodników w mikrofalach [5].

1.3. Problem z nieliniowościami w nadprzewodnictwie mikrofalowym

W rzeczywistości istnieje szereg możliwych czynników ograniczających, mających wpływ na wydajność i zastosowanie urządzeń nadprzewodnikowych. Jednym z głównych krytycznych czynników jest zdolność obsługi mocy nadprzewodników, a mianowicie wzrost strat sygnału mikrofalowego w nadprzewodnikach przy wysokich poziomach mocy sygnału mikrofalowego. Straty sygnału mikrofalowego mają miejsce w wyniku nieliniowości powstających w nadprzewodnikach przy stosunkowo dużych gęstościach prądu. Nieliniowości obejmują szereg różnych efektów nieliniowych, w tym niepożądane wytwarzanie harmonicznych, zniekształcenia intermodulacyjne i zwiększone straty wtrąceniowe przy wysokich poziomach mocy sygnału mikrofalowego. Wyraźniej nieliniowość pojawia się w postaci pewnego kształtu zależności oporności powierzchniowej od wejściowej mocy mikrofalowej, RS(P), w nadprzewodniku, a najpierw zaobserwowano ją w konwencjonalnych nadprzewodnikach niskotemperaturowych [6, 7]. Oczywiście, istniejące parametry urządzenia HTS przy niskich poziomach mocy sygnału mikrofalowego mogą być wystarczające w niektórych zastosowaniach, ale możliwości obsługi dużej mocy sygnału mikrofalowego mogą być wymagane w wielu innych zaawansowanych aplikacjach technicznych. Niestety, przy podwyższonych poziomach mocy sygnału mikrofalowego, efekty nieliniowe mają tendencję do pogarszania wydajności urządzeń mikrofalowych dużej mocy HTS. Dlatego też bardzo ważne jest, aby określić rzeczywisty charakter nieliniowości w HTS i określić możliwe sposoby kontroli, redukcji, a nawet wyeliminowania efektu nieliniowości.

Opór powierzchniowy, Rs, jest jednym z najważniejszych parametrów dla mikrofalowej charakterystyki materiałów HTS. W idealnym nadprzewodniku, opór powierzchniowy, Rs, pozostaje niezmienny i niezależny od zastosowanego natężenia pola elektromagnetycznego RF, ale w praktyce, opór powierzchniowy, Rs, wzrasta przy wyższych polach elektromagnetycznych, mając nieliniowe zachowanie fizyczne w foliach HTS w mikrofalach. Poszerzona wiedza o fizycznym zachowaniu się oporności powierzchniowej w zakresie zależności RS od takich parametrów jak temperatura, częstotliwość i zastosowana moc sygnału mikrofalowego może prowadzić do znacznie lepszego zrozumienia właściwości mikrofalowych nadprzewodników. Chociaż jasne zrozumienie zjawisk fizycznych kryjących się za efektem nieliniowym znacznie się rozwinęło od czasu odkrycia HTS, nadal nie ma uniwersalnego podejścia do teoretycznego wyjaśnienia nieliniowej elektrodynamiki materiałów HTS [8-10]. W rzeczywistości nieliniowość może być spowodowana przez jedno lub więcej z następujących zjawisk: efekty termiczne, słabe ogniwa, niejednorodność, nierównoważne wzbudzenie, niekonwencjonalne parowanie i inne [8-10], z których każde może wystąpić w nadprzewodniku w określonych warunkach. Lepsze zrozumienie zarówno nadprzewodnictwa wysokotemperaturowego, jak i związanych z nim efektów nieliniowych, doprowadzi do postępu w nauce i inżynierii mikrofalowej oraz być może do optymalizacji procesów wytwarzania w celu poprawy parametrów mikrofalowych folii HTS i charakterystyki mikrofalowej urządzeń HTS. Dlatego też ważnym zagadnieniem jest zdolność do wykonania wysokowydajnego modelowania nieliniowego zachowania fizycznego materiałów HTS, ponieważ może to pomóc w przewidywaniu parametrów obwodów HTS w elektronice w mikrofalach.

Jednym z głównych celów tej książki jest stworzenie zaawansowanego modelu ekwiwalentnego układu elementów grudkowych, reprezentującego zachowanie elektromagnetyczne HTS wraz z określeniem jego parametrów mikrofalowych na podstawie podstawowych pomiarów, aby umożliwić łatwą analizę i projektowanie układów HTS. Innym celem jest eksperymentalne zbadanie właściwości mikrofalowych cienkich warstw YBa2Cu3O7-$_{\delta}$ (YBCO) i NdBa2Cu3O7-$_{\delta}$ (NdBCO) zarówno w rezonatorach dielektrycznych, jak i w rezonatorach mikropaskowych, w celu wykrycia nadprzewodników wykazujących mniejsze efekty nieliniowe niż te występujące w nadprzewodniku YBCO.

Po przedstawieniu dwóch głównych celów tej książki, przyjrzyjmy się tym problemom bardziej szczegółowo. Jak wspomniano powyżej, nieliniowe efekty w urządzeniach mikrofalowych, oparte na wysokotemperaturowych cienkich warstwach nadprzewodnikowych, wprowadzają pewne istotne ograniczenia w ich zastosowaniach technicznych. Wysiłki zmierzające do zminimalizowania wielkości nieliniowości zostały zahamowane zarówno przez 1) brak teoretycznego zrozumienia pochodzenia nieliniowości w urządzeniach HTS, jak i 2) brak kompleksowych badań eksperymentalnych z wynikami pomiarów dla wielu różnych geometrii układów układów urządzeń mikrofalowych do ilościowego porównania [9].

Ponieważ charakter nieliniowości jest dość złożony i w coraz większym stopniu zależy od różnych czynników, celem wielu badań było zidentyfikowanie źródeł efektu nieliniowości, tak aby można było poprawić materiały HTS. Jednak zrozumienie nieliniowych skutków nie jest jeszcze wystarczające, aby móc to zrobić. Dlatego też w niniejszej książce zaproponowano podejście polegające na symulacji nieliniowych zachowań fizycznych w celu przewidywania i ewentualnego tłumienia pogorszonych właściwości użytkowych urządzeń i obwodów nadprzewodnikowych.

Komputerowe modelowanie właściwości mikrofalowych nadprzewodników zazwyczaj obejmuje szereg etapów badawczych. Przede wszystkim należy wybrać praktyczną strukturę rezonatora mikrofalowego z osadzonymi pod testem próbkami HTS. Następnie dla wybranej struktury rezonatora mikrofalowego należy opracować równoważną sieć z elementami grudkowymi RLC. Kolejnym krokiem w kierunku modelowania systemu mikrofalowego jest opracowanie programu komputerowego, obejmującego opracowaną sieć do analizy mocy mikrofalowej. Na koniec należy zidentyfikować dokładne parametry symulowanej sieci, na podstawie wysoce precyzyjnych pomiarów eksperymentalnych wybranych właściwości cienkich warstw HTS.

Według najlepszej wiedzy autorów, różne mikrofalowe struktury rezonansowe, takie jak równoległy rezonator płytkowy [10], rezonator konfokalny [11], rezonator dielektryczny [12, 13], rezonator linii transmisyjnej [14-15] i inne są szeroko stosowane w precyzyjnych pomiarach oporów powierzchniowych, Rs, folii HTS w dostępnej literaturze badawczej. Wszystkie mikrofalowe struktury rezonansowe mają zdolność do eksperymentalnych pomiarów oporu powierzchniowego, RS, ale można powiedzieć, że najbardziej odpowiednie dla pomiarów nieliniowych i symulacji są te struktury rezonatorów mikrofalowych, dla których istnieją analityczne rozwiązania dla pól elektromagnetycznych. Należy również wziąć pod uwagę takie czynniki jak wygoda techniczna, niezawodność i dokładność w realizacji praktycznej. Rezonator dielektryczny Hakki-Coleman spełnia wszystkie powyższe wymagania [12, 15, 16, 17, 18], dlatego został wybrany jako podstawowa mikrofalowa struktura rezonansowa do dokładnej charakterystyki bezdotykowej wysokotemperaturowych nadprzewodników w mikrofalach.

Przeprowadzono wiele różnorodnych badań nad reakcjami rezonatorów nadprzewodnikowych zależnymi od mocy fal radiowych. Efekty nieliniowe zostały zaobserwowane przez kilku badaczy, a w większości rozważanych przypadków przeprowadzono pewne modelowanie. Liczne badania nad modelowaniem nieliniowym, obejmującym techniki rezonatora linii przesyłowej - paskowej, zostały przeprowadzone przez D. Oatesa i in. [19, 20] oraz przez innych badaczy [21-26]. Współpłaszczyznowe [25, 26] i współosiowe [27, 28] struktury rezonatorów linii transmisyjnej zostały w pewnym stopniu wykorzystane do mikrofalowej charakterystyki nadprzewodników.

J. Wosik [29], gdzie prosty układ zastępczy elementów grudkowych RLC symulował nieliniowe odpowiedzi elektromagnetyczne rezonatora dielektrycznego z liniową zależnością funkcjonalną od transmitowanej mocy. Model ten nie jest jednak w stanie wystarczająco odwzorować zachowania mikrofalowego folii HTS w rezonatorze dielektrycznym. Dlatego też należy znaleźć bardziej zaawansowane podejście do modelowania właściwości fizycznych nadprzewodników, wbudowanych w rezonator dielektryczny, wykorzystując teorię układów scalonych elementów RLC. Dlatego też pierwszym celem tej książki jest opracowanie zaawansowanego modelu ekwiwalentnego układu elementów grudkowych w celu dokładnego scharakteryzowania właściwości mikrofalowych materiałów nadprzewodzących dla możliwych zastosowań w pasywnych/aktywnych urządzeniach mikrofalowych w elektronice.

Od czasu odkrycia materiałów HTS, YBCO jest bezsprzecznie najszerzej badanym związkiem z rzadkich materiałów tlenku miedzi, co spowodowało jego dominację na rynku urządzeń mikrofalowych HTS. Wynikało to z niskiego oporu powierzchniowego dostępnych na rynku cienkich folii YBCO HTS. W rzeczywistości, komercyjne zastosowanie cienkich folii HTS w zastosowaniach mikrofalowych wymaga również zdolności do wytwarzania jednorodnych, wielkopowierzchniowych, dwustronnych folii o niskim oporze powierzchniowym, osadzonych na podłożach waflowych o akceptowalnych właściwościach mikrofalowych. Wysokiej jakości cienkie folie YBCO HTS zostały opracowane na przestrzeni lat w celu zaspokojenia tych potrzeb w zakresie zastosowań w obwodach mikrofalowych. Oczywiście, rozwój folii HTS o lepszych możliwościach przenoszenia mocy niż te obserwowane w foliach YBCO byłby bardzo korzystny dla przyszłych generacji urządzeń mikrofalowych. Dlatego też książka ta skupia się również na problemie naukowym: Czy istnieje inny materiał HTS, który wykazuje mniejsze efekty nieliniowe niż te, które występują w nadprzewodnikach YBCO?

Ostatnio, cienkie folie HTS oparte na neodymie (Nd) stały się bardzo interesujące dla badań mikrofalowych. Związek NdBa2Cu3O7-$_{\delta}$ (NdBCO) wykazuje wyższą temperaturę krytyczną ~94K niż folie YBCO, większą gęstość prądu krytycznego oraz większą stabilność pod względem właściwości termicznych i chemicznych. Właściwości NdBCO w postaci masowej zostały odpowiednio zbadane. Rozważane były jednak metody osadzania pozwalające na wyprodukowanie wysokiej jakości folii NdBCO. Osadzanie cienkich warstw NdBCO badano w przeszłości przy użyciu kilku technik, takich jak epitaksja wiązki molekularnej (MBE), rozpylanie magnetronowe prądu stałego, rozpylanie radiowe, ablacja laserowa, chemiczne osadzanie się pary wodnej (CVD) i termiczne współspalanie. Technika reaktywnego odparowania termicznego stała się główną techniką osadzania dla dostępnych na rynku folii YBCO, ze względu na duże możliwości powierzchniowe i wysokie szybkości osadzania. W związku z tym zbadano go dalej dla innych rzadkich metali ziem rzadkich, nadprzewodnikowych warstw tlenku miedzi [30] i wykazano, że osadzanie się warstw NdBCO wymaga wyższej temperatury podłoża i lepszej odporności na pękanie. Podłoża MgO zostały odkryte jako najbardziej odpowiednie dla folii NdBCO, ponieważ nawet folie o grubości 700nm były wolne od pęknięć. Okazało się jednak, że wysokiej jakości folie NdBCO wymagają dokładnej kontroli składu folii, ponieważ ich stechiometria musi być prawie idealna [30]. Badania systematyczne [30, 31] oraz badania współautorskie [32] wykazały, że krystaliczność folii NdBCO i związane z nią parametry wykazują najlepsze właściwości dla bardzo wąskiego okna kompozycyjnego. Wykazano również, że folie NdBCO, uprawiane bezpośrednio na podłożach MgO, wykazywały słabą zdolność re-produkcji ze względu na bardzo wąskie okno kompozycyjne. W 2011 r. nowe badania [33] wykazały, że zastosowanie warstw buforowych YBCO może umożliwić większe zróżnicowanie składu NdBCO bez uszczerbku dla właściwości nadprzewodnikowych. Dlatego, aby uzyskać folie NdBCO o ulepszonych właściwościach mikrofalowych, konieczna jest ścisła kontrola procesu osadzania i wzrostu.

W tej książce, NdBCO wzmocnione dwustronne cienkie folie z warstwą buforową YBCO na podłożach MgO zostały zbadane w celu ustalenia, czy mogą one wykazywać mniejsze efekty nieliniowe niż efekty nieliniowe w cienkich foliach YBCO. Również rezonatory mikropaskowe, produkowane z tej samej partii cienkich warstw YBCO i NdBCO, zostały zbadane i porównane pod względem ich właściwości mikrofalowych. Przeprowadzono eksperymentalne pomiary oporu powierzchniowego, Rs, w funkcji temperatury, a także mocy wejściowej RF dla cienkiej warstwy YBCO i NdBCO w rezonatorze dielektrycznym przy częstotliwości 25GHz. Zakończono również eksperymentalne pomiary oporu powierzchniowego, Rs, w funkcji temperatury, jak również mocy wejściowej RF dla cienkiej warstwy YBCO i NdBCO w rezonatorach mikropaskowych przy częstotliwościach 2,1GHz.

1.4. Rozwiązanie problemu dotyczącego nieliniowości w nadprzewodnictwie mikrofalowym

Możliwe rozwiązania trudnego problemu nieliniowości w nadprzewodnictwie mikrofalowym zostały opisane w rozdziałach tej książki. W rozdziale 1 sformułowano problem dotyczący badania właściwości nieliniowych folii nadprzewodzących $YBa2Cu3O7-_{\delta}$ i $NdBa2Cu3O7-$ w$_{\delta}$ urządzeniach mikrofalowych w elektronice. Rozdział 2 zawiera krótkie wprowadzenie do zjawiska nadprzewodnictwa, opisujące materiały nadprzewodzące dla zastosowań mikrofalowych w elektronice [34, 35]. Przedstawiono również przegląd historyczny dotyczący mikroskopijnych teorii elektromagnetycznych w celu lepszego zrozumienia nadprzewodnictwa, w tym prace badawcze prowadzone w ostatnich wiekach. W rozdziale 3 omówiono w sposób bardziej kompleksowy zagadnienia dotyczące materiałów nadprzewodzących i ich właściwości mikrofalowych. Koncentruje się on na zjawisku nadprzewodnictwa i jego różnych zastosowaniach technicznych. Szczególny nacisk położony jest na przegląd teorii dotyczących zjawiska nadprzewodnictwa z omówieniem chemii, fizyki i właściwości materiałowych nadprzewodników. Ponadto, główne zastosowania materiałów HTS w różnych gałęziach przemysłu zostały jasno przedstawione. W rozdziale 4 przeanalizowano właściwości mikrofalowe materiałów nadprzewodzących, łącznie z efektami nieliniowymi. Przedstawiono przegląd literaturowy wyników badań związanych z nieliniowymi właściwościami oporu powierzchniowego, RS, w postaci zależności od zewnętrznych pól magnetycznych DC i RF. Zbadano podstawowe metody charakteryzacji, omówione w literaturze na temat zachowania nieliniowego i przenoszenia mocy w materiałach HTS. Omówiono wszystkie możliwe źródła nieliniowości, biorąc pod uwagę zewnętrzne i wewnętrzne skutki powstawania nieliniowości. Zawiera również szczegółowy przegląd różnych technik mikrofalowych pomiarów nieliniowości przez laboratoria na całym świecie wraz z uwagami na temat ich możliwości i ograniczeń, co stanowi podstawę dla następnego rozdziału. W rozdziale 4 przedstawiono modelowanie właściwości mikrofalowych nadprzewodników i rezonatorów nadprzewodnikowych za pomocą elementów grudkowych. W modelu tym zastosowano dwupłynną reprezentację Gortera-Casimira dla materiałów nadprzewodzących w mikrofalach. Autorzy przygotowali i zbadali przegląd analityczny, badający obwody ekwiwalentne elementów bryłowych, które mają reprezentować nadprzewodnikowe rezonatory mikrofalowe przez różnych badaczy. W rozdziale 5 opisano główne kroki rozwojowe przyjęte w niniejszej pracy w celu stworzenia optymalnych modeli układów równoważnych elementów grudkowych do symulacji nieliniowej charakterystyki mikrofalowej materiałów nadprzewodzących. Przeanalizowano różne modele matematyczne rezonatora mikrofalowego i wyznaczono najbardziej odpowiednie sieci ekwiwalentne elementów grudkowych. W rozdziale tym przedstawiono również szereg charakterystycznych zależności pomiędzy systemem modelowania a polem magnetycznym RF w celu modelowania nieliniowości materiałów HTS w mikrofalach. Przedstawiono również reakcje mocy mikrofal opracowanego modelu, przy użyciu algorytmu i programu komputerowego, opracowanego w

Matlab. W rozdziale 6 przedstawiono sposób numerycznej identyfikacji opracowanych parametrów modelu równoważnego układu elementów bryłowych oraz określenia niezbędnych parametrów układu. Przedstawiono praktyczny zestaw pomiarowy, w tym rezonator Hakki-Coleman z nadprzewodnikowym $YBa_2Cu_3O_{7-\delta}$ i $NdBa_2Cu_3O_{7-\delta}$ próbkami cienkowarstwowymi, mikrofalowym systemem charakteryzacji i siecią przetwarzania danych. W rozdziale tym przeanalizowano również związane z tym wyniki pomiarów i ich dokładność. W rozdziale 7 przedstawiono wyniki pomiarów rezonatorów $YBa_2Cu_3O_{7-\delta}$ i $NdBa_2Cu_3O_{7-\delta}$, porównując ich właściwości mikrofalowe i analizując efekty nieliniowe w dwóch materiałach HTS. W rozdziale 8 omówiono zrozumienie natury i fizycznych mechanizmów powstawania nieliniowości w nadprzewodnikach wysokotemperaturowych $YBa_2Cu_3O_{7-\delta}$ i $NdBa_2Cu_3O_{7-\delta}$ w mikrofalach.

We wnioskach omówiono pierwotny wkład badawczy i krótko podsumowano wszystkie wyniki badań, uzyskane w pracy doktorskiej Dimitrija O. Liedenyova na Uniwersytecie Jamesa Cooka w Australii i poza nią. Główny nacisk kładzie się na nowatorstwo wyników teoretycznych i eksperymentalnych. Prowadzone są również zaawansowane dyskusje na temat dalszych postępów w modelowaniu i dokładnej charakteryzacji nieliniowości w nadprzewodnictwie mikrofalowym.

Referencje

[1] H. Kamerlingh Onnes, "Dalsze eksperymenty z ciekłym helem. C. Na zmianę oporu elektrycznego czystych metali w bardzo niskich temperaturach itp. IV. The resistance of pure mercury at hellum temperatures", *Communications Physics Laboratory Leiden University,* vol. **120c**, str. 3-5, 1911.

[2] J. C. McLennan, A. C. Burton, A. Pitt, J. O. Wilhelm, "Superconductivity at high frequencies", *Nature*, vol. **128,** str. 1004, 1931; J. C. McLennan,

A. C. Burton, A. Pitt, J. O. Wilhelm, *Proc. Roy. Soc.* , **136**, 52, Londyn, Wielka Brytania, 1931.

[3] J. C. McLennan, A. C. Burton, A. Pitt, J. O. Wilhelm, "The phenomena of superconductivity with alternating current of high frequency", *Proc. Royal Society A*, t. **136,** nr 829, s. 52-76, 1932.

[4] G. Bednorz i K.A. Muller, "Possible high $_{TC}$ superconductivity in the Ba-La-Cu-O system", *Zeitschrift fur Physics B,* vol. **64**(1), pp. 189 -193, 1986.

[5] M. Nisenoff, "Microwave superconductivity Part: History, properties and early applications", IEEE MTT-S International Microwave Symposium Digest, 2011.

[6] R. Parmenter, "Nieliniowa elektrodynamika nadprzewodników o bardzo małej odległości koherencji", *RCA Rev.* 23, str. 323, 1962.

[7] D. E. Oates, "Microwave Superconductivity", redagowane przez H. Weinstocka i M. Nisenoffa, *Kluwer Publishers,* 2001.

[8] P. Seidel, "Zastosowana nadprzewodność": Handbook on Devices and Applications", *Willey*, 2015.

[9] N. Enaki i S. Colun, "Efekty nieliniowe w teorii nadprzewodnictwa", *J. Phys..: Conf. Ser. 338*, 2012.

[10] R. Taber, "A parallel plate resonator technique for microwave loss measurements on superconductors", *Rev. Sci. Instr.*, Vol. 61, pp. 2200, 1990.

[11] J. Martens, et al., "Confocal resonators for measuring the surface resistance of high-temperature superconducting films", *Appl. Phys. Lett.*, Vol. 58, No. 22, pp. 2453, 1991.

[12] J. Mazierska, "Rezonatory dielektryczne jako możliwy standard charakteryzacji wysokotemperaturowych folii nadprzewodzących do zastosowań mikrofalowych", *Journal of Superconductivity, vol.* 10**,** 2, s. 73, 1997.

[13] N. Pompeo, et al., "Dielectric resonators for the measurements of the surface impedance of superconducting films", *Measurement Science Review*, vol.14, 3, s. 164-170, 2014.

[14] D. Hafner, et al., "Surface resistance measurements using superconducting stripline resonators", *Rev. Scient. Instrument*, 85, 2014.

[15] M. Thiemann i inni, "Niobowe rezonatory linii paskowej do badań mikrofalowych nadprzewodników", *J. Phys..: Conf. Ser.*, 568, 2014.

[16] J. Mazierska, et al., "Microwave Characterization of (La, Sr)(Al, Ta)O3 Using Hakki-Coleman Dielectric Resonator", *Transactions of the Materials Research Society of Japan,* (Trans. MRS-J), vol. 29, 2004.

[17] J. Mazierska i M. Jacob, "How accurately can the surface resistance of various superconducting films be measured with sapphire Hakki-Coleman dielectric resonator?", *Journal of Superconductivity and Novel Magnetism,* 7-8, vol. 19, pp. 649-655, 2006.

[18] N. Pompeo, "Rezonatory dielektryczne do pomiaru impedancji powierzchniowej cienkich warstw nadprzewodnika w polach magnetycznych o wysokich częstotliwościach mikrofalowych", *9. Sympozjum wysokotemperaturowych nadprzewodników w polach wysokich częstotliwości,* 2006.

[19] D. Oates, et al., "Measurements and Modeling of Linear and Nonlinear Effects in Striplines", *Journal of Superconductivity,* vol. 5, no. 4, s. 361-369, 1992.

[20] D. Oates, et al., "Nonlinear Surface Impedance of YBCO Thin Films: Pomiary, modelowanie i efekty w urządzeniach", *Journal of Superconductivity, vol.* 8, no. 6, str. 725-733, 1995.

[21] J. Booth, et al., "Measurement of the microwave nonlinear response of combined ferroelectric-superconductor transmission lines", *IEEE Trans. Appl. Supercond.* , tom 9, 3, s. 940-943, 2009.

[22] A. Andreone, et al., "Nonlinear Microwave Properties of Nb3Sn sputtered superconducting films", *Journal of Applied Physics,* vol. 82, no. 4, s. 1736-1742, 1997.

[23] J. Mateu, et al., "Modelowanie nadprzewodnikowych zakrętów linii transmisyjnych i ich wpływu na efekty nieliniowe", *IEEE Trans. Micr. Theory and Techn.*, Vol. 55, 5, s. 822-828, 2007.

[24] A. Velichko, et al., "Non-linear Microwave Properties of High-Tc Thin Films - Topical Review", *Supercon. Sci. Technol.*, vol. 18, R24-R49, 2005.

[25] A. Porch, et al., "The coplanar resonator technique for determining the surface impedance of YBCO thin films", *IEEE Transactions on Microwave Theory and Technique,* vol. 43, 2, pp. 306-314, 1995.

[26] S. Zhang, et al., Microwave transmissions through superconducting coplanar waveguide rezonators with different coupling configurations", *Chinese Physics Letters*, vol. 30, no. 8, 2013.

[27] P. Woodall, et al., "Measurement of the surface resistance of YBCO by the use of a coaxial resonator", *IEEE Trans Magnetics,* vol. 27, 2, pp. 1264-1267 1991.

[28] A. Gallito, et al., "Tunable coaxial cavity resonator do liniowej i nieliniowej charakterystyki mikrofalowej przewodów nadprzewodzących", *Supercond. Sc. Techn.*, tom 24, nr 9, 2011.

[29] J. Wosik, et al., "Microwave power handling capability of HTS superconducting thin films: weak links and thermal effects induced limitation", *IEEE Transactions on Applied Superconductivity,* vol. 9, no. 2, p. 2456, 1999.

[30] R. Semerad, et al., "RE-123 thin films for microwave applications", *Physica C*, 378-381, pp.1414-1418, 2002.

[31] B. Utz, et al., "Deposition of YBCO and NBCO films on areas of 9 inches in diameter", IEEE Trans. Zastosowanie Supercond., tom 7, 2, str. 1272-1277, 1997.

[32] J. Mazierska i in., "Microwave measurements of surface resistance and complex conductivity of NdBaCuO films", Advances in Science and Technology, vol. 95, s. 162-168, 2014.

[33] R. Semerad i J. Knauf, *EUCAS*, Haga, 18-23 września, 1-MA-P22, 2011.

[34] D. O. Liedenyov, "Modelowanie i eksperymentalne badanie nieliniowych właściwości $YBa_2Cu_3O_{7-\delta}$ i $NdBa_2Cu_3O_{7-\delta}$ nadprzewodnikowych folii i rezonatorów do zastosowań w obwodach mikrofalowych", Ph.Dissertation, James Cook University, Townsville, Australia, str. 1- 180, 2018, https://doi.org/10.25903/5b6cc378be158 , https://researchonline.jcu.edu.au/55990/ .

[35] D. O. Liedenyow, W. O. Liedenyow, "Nonlinearities in Microwave Superconductivity", Uniwersytet Cornell, NY, USA, s. 1 -923, 20 czerwca 2012 r, https://arxiv.org/abs/1206.4426v8 .

Rozdział 2

Przegląd historyczny Odkrywanie fenomenów nadprzewodnictwa i synteza materiałów nadprzewodnikowych w zastosowaniach mikrofalowych w elektronice

2.1. Nadprzewodność

Analityczna teoria ciepła, która rozważa zjawisko przewodzącej dyfuzji ciepła, została stworzona przez Jean-Baptiste Josepha Fouriera w Paryżu we Francji w 1822 roku [1, 2]. Rozprzestrzenianie się ciepła w ciałach stałych było badane przez Viktora Ya. Bunyakovsky i Augustin-Louis Cauchy w Paryżu, Francja w 1825 roku [3]. Stwierdzono, że właściwości fizyczne skondensowanej materii zmieniają się wraz ze zmianą temperatury [3]. W późniejszym okresie ochłodzenie Merkurego do niskich temperatur rzędu 3K doprowadziło do odkrycia zjawisk nadprzewodnictwa w skondensowanej materii przez Heike'a Kamerlinga Onnesa i jego współpracowników badawczych, Cornelisa Dorsmana, Gerrita Jana Flima i Gillesa Holsta, na Uniwersytecie w Lejdzie w Holandii 8 kwietnia 1911 roku [4]. W rzeczy samej, odkrycie nadprzewodnictwa przez Heike Kamerlingh Onnes można uznać za jedną z największych cech fizyki XIX wieku. W 1913 roku Heike Kamerlingh Onnes otrzymał Nagrodę Nobla w dziedzinie fizyki za osiągnięcia badawcze w tej dziedzinie nauki. W 2018 roku naukowcy obchodzą 107. rocznicę odkrycia nadprzewodnictwa.

Oczywiście, od lat wiadomo było, że oporność elektryczna normalnych metali musi stale spadać, gdy są one schładzane do temperatury poniżej temperatury pokojowej. Jednak w tamtym czasie naukowcy nie mieli pojęcia o istnieniu małych wielkości oporu elektrycznego w normalnych metalach w temperaturach bliskich zeru absolutnego. Kamerlingh Onnes, podczas swoich udanych eksperymentów ze skraplaniem helu (patrz rys. 1 dotyczący konfiguracji sprzętu), był w stanie uzyskać temperatury tak niskie jak T=1K. Później Kamerlingh Onnes zauważył, że zamiast płynnego spadku oporu elektrycznego, jak w przypadku wielu normalnych metali, oporność Rtęci spada gwałtownie do zera w temperaturze około 4K. Kamerlingh Onnes uznał, że poniżej 4K, Merkury przeszedł w nowy stan o właściwościach elektrycznych niepodobnych do znanych wcześniej, i ten nowy stan nazywany był *stanem nadprzewodnikowym*. Temperatura progowa, poniżej której materiał zaczyna wykazywać właściwości nadprzewodzące, innymi słowy: "nie ma oporu", został określony jako *temperatura krytyczna* (TC) nadprzewodnika.

Rys. 1. Sprzęt doświadczalny, używany przez Heike Kamerlingh Onnes, do odkrycia zjawiska nadprzewodnictwa na Uniwersytecie w Lejdzie, Holandia w 1911 r. (Dimitri O. Ledenyov, Uniwersytet w Lejdzie, Holandia).

Na przestrzeni lat odkryto szereg różnych materiałów nadprzewodnikowych o różnych temperaturach krytycznych, Tc, na rys. 2. Przed 1986 r. istniało wiele elementów metalowych i stopów, które wykazywały właściwości nadprzewodzące poniżej 30K. To był dobrze znany fakt, że pierwiastek chemiczny wolframu ma najniższą temperaturę krytyczną 0,016K, a związek międzymetaliczny Nb3Ge ma najwyższą temperaturę krytyczną 23K. Głównym wyzwaniem było osiągnięcie najwyższej możliwej temperatury krytycznej, ponieważ wyższa temperatura krytyczna, TC, nadprzewodnika pozwala na wykorzystanie prostej konstrukcji układów kriogenicznych do chłodzenia nadprzewodników w zastosowaniach technicznych.

Przełom nastąpił w 1986 roku, gdy Bednorz i Mueller z Laboratorium Badawczego IBM w Szwajcarii odkryli nową klasę materiałów - złożone warstwowe związki tlenku miedzi [5]. Temperatura krytyczna La2-xBaxCuO4 wynosiła TC=35K, czyli była wyższa o ponad 10K od maksymalnej temperatury krytycznej znanych wcześniej nadprzewodników metalowych.

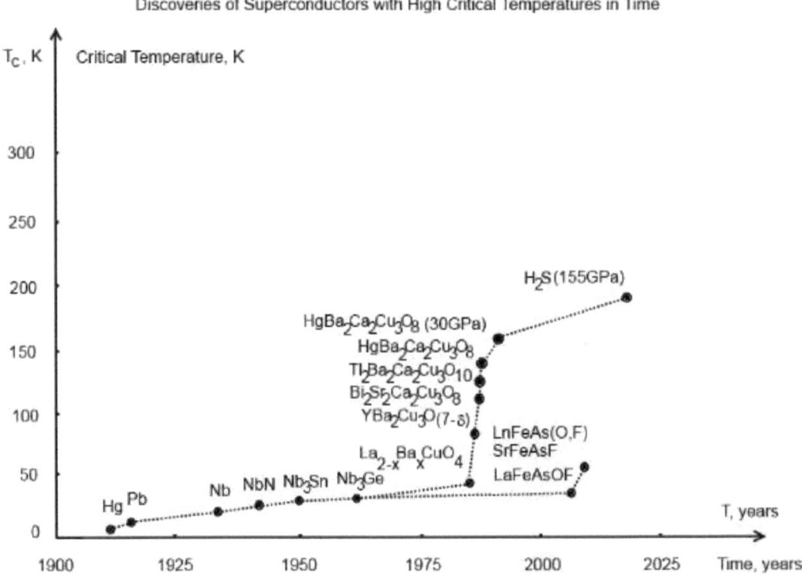

Rys. 2. Odkrycia nadprzewodników o wysokich temperaturach krytycznych w skali czasu.

Bardzo znaczący wzrost temperatury krytycznej nadprzewodnika pobudził szeroko zakrojone badania, które szybko doprowadziły do syntezy materiałów nadprzewodnikowych w temperaturach 90K i wyższych, takich jak odkryty w 1987 r. związek $YBa2Cu3O7\text{-}_{\delta}$ z $_{TC}$ o wartości 93K [6]. Te nadprzewodnikowe materiały tlenkowe zostały nazwane "nadprzewodnikami wysokotemperaturowymi (HTS)". Najwyższy $_{TC}$, wykrywany pod ciśnieniem otoczenia dla nadprzewodnika, formowany stochiometrycznie (według wzoru), wynosi Tc=138K dla domieszkowanego talu kupażanu rtęci $(Hg0_{,8Tl0,2})Ba2Ca2Cu3O8_{,33}$ [7]. Dlatego też istnieją dwie klasyfikacje materiałów nadprzewodzących: 1) Nadprzewodniki niskotemperaturowe (LTS) oraz 2) Nadprzewodniki wysokotemperaturowe (HTS, posiadające różne podstawowe mechanizmy fizyczne odpowiedzialne za nadprzewodnictwo.

Konwencjonalne nadprzewodniki LTS występują zarówno w formie organicznej, jak i nieorganicznej, natomiast nadprzewodniki wysokotemperaturowe to głównie kupraty (związki tlenku miedzi). W 2006 r. nadprzewodnictwo zostało odkryte w złożu LaFePO na bazie żelaza w wysokości 4K [8]. Nadprzewodniki na bazie żelaza zyskały znacznie większą uwagę w 2008 r., kiedy to analogiczny materiał LaFeAsO1-xFx został znaleziony z $_{TC}$ 26K [9], osiągając 43K pod ciśnieniem [10]. Następnie pojawiły się inne rodziny nadprzewodników na bazie żelaza z $_{TC}$ do 56K dla związków LnFeAs(O,F) i SrFeAsF [11, 12]. Superkonduktory na bazie Fe-u mają obecnie drugą co do wielkości temperaturę krytyczną, za Cupratesem.

Nadprzewodniki wysokotemperaturowe z Tc są wymienione w Tab. 1

Nadprzewodnik wysokotemperaturowy	**Temperatura**
$YBa2Cu3O7\text{-}_{\delta}$ (YBCO);	$_{TC}$ = 93K
$NdBa2Cu3O7\text{-}_{\delta}$ (NdBCO)	$_{TC}$ = 98K
Bi2(Sr2Ca)Cu2O8 (BSCCO)	$_{TC}$ = 110K

$Tl2Ba2Ca2Cu3O10$ (TBCCO)	$T_C = 125K$
$HgBa2Ca2Cu3O8$	$T_C = 135K$

Tab. 1. Superprzewodniki wysokotemperaturowe (HTS) o temperaturach krytycznych.

Ceramika HTS ma warstwową strukturę krystaliczną, składającą się z płaszczyzn CuO2, pomiędzy którymi znajdują się warstwy tlenu lub pierwiastków ziem rzadkich, jak w przypadku YBa2Cu3O7-δ [13-16] na rys. 3. NdBCO ma taką samą strukturę krystaliczną jak YBCO. W YBCO i NdBCO przewodnictwo elektryczne i nadprzewodnictwo są powiązane z płaszczyznami tlenku miedzi, podczas gdy inne warstwy służą do chemicznej stabilizacji struktury kompozytu. Samoloty CuO2 (maksymalnie 3-4) powodują wyższą temperaturę krytyczną, T_C.

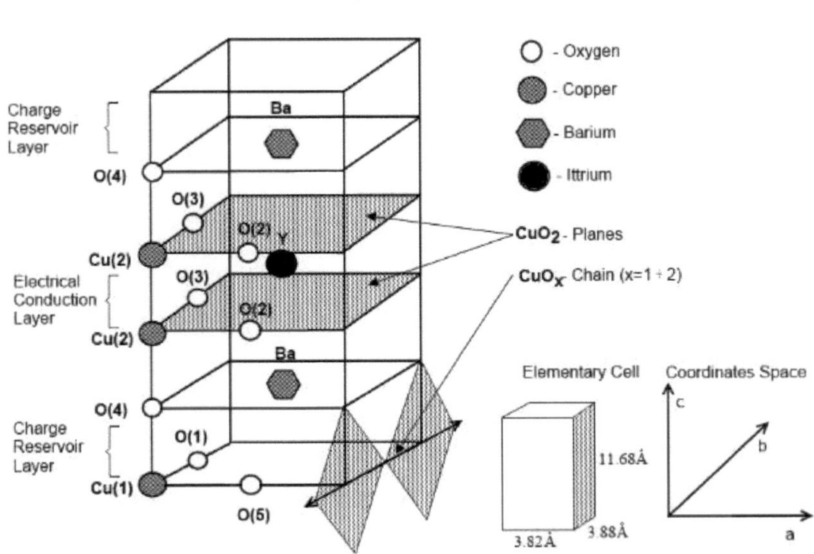

Rys. 3. YBa2Cu3O7-δ struktura kraty krystalicznej.

Ceramika HTS jest niezwykle interesująca dla badaczy z kilku powodów. Po pierwsze, nie ma powszechnie akceptowanej pełnej teorii, która wyjaśniałaby zjawiska nadprzewodnictwa w wysokich temperaturach. Dużą zaletą HTS jest również osiąganie wysokich temperatur przy użyciu łatwo dostępnego, taniego, ciekłego azotu, w porównaniu do helu, jak w przypadku materiałów LTS. Niższe koszty prowadzą do szerszego wykorzystania nadprzewodnikowych urządzeń elektronicznych w zastosowaniach technicznych.

2.2. Podstawowe właściwości nadprzewodników HighTC

Materiały nadprzewodzące wykazują dwa podstawowe zjawiska, związane z ich właściwościami fizycznymi: 1) zanikająca oporność elektryczna oraz 2) zachowanie magnetyczne. W niniejszej części omówiono wszystkie koncepcje naukowe dotyczące krytycznych parametrów nadprzewodników, które muszą być spełnione, aby umożliwić występowanie zjawisk nadprzewodnictwa. Wyjaśniona jest również fizyczna zasada leżąca u podstaw klasyfikacji nadprzewodników jako nadprzewodników typu I i typu II.

2.3. Zanikająca oporność elektryczna nadprzewodników

Oporność elektryczna wszystkich metali i stopów zmniejsza się, gdy są one schłodzone do określonych temperatur [17]. Charakter tego efektu jest opisany na poziomie mikroskopowym: prąd w przewodniku jest przenoszony przez "elektrony przewodzące", które mogą swobodnie przemieszczać się w materiale. Ponieważ elektrony te mają charakter falowy, powinny przechodzić przez doskonały kryształ bez utraty pędu, innymi słowy, prąd elektryczny nie powinien napotykać na opór. Jednak, jak wszyscy wiemy, nie za wiele rzeczy jest na tym świecie doskonałych, drgania termiczne lub zanieczyszczenia czy niedoskonałości mikroskopijnej struktury mogą wpływać na doskonałą okresowość sieci krystalicznej i wprowadzać opór na przepływ prądu. Chociaż osiągnięcie zerowej oporności jest hipotetycznie możliwe przy "doskonałej" próbce metalu przy T=0K, nie można jej uznać za zjawisko nadprzewodności. Żadna próbka metalu nie może być idealnie czysta i zawsze zawiera pewne zanieczyszczenia. W tym kontekście natura nadprzewodnictwa jest bardzo niezwykła, jako że po ochłodzeniu nadprzewodników, ich oporność elektryczna początkowo zmniejsza się w zwykły sposób, mianowicie osiągając określoną temperaturę krytyczną, oporność elektryczna nagle spada do zera, jak to pokazano na rys. 4 [18-21]. Fakt, że nadprzewodnik nie posiada oporności oznacza, że nie ma spadku napięcia wzdłuż materiału, gdy prąd jest przez niego przepuszczany, a moc nie jest wytwarzana przez przepływ prądu elektrycznego. Zjawisko "zerowej" rezystancji istnieje tylko dla prądu stałego (DC), a nie zmiennego (AC). W obecności zmiennego w czasie pola magnetycznego, oporność nadprzewodnika jest niezerowa, chociaż wielkość jego oporności jest ciągle znacznie niższa niż w idealnym normalnym metalu. Oporność na prąd zmienny zostanie wyjaśniona w dalszej części rozdziału [18-21] przez model dwupłynowy Gorter-Casimir.

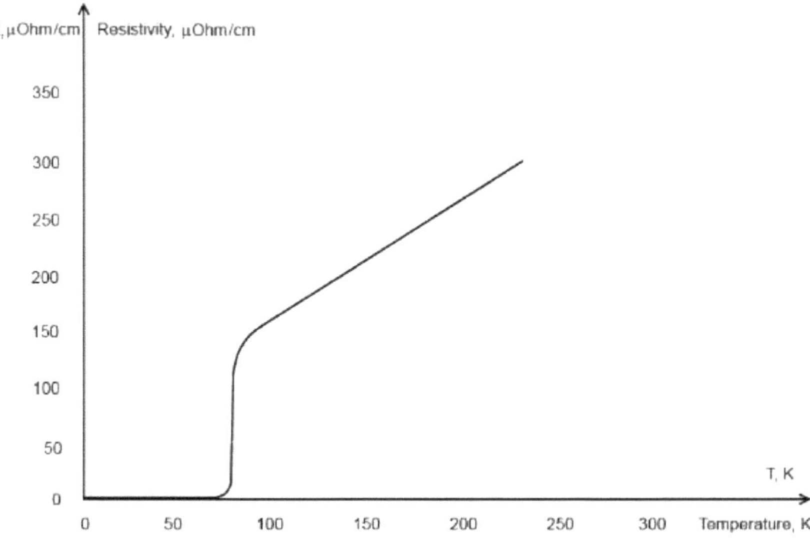

Rys. 4. Zależność rezystywności dc od temperatury, R(T), w YBa2Cu3O7-$_{\delta}$ nadprzewodniku (po [18-21]).

2.4. Diamagnetyczne zachowanie: Efekt Meissnera-Ochsenfelda w nadprzewodnikach

Nadprzewodniki odznaczają się charakterystycznym zachowaniem fizycznym, w porównaniu z idealnymi normalnymi metalami, przy różnych zewnętrznych polach magnetycznych w różnych temperaturach. Zachowanie fizyczne nadprzewodnika zależy od podstawowych właściwości nadprzewodników w różnych warunkach zewnętrznych/wewnętrznych.

Rys. 5 pokazuje graficzną ilustrację reakcji magnetycznej indukowanego pola magnetycznego, Bi, w (a) normalnym metalu oraz (b) nadprzewodnika, na przyłożone zewnętrzne pole magnetyczne, Hext, w temperaturze roboczej, T, wysokiej/niskiej temperatury krytycznej, Tc, nadprzewodnika.

W idealnym, normalnym metalu, prąd elektryczny nie może płynąć bez strat energii, z powodu istniejącego rozproszenia energii na rezystancji. Oznacza to, że jeżeli idealny normalny metal bez przyłożonego pola magnetycznego zostanie schłodzony do bardzo niskiej temperatury i przyłożone zostanie pole magnetyczne, to strumień magnetyczny nie dostanie się do próbki ze względu na indukcję *prądów przesiewowych w celu* uzyskania niezmienionego pola magnetycznego we wnętrzu materiału. Jeżeli jednak pole magnetyczne zostanie *przyłożone* do idealnego, normalnego metalu przed procesem chłodzenia, gęstość strumienia magnetycznego wewnątrz próbki będzie taka sama jak zewnętrznego pola magnetycznego. Następnie, jeśli idealny, normalny metal zostanie schłodzony do niskiej temperatury, nie będzie to miało żadnego wpływu na namagnesowanie, a rozkład strumienia magnetycznego pozostanie bez zmian. Ponadto, jeśli przyłożone pole magnetyczne zostanie usunięte, prądy elektryczne będą indukowane do wnętrza idealnego normalnego metalu w celu utrzymania niezmienionego strumienia magnetycznego wewnątrz próbki na Rys. 5 (a).

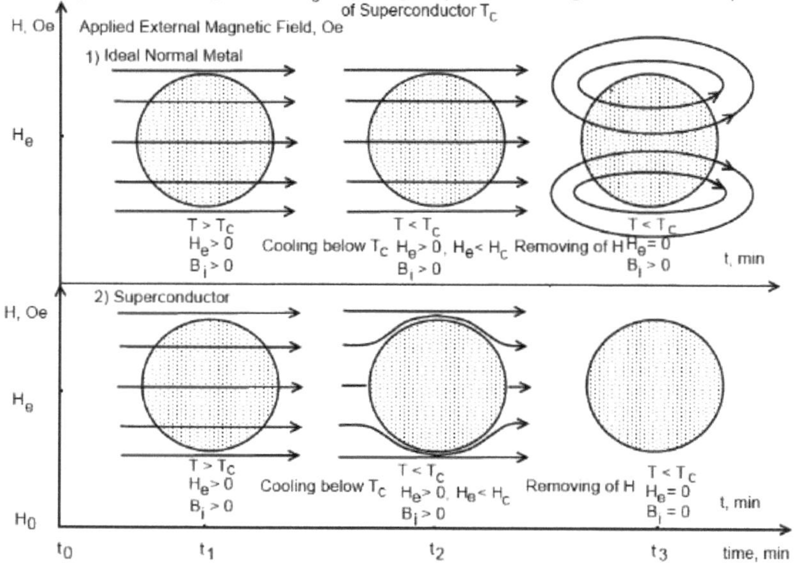

Rys. 5. Graficzna ilustracja reakcji magnetycznej wywołanej indukcją magnetyczną, Bi, w (a) normalnym metalu oraz (b) nadprzewodnika na przyłożone zewnętrzne pole magnetyczne, Hext, w temperaturze roboczej, T, o wysokiej/niskiej temperaturze krytycznej nadprzewodnika, Tc.

Indukcja magnetyczna, B, może być wyrażona jako

$$B = \mu H, \tag{2.1}$$

gdzie μjest przepuszczalność (nadprzewodnik: równa się μzeru), a H to pole magnetyczne [18-21].

Nadprzewodniki zachowują się w inny sposób, gdy pole magnetyczne jest przyłożone przed chłodzeniem (T $_{TC}$>). Zjawisko to, zwane *efektem Meissnera*, zostało odkryte przez Meissnera i Ochsenfelda w 1933 roku, kiedy to zmierzyli oni rozkład strumienia świetlnego metalowych nadprzewodników, schłodzonych do ich krytycznych temperatur, a umieszczonych w polu magnetycznym [18-21]. Zaskakująco, zaobserwowali oni, że metal w stanie nadprzewodnikowym nigdy nie pozwalał aby gęstość strumienia magnetycznego istniała w jego wnętrzu, tj. wykazywał *idealny diamentowość* jak pokazano na rys. 5 (b).

Z drugiej strony należy wspomnieć, że prądy, które krążą w celu wyeliminowania przyłożonego strumienia magnetycznego wewnątrz próbki nadprzewodzącej, nie mogą być ograniczone całkowicie do powierzchni. Dlatego też przyłożone pole magnetyczne nie jest całkowicie ekranowane z nadprzewodnika. Faktycznie to pole magnetyczne przenika do wnętrza materiału na niewielką odległość (około 10-5 cm [18-21]), a prądy transportowe przepływają w tej bardzo cienkiej warstwie powierzchniowej. Gęstość strumienia magnetycznego rozpada się wykładniczo w miarę jego przenikania do metalicznego nadprzewodnika. Głębokość na jakiej pole magnetyczne spada do 1/e pola magnetycznego na powierzchni nazywana jest głębokością penetracji w *Londynie*, lub po prostu *głębokością penetracji* (λ) [18-21], opisaną dokładniej w dalszej części tego rozdziału.

2.5. Parametry krytyczne nadprzewodników

Nadprzewodniki mogą być dokładnie scharakteryzowane przez szereg krytycznych parametrów fizycznych [18-21]. Głównymi krytycznymi parametrami fizycznymi nadprzewodników są:

1. *Temperatura krytyczna*, TC, jest temperaturą progową, poniżej której materiał zaczyna wykazywać właściwości nadprzewodzące, takie jak brak oporności i doskonały diamagnetyzm;
2. *Krytyczna gęstość prądu*, JC, jest wielkością prądu, powyżej której materiał przechodzi w swój normalny (nieprzewodzący) stan;
3. *Krytyczne pole magnetyczne*, HC, jest wielkością pola magnetycznego, nad którym materiał przechodzi w stan nienadprzewodnikowy.

Wszystkie te krytyczne parametry fizyczne zależą od siebie nawzajem, dlatego też granica przejścia pomiędzy stanem nadprzewodnikowym a normalnym może być graficznie zilustrowana przez powierzchnię w trójwymiarowej (3D) przestrzeni [18-21], jak pokazano na rys. 6.

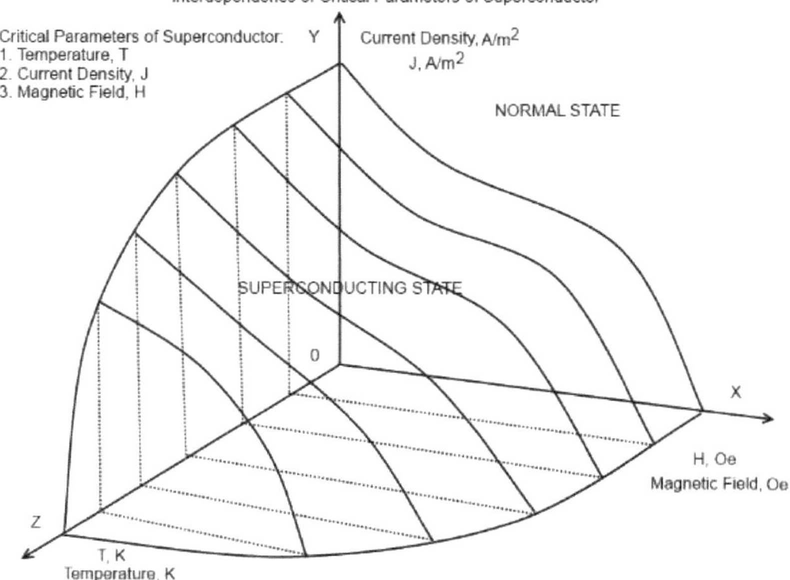

Rys. 6. Współzależność parametrów krytycznych nadprzewodnika (po [21]).

Krytyczne pole magnetyczne H_C, powyżej którego zanika stan nadprzewodnikowy, zależne jest od temperatury jak np. w (2.2). Ogólnie rzecz biorąc, krytyczne pole magnetyczne, H_C, ma zerową wielkość w temperaturze krytycznej, T_C, i osiąga swoje maksimum w temperaturze absolutnego zera [18-21].

$$H_C(T) = H_C(0)(1-(T/T_C)^2) \tag{2.2}$$

W przypadku zwiększenia wytrzymałości przyłożonego pola magnetycznego, muszą wzrosnąć również prądy przesiewowe, a w przypadku osiągnięcia przez prądy przesiewowe gęstości prądu krytycznego, materiał straci swoją nadprzewodzącą przewodność. Owo niszczenie nadprzewodnictwa przez wystarczająco silne pole magnetyczne jest jedną z najważniejszych własności nadprzewodnika.

Oprócz TC i HC, trzecim ważnym parametrem, jak wspomniano powyżej, jest *krytyczna gęstość prądu*, JC, czyli maksymalny prąd transportu elektrycznego, który nadprzewodnik jest w stanie utrzymać bez rezystancji. Z punktu widzenia zastosowań praktycznych, JC można uznać za najważniejszą cechę każdego nadprzewodnika, ponieważ wysokie bezstratne gęstości prądu umożliwiają produkcję znacznie mniejszych i bardziej wydajnych urządzeń elektronicznych. JC jest zależne od temperatury, wzrasta wraz ze spadkiem temperatury poniżej temperatury krytycznej, Tc, zgodnie z wyrażeniem (2.3) [18-21].

$$J_C(T) = J_C(0)(T_C - T)/T_C \quad (2.3)$$

Związek pomiędzy *krytycznym prądem*, IC, a krytycznym polem magnetycznym, HC, został odkryty przez Silsbee - jego hipoteza stwierdza "Wartość progowa prądu jest taka, przy której pole magnetyczne wynikające z samego prądu jest równe krytycznemu polu magnetycznemu" [22].

$$I_C = 2\pi a H_C \quad (2.4)$$

gdzie **a** jest promieniem przewodnika.

Należy wyjaśnić, że prąd krytyczny, IC, nie jest nieodłączną właściwością nadprzewodnika, ale zależy od wielkości przewodnika - *zwiększa się* wraz ze wzrostem jego średnicy. Przeciwnie, krytyczna gęstość prądu, JC, *zmniejsza się* wraz ze wzrostem średnicy przewodnika.

$$J_C = 2H_C/a \quad (2.5)$$

Fenomenologia ta charakteryzuje tak zwane nadprzewodniki *typu I.* Ta klasa materiałów posiada jedno pole krytyczne, H_C, wynoszące od 10-2 do 10-1 Tesli w każdej stałej temperaturze [18-21]. Nadprzewodnik typu I traci swoją zerową oporność, gdy w dowolnym miejscu na swojej powierzchni, wielkość natężenia całkowitego pola magnetycznego $H = HI + H_e$, wytwarzanego przez prąd transportowy i przez zewnętrzne pole magnetyczne, osiągnie krytyczne natężenie pola H_C. Wszystkie metale nadprzewodzące, z wyjątkiem Nb, są nadprzewodnikami typu I.

Inną klasą są nadprzewodniki *typu II,* w których obserwowane są dodatkowe zjawiska fizyczne. Oprócz stanów normalnych i nadprzewodnikowych związanych z materiałami typu I, nadprzewodniki typu II mogą znajdować się w *stanie mieszanym, w* którym nie występuje już efekt Meissnera, a strumień magnetyczny może częściowo przeniknąć do nadprzewodnika. Są one również unikalne w sposobie posiadania dwóch krytycznych pól magnetycznych, dolnego H_{C1}, (2.6) i górnego H_{C2}, (2.7) [18-21].

$$H_{C1} (\approx H_C \cdot \ln k)/k \cdot \sqrt{2}; \quad (2.6)$$

$$H_{C2} = H_C \cdot k\sqrt{2} \quad (2.7)$$

Poniżej H_{C1}, nadprzewodnik znajduje się w stanie nadprzewodnika magnetycznego o bardzo niewielkim stężeniu normalnych nośników ładunku, lecz gdy pole zewnętrzne przekroczy wartość progową H_{C1}, nadprzewodnik przechodzi w fazę mieszaną. Faza ta posiada dużą liczbę kwantowych wirów magnetycznych, gdzie każdy wir ma normalny metalowy rdzeń o promieniu około wielkości *długości koherencji,* ξ (zdefiniowanej poniżej) i uwięziony *strumień magnetyczny kwantowy,* ϕ_0 = 2,0679x10-15 Wb [18-21]. W stanie mieszanym istnieje unikalny stan, w którym nadprzewodzące prądy transportowe mogą nadal przepływać przez materiał, mimo że znaczne części materiału nadprzewodzącego znajdują się w stanie normalnym [18-21]. Nadprzewodność zostaje całkowicie zniszczona, kiedy zewnętrzne pole magnetyczne, Hext, przekracza górne pole krytyczne, $_{HC2}$.

Badania te dotyczą prawie w całości materiałów nadprzewodnikowych typu II, a nadprzewodniki typu I są tu zawarte tylko dla kompletności. Przed kontynuacją, niektóre ważne parametry nadprzewodników muszą być krótko zdefiniowane, z ich bardziej szczegółowym omówieniem w niniejszym rozdziale lub w późniejszych etapach [18-21, 23].

- *Głębokość penetracji*, λ. Ta charakterystyczna długość jest miarą głębokości wnikania strumienia do nadprzewodnika. Prądy, które zapobiegają przenikaniu strumienia do wnętrza materiału przepływają w warstwie o tej grubości. λzmniejsza się monotonnie wraz ze wzrostem temperatury i szybko spada do zera w pobliżu temperatury krytycznej.

Długość koherencji, ξ. Długość koherencji charakteryzuje korelację przestrzenną pomiędzy parami elektronów nadprzewodzących. Można ją również opisać jako minimalną grubość powierzchni pomiędzy regionami nadprzewodnikowymi a normalnymi [18-21]. W materiałach nieczystych na ξwartość wpływa również średnia swobodna ścieżka elektronowa, *l*. Typowe wartości to około 5nm dla nadprzewodników typu II i znacznie większe dla nadprzewodników typu I (Al ~ 1600nm, Pb ~ 83nm).

- *Parametr Ginzburg-Landau*, k. Jest to bezwymiarowy stosunek dwóch wprowadzonych powyżej parametrów: k = λ/ξ. Ten parametr służy do rozróżnienia między nadprzewodnikami typu I i typu II; te z wartością k< 1/ 2√są nadprzewodnikami typu I.

Głębokość penetracji,λ jest mniejsza dla nadprzewodnika typu I niż długość koherencji,ξ . Materiały nadprzewodzące typu II mają długość koherencji mniejszą niż głębokość penetracji (ξ <).

Dwa krytyczne pola w nadprzewodnikach typu II mają różne zależności temperaturowe, jak pokazano na rys. 7. Górne pole krytyczne $_{HC2}$ jest zwykle znacznie wyższe niż pole krytyczne H_C nadprzewodników typu I. Materiał typu II może mieć wartości H_{C1} powyżej 10 Tesli, natomiast H_C nadprzewodników typu I jest poniżej 0,2 Tesli. Dlatego też nadprzewodniki typu II znalazły zastosowania wymagające silnych magnesów, np. w akceleratorach cząstek, do wytwarzania bardzo silnych pól magnetycznych [24].

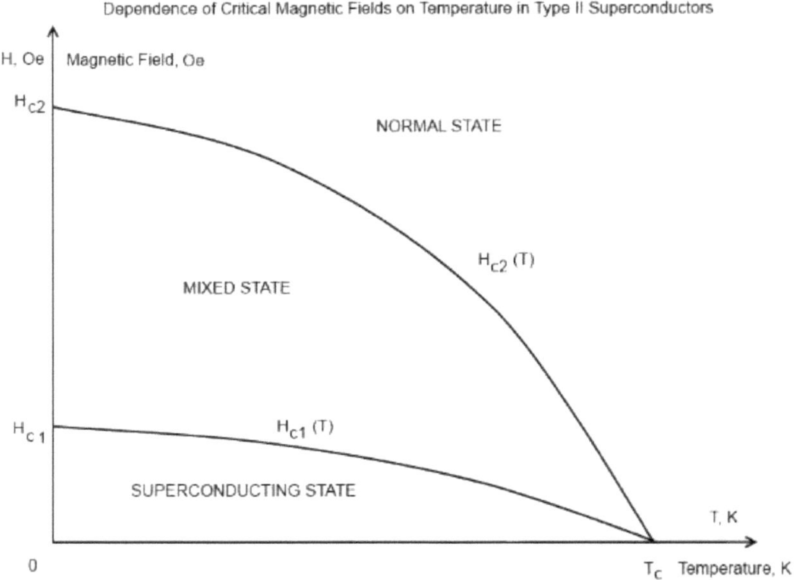

Rys. 7. Zależność krytycznych pól magnetycznych od temperatury, Hc(T), w nadprzewodnikach typu II (po [18-21]).

Obciążalność prądowa nadprzewodników typu II jest bardzo wrażliwa na zanieczyszczenia w nadprzewodniku. Jak wiadomo, zanieczyszczenia punktowe mogą powodować, że materiały nadprzewodzące typu II mają niewielki prąd krytyczny [18-21], co oznacza, że zjawiska nadprzewodzące mogą istnieć, ale zdolność do przewodzenia prądu nadprzewodzącego jest w takich nadprzewodnikach tłumiona. Z drugiej jednak strony, duże prądy krytyczne można zaobserwować w materiałach nadprzewodnikowych o dużych niejednorodności o efektywnym wymiarze d≥ξ [18-21], gdzie d jest średnicą nadprzewodnika.

Aby ten przegląd był kompletny, należy zdefiniować inny parametr krytyczny. Częstotliwość, przy której fotony fal elektromagnetycznych wzbudzają elektrony nadprzewodzące z energią wystarczającą do doprowadzenia ich do stanu normalnego, jest definiowana jako *częstotliwość krytyczna, fC*. Wartości częstotliwości, zmuszające materiał nadprzewodzący do utraty swoich właściwości nadprzewodzących, mieszczą się w zakresie optycznym 100GHz [18-21]. Z drugiej strony, elektroniczne zastosowania materiałów nadprzewodnikowych są skoncentrowane głównie poniżej 100GHz, dlatego też krytyczny parametr częstotliwości nie jest tak istotny w praktycznych zastosowaniach nadprzewodników.

W poniższych podrozdziałach opisano główne teorie na temat nadprzewodnictwa przy zerowym polu magnetycznym i w stanie mieszanym przy polu magnetycznym.

2.6. Teorie na rzecz zrozumienia nadprzewodnictwa

Odkrycie efektu Meissnera-Ochsenfelda, opisane wcześniej w tym rozdziale, miało fundamentalne znaczenie dla rozwoju fenomenologicznych teorii nadprzewodnictwa. Dwie z tych teorii powstały niemal natychmiast po odkryciu efektu Meissnera-Ochsenfelda: 1) teoria Gortera-Casimira Two-Fluid, zaproponowana w 1934 roku [25], oraz 2) teoria londyńska, zaproponowana w 1935 roku [26].

2.7. Gorter-Casimir Teoria nadprzewodnictwa dwupłynnego

Gorter i Casimir [25] w swojej teorii postulują, że w nadprzewodnikach znajdują się dwa płyny: 1) prąd nadprzewodzący o gęstości nośnej, *nS*, oraz 2) prąd normalny o gęstości nośnej, *nn*, dając całkowitą gęstość nośną, $n = ns + nn$. Elektrony nadprzewodnikowe przepływają przez nadprzewodnik bez żadnego oporu, podczas gdy normalne elektrony napotykają opór w wyniku zderzeń z innymi elektronami lub oddziaływań z siecią krystaliczną, podobnie jak elektrony przewodzące w normalnym metalu. Należy zauważyć, że w szczególnym przypadku prądu stałego (DC), cały prąd w nadprzewodniku jest w całości przenoszony przez nadprzewodniki.

Gęstości elektronów nadprzewodnikowych i normalnych elektronów w nadprzewodniku są zależne od temperatury. W absolutnej temperaturze zerowej wszystkie elektrony przewodzące zachowują się jak superelektrony, ale jeśli temperatura jest podwyższona, kilka z nich zaczyna się zachowywać jak normalne elektrony, a przy dalszym ogrzewaniu proporcja normalnych elektronów wzrasta. Ostatecznie, przy osiągnięciu temperatury krytycznej, wszystkie elektrony stają się normalnymi, a metal traci swoje właściwości nadprzewodnikowe. W temperaturach poniżej TC, ułamki równowagi elektronów normalnych i nadprzewodnikowych *nn/n* i *ns/n* zmieniają się w zależności od temperatury bezwzględnej, T, jako [25].

$$\frac{n_n}{n} = \left(\frac{T}{T_C}\right)^4, \frac{n_n}{n} = 1-\left(\frac{T}{T_C}\right)^4 \qquad (2.8)$$

Pewne właściwości materiałowe nadprzewodników, takie jak gęstość prądu, relacja pomiędzy prądem i polem elektrycznym oraz przewodność, można określić za pomocą modelu Gorter-Casimir Two Fluid ze względu na jego prostotę w rozumieniu praktycznym. Całkowita gęstość prądu, *J*, w nadprzewodniku opartym na przybliżeniu Gorter-Casimir Two Fluid jest podana jako suma prądu nadprzewodzącego i normalnego [25], co daje złożone przewodnictwo.

$$\vec{J} = \vec{J_n} + \vec{J_s} = (\sigma_1 - i\sigma_2)\vec{E}, \qquad (2.9)$$

gdzie σ_1 i σ_2 są odpowiednio rzeczywistymi i wyobrażonymi częściami przewodności złożonej, podanymi w (2.10)

$$\sigma_1 = \frac{n_n e^2 \tau}{m(1+\omega^2\tau^2)} \quad \textit{and} \quad \sigma_2 = \frac{n_S e^2}{m\omega} + \frac{n_n e^2 (\omega\tau)^2}{m\omega(1+\omega^2\tau^2)}, \quad (2.10)$$

gdzie e jest podstawową jednostką ładunku; nn i ns są gęstościami odpowiednio elektronów normalnych i nadprzewodnikowych; m jest masą elektronu; ωjest częstotliwością radianową; oraz τjest czasem relaksacji pędu.

Rzeczywista część σ_1 przewodności złożonej w (2.10) obejmuje tylko stan normalny, podczas gdy część wyobrażona przewodności złożonej,σ_2, obejmuje wkład zarówno stanu normalnego, jak i nadprzewodzącego.

Model Gorter-Casimir Two Fluid [25] może być również reprezentowany przez równoważny model obwodu składającego się z dwóch równoległych przewodników, połączonych równolegle: 1) zwykłym przewodnikiem o skończonej rezystancji i indukcyjności, oraz 2) przewodnikiem doskonałym o zerowej rezystancji, reprezentowanym jedynie przez induktancję, jak pokazano na Rys. 8. W przypadku obudowy na prąd stały, układ jest zwarty przez idealny przewód. W przypadku prądu przemiennego, inercja elektronów powoduje opóźnienie pomiędzy ruchem elektronu a przyłożonym polem magnetycznym, tak że nadprzewodnik posiada związaną z tym induktancję, Ls.

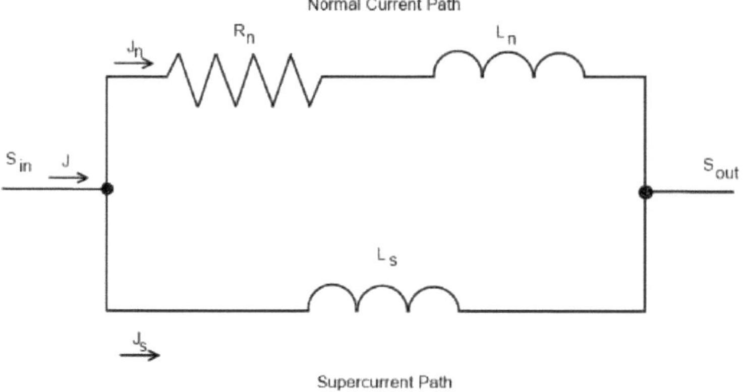

Rys. 8. Elementy grudkowe obwodu równoważnego nadprzewodnika w dwóch cieczach Gorter-Casimir teoretyczna reprezentacja nadprzewodnika (po [25]).

Model Gorter-Casimir Two Fluid jest standardowym roboczym przybliżeniem dla zrozumienia strat elektrycznych w nadprzewodnikach, tak aby można było przewidzieć i zminimalizować rozpraszanie energii w różnych rodzajach zastosowań technicznych. Obwody ekwiwalentne elementów bryłowych nadprzewodnika zostały szczegółowo opisane w rozdziale 4.

2.8. London Electrodynamics Theory of Superconductivity

Londyńska teoria fenomenologicznej elektrodynamiki, zaproponowana przez braci H. London i F. London, teoretycznie rozważa wpływ zewnętrznych pól magnetycznych na nadprzewodnik [26]. Opisuje on przestrzenny rozkład pól magnetycznych i prądów w obrębie nadprzewodnika [26]. Bracia londyńscy wykazali, że strumień magnetyczny nie jest całkowicie wykluczony z korpusu nadprzewodnika, ale że przenika wykładniczo z powierzchni do nadprzewodnika, rozpadając się na charakterystycznej długości, λczyli na głębokość penetracji. Stąd też elektrodynamika konwencjonalnych nadprzewodników w polach słabych może być opisana przez słynne równania londyńskie [26].

$$\frac{\partial}{\partial t}\vec{J}_S = \frac{\vec{E}}{\mu_0\lambda_L^2}$$

$$\text{rot}\,\vec{J}_S = -\frac{1}{\mu_0\lambda_L^2}\vec{B} \qquad (2.11)$$

gdzie E jest natężeniem pola elektrycznego, a B jest gęstością strumienia magnetycznego wewnątrz materiału nadprzewodzącego, JS jest gęstością prądu nadprzewodzącego, a λ_L jest głębokością penetracji w Londynie, określoną jako (2.12)

$$\lambda_L = \sqrt{\frac{m_S}{\mu_0 n_S e^2}} \qquad (2.12)$$

Pierwsze równanie londyńskie (2.11 - wzór górny) opisuje oporność pomniejszoną o właściwość nadprzewodnika, wskazując, że przyłożone pole elektryczne wytwarza zmianę w nadprądzie, lub że nie ma pola elektrycznego w metalu, chyba że zmienia się prąd.

Drugie równanie londyńskie (2.11 - wzór dolny) pokazuje zależność pomiędzy polem magnetycznym a nadprzewodnikowym prądem. Określa ona jak pole magnetyczne przenika do nadprzewodnika w stanie Meissnera z punktu widzenia wolnej energii nadprzewodnika. Gdy jednolite pole magnetyczne jest przyłożone równolegle do powierzchni nadprzewodnika, gęstość strumienia magnetycznego, B, można uzyskać w funkcji odległości, *x*, wewnątrz metalu.

$$B(x) = B_a \exp\left(\frac{-x}{\sqrt{\alpha}}\right) \qquad (2.13)$$

gdzie B_a jest gęstością strumienia magnetycznego na powierzchni nadprzewodnika, a stała,$\alpha = \lambda_{L2=m/\mu_{0nse2}}$. Równanie to pokazuje, że gęstość strumienia magnetycznego, *B*, rozpada się wykładniczo wewnątrz nadprzewodnika, jak to pokazano na rysunku 9. Odległość, przy której *B(x)* spada do 1/e 1/2.72 ≈wielkości *B(x)* na powierzchni nadprzewodnika nazywana jest głębokością penetracji,λ_L.

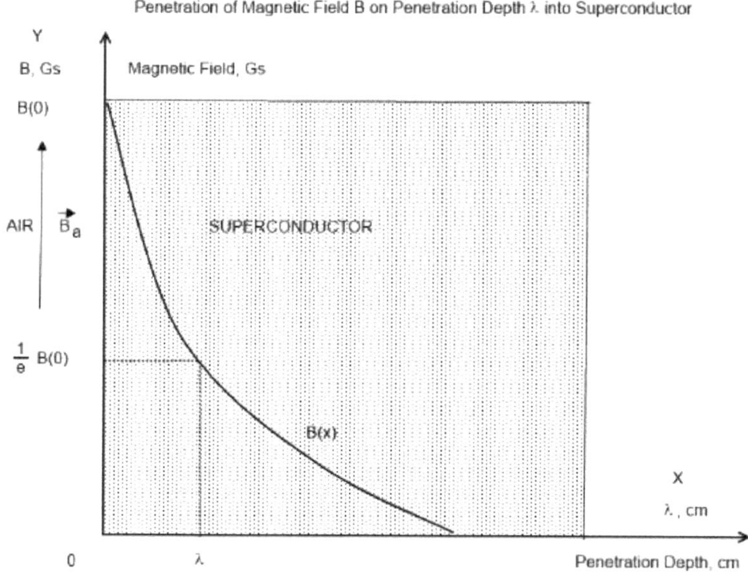

Rys. 9. Penetracja pola magnetycznego, *B(x)*, na głębokości penetracji,λ_L, do nadprzewodnika (po [19]).

Obraz wyłaniający się do połowy 1935 roku był taki, że nadal brakowało jasnego teoretycznego wyjaśnienia dwóch typów nadprzewodnika, podobnie jak zrozumienia, co naprawdę determinuje krytyczną gęstość prądu, Jc. W odniesieniu do tych dwóch problemów nie poczyniono żadnych dalszych postępów aż do czasu po II wojnie światowej. Po przeminięciu globalnego konfliktu zbrojnego, odnowione zainteresowanie zostało przeniesione na nadprzewodnictwo. Ze względu na zapotrzebowanie Marynarki Wojennej USA i Sił Powietrznych USA na balony gaz Hel był wtedy znacznie łatwiej dostępny, a laboratoria fizyki rozpoczęły badania skondensowanej materii w temperaturze ciekłego helu. Jednak od tego momentu najbardziej zaskakujące postępy w dziedzinie nadprzewodnictwa poczyniono na froncie teoretycznym.

2.9. Ginsburg-Landau Teoria nadprzewodnictwa (Ginsburg-Landau Theory of Superconductivity)

W 1950 r. Ginsburg i Landau (G-L) z Moskiewskiego Instytutu Problemów Fizycznych opublikowali niezwykłą teorię fenomenologiczną Ginsburga i Landaua [27], która integrowała właściwości elektrodynamiczne, kwantowe właściwości mechaniczne i termodynamiczne nadprzewodnika. Przypisali parametr porządku G-L,Ψ z pewną charakterystyką funkcji fali kwantowo-mechanicznej, do nadprzewodnika. Jest toΨ funkcja zarówno temperatury, jak i potencjału wektora magnetycznego. Gęstość elektronów nadprzewodzących, nS, jest równa | |2Ψ. Funkcja falowa Ψjest zdefiniowana jako zero dla normalnego obszaru metalu i musi charakteryzować gęstość elektronów nadprzewodnikowych w różnych punktach nadprzewodnika. Jak wspomniano wcześniej, ma ona charakter kwantowo-mechaniczny.

Dwa słynne równania opracowane na podstawie tej teorii są podane jako [14]

$$\left\{\frac{1}{4m}[\nabla - 2ie\mathbf{A}]^2 - \beta^{-1}\left[\frac{T_c - T}{T_c} - \frac{1}{n}|\psi|^2\right]\right\}\psi = 0 \quad (2.14)$$

$$\mathbf{J} = \frac{-ie}{2m}[\psi^*\nabla\psi - \psi\nabla\psi^*] - \frac{2e}{m}\mathbf{A}|\psi|^2 \quad (2.15)$$

gdzie **A** jest potencjałem wektora magnetycznego, **J** jest gęstością superprądową; e i m są ładunkiem i masą elektronu nadprzewodzącego; oraz $\beta=[7\zeta(3)/6(\pi Tc)^2]_{EF}$, gdzie $_{EF}$ jest energią Fermiego. Poziom energii Fermiego jest definiowany jako najwyższy poziom energii zajmowanej przez elektrony w metalu w temperaturze absolutnego zera. Pierwsze równanie Ginsburg-Landau (GL), (2.14), ustanawia zależność energii kinetycznej elektronów nadprzewodnikowych od energii ich kondensacji w stanie nadprzewodnikowym. Drugie równanie G-L, (2.15), opisuje kwantową współzależność prądu nadprzewodzącego z gradientem funkcji falowej,$\nabla\Psi$ oraz wektorowo-potencjał, A. Wynikiem teorii G-L jest uogólnienie teorii londyńskiej dla sytuacji, w których gęstość objętości elektronów nadprzewodzących, *nS*, zmienia się w przestrzeni. Zajmuje się również nieliniowymi reakcjami na pola magnetyczne i prądy wystarczająco silne, aby zmienić *nS*.

Ginsburg i Landau wprowadziły nowy parametr, charakterystyczny dla danego nadprzewodnika, $\kappa = \sqrt{2}\ \lambda^{2q}\mu_{0HC/h}$. Problem, który zamierzali rozwiązać, zgodnie z wcześniejszymi założeniami H. Londynu, dotyczył energii powierzchniowej pomiędzy regionem nadprzewodnikowym a normalnym regionem w tym samym metalu. Ich wyniki pokazały dosyć wyraźnie, że jeśli maκ mieć wartość większą niż $1/\sqrt{2}$, to nadprzewodność może utrzymywać się aż do pola przekraczającego krytyczne pole magnetyczne, podane wzorem, $H=(\kappa/\sqrt{2})_{HC}$.

Na początku lat 50. ubiegłego wieku Pippard z Uniwersytetu Cambridge badał opór powierzchniowy mikrofal, Rs, w metalach i nadprzewodnikach [28]. Nieprawidłowy efekt skórny w nieczystych metalach został wyjaśniony przez efekty nielokalne. Na fizyczne zachowanie się elektronu nie wpływało pole elektryczne i magnetyczne, lecz średnia swobodna droga elektronu, *l*. Pippard sugerował, że podobna nielokalność jest odpowiednia dla nadprzewodników. W teorii londyńskiej gęstość prądu w punkcie r jest określona przez wartość potencjału wektora magnetycznego **A**(r). W nielokalnej modyfikacji londyńskiej teorii Pipparda, gęstość prądu na, r, jest określona przez, **A**, uśrednioną w objętości niezależnych od temperatury wymiarów,ξ_0. Elektron podróżujący z normalnego regionu do regionu nadprzewodnikowego nie może zmienić swojej funkcji falowej,Ψ , nagle - zmiana musi nastąpić na pewnej skończonej odległości. Odległość ta nazywana jest długością koherencji Pipparda, lub po prostu *długością koherencji,* ξ_0 [28]. Pippard oszacował, że dla czystych metali, ξ_0 $1\approx\mu$m. Teoria Pipparda wprowadza zmiany w głębokości penetracji, λ. Dla czystego nadprzewodnika, gdzie *l*>>ξ_0, głębokość penetracji jest określona przez

$$\lambda_\infty = [\left(\frac{\sqrt{3}}{2\pi}\right)\xi_0\lambda_L^2]^{1/3} \tag{2.16}$$

gdzie λ_L jest wartością głębokości penetracji w teorii londyńskiej (2.12).

Dla stopów, gdzie *l*<< 0,ξteoria daje nową, znacznie większą wartość dla głębokości penetracji

$$\lambda = \lambda_L(\frac{\xi_0}{l})^{1/2} \tag{2.17}$$

a także znacznie mniejszą wartość dla długości koherencji,

$$\xi_{Stop} = (\xi_0 l)^{1/2} \tag{2.18}$$

Teoria GL wprowadziła również charakterystyczną zależną od temperatury długość *koherencji,* zwaną zwykle *długością koherencji* (GL), ξ_{GL} [19]:

$$\xi_{GL}(T) = \frac{\hbar}{|2m^*\alpha(T)|^{1/2}} \tag{2.19}$$

gdzie m* jest masą superelektronów, a ħ jest stałą zredukowaną Płaszczyzny.

W czystym nadprzewodniku dla temperatur znacznie poniżej temperatury krytycznej, T_C, $\xi_{GL}(T)$ $0\approx\xi$. Jednak w pobliżu T_C, długość koherencji GL jest zgodna z następującą zasadą:$\xi_{GL}(T)$ $(\propto TC - T)^{-1/2}$. Dlatego też te dwie długości koherencji,ξ_{GL} iξ_0, są powiązane, ale mają różne ilości. Parametr Ginsburg-Landau,κ może być w przybliżeniu zdefiniowany jako

$$\kappa = \frac{\lambda(T)}{\xi_{GL}(T)} \tag{2.20}$$

Blisko T_C, i λξzachowywać się jak ~ $(T_C - T)^{-1/2}$, i jest κprawie niezależny od temperatury, T. Dla nadprzewodników stopowych z *l* bardzo mały, k może być dość duży ~ 25 dla stopów i związków na bazie Niobu, i > 100 dla mieszanych tlenków wysokotemperaturowych nadprzewodników.

Teoria GL jest ważna dla temperatur zbliżonych do temperatury przejścia nadprzewodnika i może być wykorzystana do badania nadprzewodników w silnym polu magnetycznym, gdzie teoria londyńska nie może być stosowana. Teoria GL może być również wykorzystana do przewidywania wielkości krytycznych pól magnetycznych w bardzo cienkich lub bardzo grubych warstwach nadprzewodnikowych.

2.10. Bardeen, Cooper, Schrieffer Teoria nadprzewodnictwa

W 1957 roku J. Bardeen, L. Cooper i J. Schrieffer sformułowali mikroskopową teorię nadprzewodnictwa, znaną jako teoria BCS [29]. Teoria BCS jest obecnie uważana za ogólnie przyjętą teorię dla konwencjonalnych niskotemperaturowych nadprzewodników. Amerykańscy naukowcy otrzymali w 1972 roku Nagrodę Nobla z fizyki za teorię BCS. Postrzegał on nadprzewodnictwo jako mikroskopijny kwantowy efekt mechaniczny, sugerując, że dwa elektrony o przeciwnych **pędach**, **p1** = - **p2**, i przeciwnych spinach, s1(↑) = - s2(↓), mogą być sparowane, tworząc tzw. *pary elektronów Coopera*. Wstępna koncepcja, że słabe przyciąganie może wiązać pary elektronów w stan związany w teorii BCS, została zaproponowana przez Coopera w 1956 roku [30]. Oryginalna idea o możliwym istnieniu słabego przyciągania pomiędzy elektronami w wyniku oddziaływania elektron-fonon w sieci krystalicznej nadprzewodnika została wyrażona przez Fröhlicha w 1950 roku [31]. Pierwsza sugestia dotycząca par elektronów i ich ewentualnej kondensacji Bose-Einsteina została przedstawiona przez Ogg'a w 1946 roku [32].

W wielu nadprzewodnikach, atrakcyjne oddziaływania pomiędzy elektronami (niezbędne do parowania) są wywoływane pośrednio przez oddziaływanie pomiędzy elektronami a wibrującą siecią krystaliczną (fononami). Elektron, przechodząc przez przewodnik, powoduje nieznaczny wzrost gęstości ładunków dodatnich w otaczającej go siatce; wzrost ten z kolei może przyciągnąć inny elektron. W efekcie te dwa elektrony są następnie wiązane razem z pewną energią wiązania. Jeśli ta energia wiązania jest wyższa od energii dostarczanej przez uderzenia z oscylującymi atomami w nadprzewodniku (co jest prawdą w niskich temperaturach), wtedy para elektronów pozostanie razem i wytrzyma wszystkie uderzenia, nie doświadczając tym samym oporu elektrycznego. Dlatego nośnikami ładunku w nadprzewodnikach przenoszących prąd elektryczny bez rezystancji są pary Coopera. W stanie nadprzewodnikowym, wszystkie pary Coopera działają jako grupa z jednym pędem i funkcją fali koherentnej w obszarze w pobliżu powierzchni Fermi o grubościδ **p~2Δ**$\cdot_{pF/F}$ε.

Ze względu na opór elektryczny pochodzący z efektu rozpraszania nośnika ładunku, pojedynczy pęd wspólny dla wszystkich nośników ładunku w stanie nadprzewodnikowym wyjaśnia właściwość zerowej oporności. Energia wiązana pary Coopera nazywana jest *szczeliną energetyczną,*Δ (T), która jest funkcją temperatury [30]. Przy T=0K, luka energetyczna ma maksymalną wartość

$$\Delta(0) = 2\hbar\omega_D \cdot \exp[-1/N(0)V] \tag{2.21}$$

gdzie ω_D jest wysoką częstotliwością graniczną oscylacji sieci krystalicznej, N(0) jest gęstością stanów elektronów na powierzchni Fermiego, V jest potencjałem oddziaływania elektron-fononon.

Pary elektronów, fonony kratowe i luki energetyczne w nadprzewodnictwie były wcześniej postulowane, ale Bardeen, Cooper i Schrieffer byli pierwszymi, którzy umieścili wszystkie te pojęcia razem w jednym teoretycznym szkielecie. Luka energetyczna jest związana z temperaturą krytyczną, ponieważ

$$\Delta 2\ 3\approx.5kTC \tag{2.22}$$

W krytycznej temperaturze, $_{TC}$, szczelina energetyczna zanika, zmuszając parę Cooper do przerwania. Wyjaśnia to przejście ze stanu nadprzewodnikowego do normalnego stanu nadprzewodnikowego w TC. Teoria BCS wyjaśnia zachowanie fizyczne nadprzewodników metalicznych/stalowych o niskim T_C i została zweryfikowana eksperymentalnie [33-34].

Opór powierzchniowy nadprzewodników, Rs, w teorii BCS jest równy [35].

$$R_S (\approx (\Delta T)/kBT)\ \omega^{3/2} \cdot \exp(-\Delta(T)/kBT). \quad (2.23)$$

W 1957 roku Abrikosow, pracujący w tym samym instytucie co Landau, dokonał czwartego przełomu teoretycznego, rozwijając abrikosowską teorię własności magnetycznych nadprzewodników typu II [36]. Na podstawie teorii GL Abrikosov opracował swoje matematyczne rozwiązanie równań Ginsburga i Landaua dla przypadku, gdy $\kappa > 1/2.\sqrt{}$Rozwiązanie Abrikosova wykazało, że przy wzrastającym zewnętrznym przyłożonym polu magnetycznym strumień magnetyczny *jest* wykluczony aż do przekroczenia dolnego pola krytycznego HC1. Powyżej H_{C1}, strumień magnetyczny przenika w postaci wirów lub linii strumienia magnetycznego, z których każda przenosi kwant strumienia,Φ_0, skierowany równolegle do pola. Struktura tych wirów magnetycznych ma normalny rdzeń o promieniuξ , zawierający strumień podtrzymywany przez superprądy krążące w promieniu λ. W miarę wzrostu przyłożonego pola, więcej strumienia magnetycznego przenika aż do momentu, gdy gęstość linii strumienia jest taka, że normalne rdzenie zaczynają na siebie zachodzić. Dzieje się to w górnym polu krytycznym $H_{C2} = \sqrt{2}\,\kappa H_{C0} = \Phi_0 / 2\pi\mu_0\xi^2$. Pomimo opublikowania w tłumaczeniu, praca Abrikosova potrzebowała trochę czasu, aby zostać docenioną na Zachodzie.

Później, w 1959 roku, Gor'kov [37] wykazał, że teoria GL jest bezpośrednią konsekwencją mikroskopijnej teorii BCS, wywodzącej stałe w teorii GL z BCS. Ta trylogia rosyjskiej pracy teoretycznej jest zbiorowo nazywana teorią GLAG (Ginsburg-Landau-Abrikosow-Gorkow). Dla każdego nadprzewodnika, jako stan normalny, średnia swobodna ścieżka elektronów, l, jest zredukowana, zmniejsza się, staje $\xi\lambda$się większa i wzrasta.κ W przypadku, gdy stopy są dodawane, poprzez redukcję l, podnosi się,κ .

Teoria BCS wyjaśniła naturę nadprzewodnictwa w LTS na podstawie oddziaływań elektronowo-fononowych. Obecnie nie ma ujednoliconej teorii, która wyjaśniałaby naturę nadprzewodnictwa w HTS.

Rys. 10 przedstawia powierzchnię Fermiego i szczelinę energetyczną w falach S konwencjonalnych nadprzewodników niskotemperaturowych i falach D niekonwencjonalnych nadprzewodników wysokotemperaturowych o formule Rs.

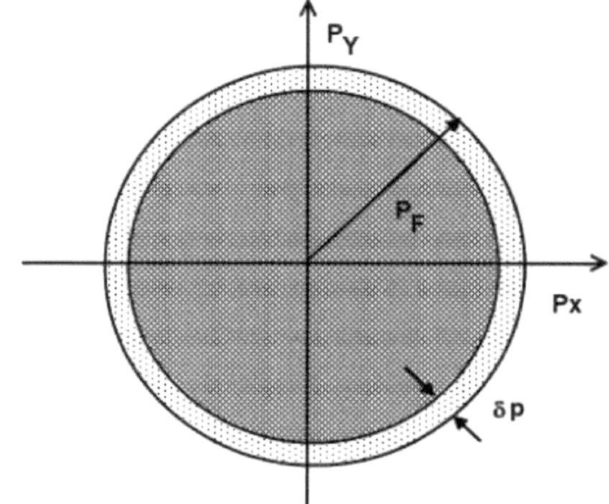

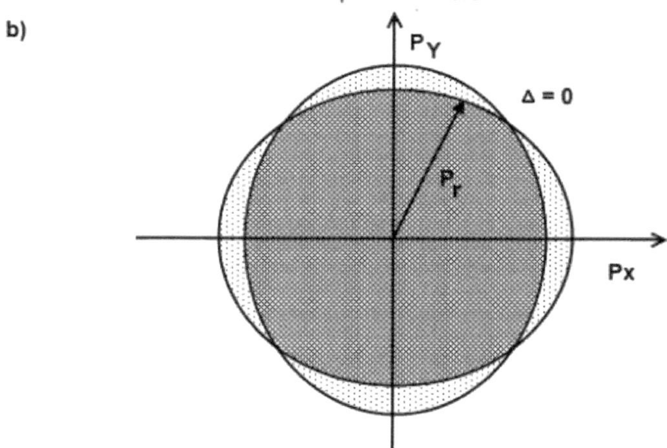

Rys. 10. Szczelina powierzchniowa i energetyczna Fermi w

a) konwencjonalne nadprzewodniki niskotemperaturowe typu S

$$R_S \approx \frac{\Delta(T)}{k_B T}\omega^{3/2} \cdot exp\left(-\frac{\Delta(T)}{k_B T}\right); \qquad (2.23)$$

b) Niekonwencjonalne nadprzewodniki wysokotemperaturowe typu D,

$$R_S \approx \frac{\omega^{3/2}}{k_B T}\int_S \square\left(p_x, p_y\right)\exp\left[\frac{-\square\left(p_x, p_y\right)}{k_B T}\right]dp_x dp_y). \quad (2.24)$$

2.11. Techniczne zastosowania nadprzewodników

Odkrycie nadprzewodnictwa, ponad sto lat temu, wyglądało bardzo obiecująco, jeśli chodzi o jego techniczne zastosowania w kilku dziedzinach przemysłu. Jednakże szczegółowe zrozumienie właściwości materiałowych nadprzewodników doprowadziło do wniosku, że ich krytyczne parametry fizyczne, takie jak temperatura krytyczna, prąd krytyczny i krytyczne pole magnetyczne, stanowią pewne praktyczne ograniczenia na drodze do powszechnego stosowania. Ponadto, systemy chłodnicze tworzą pewną ekonomiczną barierę dla komercyjnych zastosowań nadprzewodników ze względu na zapotrzebowanie na kosztowny ciekły hel (T=4,2K) do celów chłodniczych. W rezultacie praktyczne zastosowania nadprzewodników zostały ograniczone do projektowania specjalnych urządzeń laboratoryjnych i kilku dużych projektów technicznych.

Należy wspomnieć, że od lat 1960-tych, pierwsze rzeczywiste zastosowania nadprzewodników związane były z niemal przypadkowymi odkryciami NbTi, które uczyniły produkcję nadprzewodników bardziej praktyczną dla elektromagnesów wysokopolowych. Największe wykorzystanie nadprzewodników, jak dotychczas, znajduje się w elektromagnesach systemów obrazowania rezonansem magnetycznym (MRI) [24]. Niskotemperaturowe nadprzewodniki (LTS) znalazły szerokie zastosowanie w tworzeniu wysokiej jakości ubytków czynnika (high-Q) w rezonatorach i filtrach RF [24]. Badania nad złączem Josephsona zaowocowały opracowaniem kilku unikalnych urządzeń elektronicznych, takich jak Superconducting Quantum Interference Device (RF/DC SQUID) dla magnetometrów ultraczułych [24] oraz chipsetów Rapid Single Flux

Quantum Logic (RSFQ) firmy Likharev [38]. W 1993 roku, odkrycie przez autorów nadprzewodnikowego qubitu strumienia magnetycznego Liedieniowa doprowadziło do zaprojektowania w 1996 roku chipsetu Liedieniowa Quantum Random Number Generator on Magnetic Flux Qubits (1024 QRNG_MFQ), rozpoczynając erę kwantowych obliczeń nadprzewodnikowych w skali globalnej [39]. W 1998 roku odkrycie przez autorów, że węzeł Liedieniowa wiru magnetycznego znajduje się w skrajnej kwantowej granicy, doprowadziło do wynalezienia przez autorów pamięci kwantowej Liedieniowa na kwubitach węzła magnetycznego, przesuwając granicę nadprzewodnikowej kwantowej nauki i techniki obliczeniowej do przodu.

W 1986 roku, odkrycie wysokotemperaturowych nadprzewodników (HTS) o temperaturach krytycznych powyżej 90K przywróciło entuzjazm do zastosowań technicznych HTS i wywołało entuzjazm na całym świecie [38]. Podczas gdy temperatura robocza HTS wynosząca 90K jest nadal temperaturą kriogeniczną, można ją osiągnąć o wiele bardziej efektywnie i ekonomicznie niż temperatury robocze konwencjonalnych nadprzewodników. W rzeczywistości, ciekły azot, N, może być używany do chłodzenia tych materiałów za ułamek kosztów rozwoju. Ciekły azot jest powszechnie dostępny w handlu i zapewnia stabilną termiczną kąpiel w temperaturze 77K. Co ważniejsze, jednostopniowe chłodziarki kriogeniczne z zamkniętym obiegiem są dostępne w celu zapewnienia ciągłego chłodzenia materiałów HTS przy zachowaniu wysokiej niezawodności i rozsądnych kosztów. System HTS stał się technologicznie odpowiedni do zastosowania w różnych urządzeniach, modułach i systemach RF. Od czasu odkrycia HTS, postęp jest wprowadzany do wielu koncepcji technologicznych, umożliwiając skuteczne komercyjne zastosowania nadprzewodników. W kolejnych rozdziałach przeanalizowano i podsumowano różne zastosowania materiałów nadprzewodzących, ze szczególnym uwzględnieniem tych bezpośrednio związanych z technologiami komunikacji bezprzewodowej [41-48].

2.12. Nowoczesne zastosowania techniczne nadprzewodników wysokotemperaturowych

Obecnie HTS może być syntezowany w różnych formach, takich jak przewody, taśmy, wstęgi i folie do zastosowań w magnesach małej mocy, antenach, liniach przesyłowych, silnikach średniego momentu obrotowego i kompaktowych generatorach elektrycznych. Taśmy nadprzewodzące są najbardziej przydatne tam, gdzie wymagane są duże długości materiału nadprzewodzącego, spełniającego surowe wymagania dotyczące wagi i rozmiaru. Wstęgi te są najbardziej odpowiednie dla urządzeń nadprzewodnikowych umieszczonych w przestrzeni kosmicznej i w powietrzu, gdzie wdrożenie technologii monolitycznego mikrofalowego układu scalonego (MMIC) jest bardzo pożądane. Ze względu na swoje właściwości niskostratne i pożądane zmniejszenie rozmiarów, cienkie warstwy nadają się najbardziej do stosowania w pasywnych urządzeniach radiowych, detektorach optycznych i obwodach mikroelektronicznych. Nadprzewodzące grube warstwy są szeroko stosowane w mikrofalówkach dużej mocy, magnesach podnoszących dużej mocy i systemach napędowych. HTS wykazuje lepsze właściwości niż zwykłe metale, dlatego też zastosowania techniczne HTS [48] mogą być uwzględnione na Rys. 11.

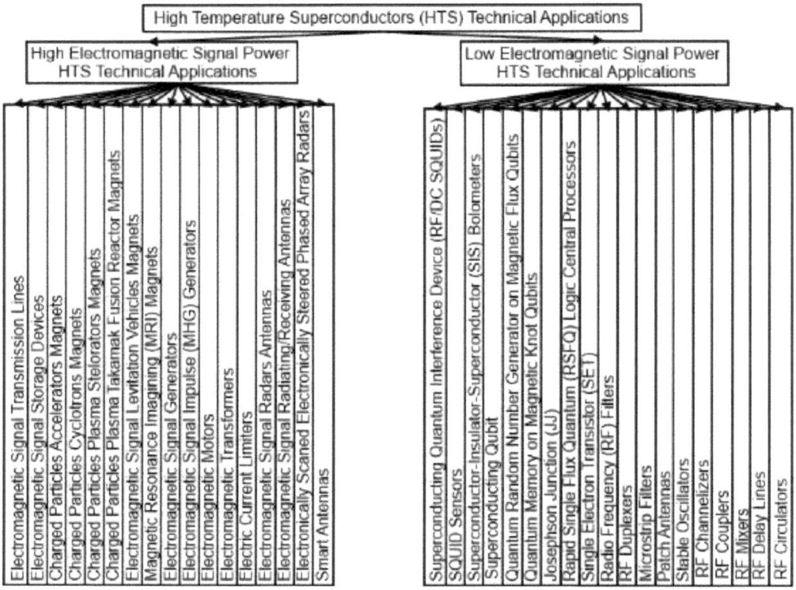

High Temperature Superconductors (HTS) Technical Applications
High Electromagnetic Signal Power HTS Technical Applications
Electromagnetic Signal Transmission Lines
Electromagnetic Signal Storage Devices
Charged Particles Accelerators Magnets
Charged Particles Cyclotrons Magnets
Charged Particles Plasma Stelorators Magnets
Charged Particles Plasma Takamak Fusion Reactor Magnets
Electromagnetic Signal Levitation Vehicles Magnets
Magnetic Resonance Imagining (MRI) Magnets
Electromagnetic Signal Generators
Electromagnetic Signal Impulse (MHG) Generators
Electromagnetic Motors
Electromagnetic Transformers
Electric Current Limiters
Electromagnetic Signal Radars Antennas
Electromagnetic Signal Radiating/Receiving Antennas
Electronically Scaned Electronically Steered Phased Array Radars
Smart Antennas
Low Electromagnetic Signal Power HTS Technical Applications
Superconducting Quantum Interference Device (RF/DC SQUIDs)
SQUID Sensors
Superconductor-Insulator-Superconductor (SIS) Bolometers
Superconducting Qubit
Quantum Random Number Generator on Magnetic Flux Qubits
Quantum Memory on Magnetic Knot Qubits
Josephson Junction (JJ)
Rapid Single Flux Quantum (RSFQ) Logic Central Processors
Single Electron Transistor (SET)
Radio Frequency (RF) Filters
RF Duplexers
Microstrip Filters
Patch Antennas
Stable Oscillators
RF Channelizers
RF Couplers
RF Mixers
RF Delay Lines
RF Circulators

Rys. 11. Zastosowania techniczne wysokotemperaturowych nadprzewodników (HTS).

2.13. Filtry sygnałów elektromagnetycznych HTS

Praktyczne opracowanie pasywnych elementów mikrofalowych z nadprzewodnikami High-TC koncentruje się głównie na konstrukcji filtrów mikrofalowych w technologii cienkich/grubych warstw [41-48]. Niskie właściwości stratne folii HTS skutkują nie tylko doskonałą wydajnością filtrów HTS RF, ale również prowadzą do znacznej redukcji rozmiarów w porównaniu z konwencjonalnymi normalnymi metalowymi filtrami wnękowymi RF, nawet przy uwzględnieniu niezbędnego chłodzenia filtra sygnałowego. Konstrukcja mikrofalowych rezonatorów nadprzewodnikowych o niezwykle wysokim współczynniku jakości, Q, pozwala na opracowanie filtrów HTS RF z małą stratą wtrącenia, nawet w przypadku, gdy pasmo przenoszenia filtra HTS RF jest wyjątkowo wąskie. W przypadku, gdy takie filtry HTS RF są zintegrowane z transceiverami RF na stacjach bazowych w sieciach telefonii komórkowej, możliwe jest osiągnięcie zarówno maksymalnej selektywności częstotliwości sygnału elektromagnetycznego transceivera i maksymalnej czułości sygnału elektromagnetycznego transceivera w tym samym czasie. Konwencjonalne technologie konwencjonalnych filtrów metalowych RF poświęcają czułość, gdy selektywność jest zwiększona. Natomiast filtry HTS RF wykonane z nadprzewodników zapewniają najbliższe zbliżenie do idealnego filtra RF, takiego, który pozwala na przejście 100 procent pożądanych sygnałów elektromagnetycznych i/lub całkowite odrzucenie niepożądanych sygnałów.

Na Rys. 12 pokazano porównanie nadprzewodnikowego filtra RF z konwencjonalnym normalnym metalowym filtrem RF. Podobne dane pomiarowe uzyskano dla transceivera RF na stacji bazowej w sieci telefonii komórkowej za pomocą urządzenia Conductus [45].

Jak widać, filtry HTS RF idealnie nadają się do odrzucania sygnałów elektromagnetycznych spoza pasma, szczególnie tych, które są bardzo zbliżone pod względem częstotliwości do pożądanego pasma sygnału. Ze względu na unikalne właściwości filtrów nadprzewodzących, najbardziej odpowiednimi aplikacjami dla tej technologii są albo produkcja filtrów HTS RF z wyjątkowo stromymi spódniczkami - niezwykle szybki spadek w przejściu poza interesującym nas pasmem przepustowym, albo produkcja filtrów HTS RF, które są niezwykle wąskie w swoich szerokościach pasma. W obu przypadkach, takie filtry HTS RF mogą mieć jeszcze bardzo niskie straty na wtrąceniu. Możliwość opracowania niezwykle ostrych filtrów HTS RF jest ważna dla optymalnego wykorzystania widma elektromagnetycznego, np. w komercyjnych sieciach bezprzewodowej transmisji danych. Z drugiej strony, zdolność do produkowania niezwykle wąskopasmowych filtrów HTS RF ma kluczowe znaczenie przy przechwytywaniu specyficznych słabych sygnałów elektromagnetycznych w zatłoczonym środowisku RF w dużych biurach, centrach handlowych, stadionach sportowych i nowoczesnych miastach.

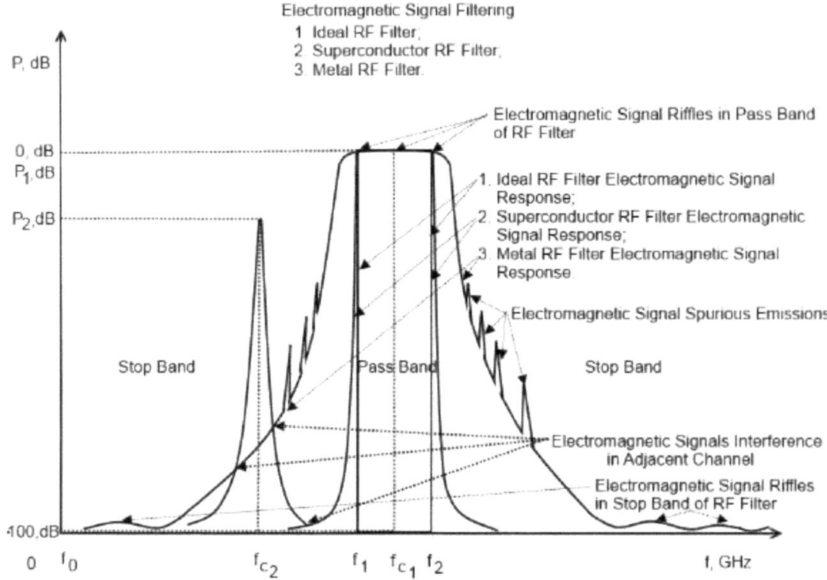

Rys. 12. Graficzna ilustracja na temat analizy porównawczej parametrów technicznych idealnego filtra RF, nadprzewodnikowego filtra RF i normalnego metalowego filtra RF. Parametry techniczne nadprzewodnikowego filtra RF są bardzo zbliżone do idealnych parametrów technicznych filtra RF.

Główne zalety techniczne filtrów HTS RF [41-48] są wymienione w Tab. 2

• Mniejsza utrata wtrącenia;	• Niewielka szkodliwa emisja;
• Niższy poziom hałasu;	• Małe riffle w pasach startowych
• Niższa degradacja sygnału;	• Mniej rozpraszania energii;
• Ostrzejsze spódnice boczne;	• Niewielka waga;
• Ostrzejsze przejścia pasmowe;	• Małe wymiary geometryczne.

Tab. 2. Zalety techniczne filtrów sygnałowych HTS RF.

Te wiodące parametry techniczne filtrów HTS RF skutkują znacznie lepszymi parametrami technicznymi filtrów HTS, a mianowicie zmniejszonym zakłóceniem kanału sąsiedniego, zwiększonym zasięgiem sygnału i znacznie lepszym wykorzystaniem widma elektromagnetycznego.

Dlatego też, praktyczne korzyści płynące z zastosowania technologii HTS w sieciach bezprzewodowej transmisji danych mogą się pojawić: 1) zwiększony ruch danych, 2) lepsze pokrycie sygnałem elektromagnetycznym przy mniejszej liczbie komórek, 3) mała bitowa stopa błędów (BER) w kanale komunikacyjnym, 4) lepsza jakość audio/video, 5) lepsze wypełnienie luk w pokryciu sygnałem elektromagnetycznym, 6) mniejsza liczba rozmów przychodzących na stację bazową w sieci telefonii komórkowej.

Obecne, gęste środowisko mobilne, które jest kształtowane przez nowe, powstające aplikacje, urządzenia i sieci bezprzewodowej transmisji danych, określa rygorystyczne wymagania dotyczące ogólnej wydajności technicznej bezprzewodowej sieci transmisji danych. Dlatego wysokowydajne komponenty, urządzenia, moduły HTS RF muszą być opracowywane i wykorzystywane w nowoczesnych sieciach teleinformatycznych w celu osiągnięcia pełnego wykorzystania pasma, wysokiej jakości połączeń głosowych/wideo oraz wysokiej szybkości transmisji danych w sieci telefonii komórkowej [48].

Referencje

[1]. J.-B. J. Fourier, "Theorie Analytique de la Chaleur", *Firmin Didot, Cambridge University Press,* ISBN 978-1-108-00178-6, ISBN 978-1-108-00180-9, 1807-1822, 1878, 2009.

[2]. J.-B. J. Fourier, "Memoires de l'Academie Royale des Sciences de l'Institut de France", **VII,** str. 570 - 604, 1824, http://www.academie-sciences.fr/activite/archive/dossiers/Fourier/Fourier_pdf/Mem1827_p569_604.pdf .

[3]. V. Ya. Bunyakovsky, "Rozmnażanie ciepła w ciałach stałych", *doktorat*, nie. 3, Prof. Augustin-Louis Cauchy (sup.), École Polytech. Paris, Fr., 1825.

[4]. H. Kamerlingh Onnes, "Dalsze eksperymenty z ciekłym helem. C. Na zmianę oporu elektrycznego czystych metali w bardzo niskich temperaturach itp. IV. The resistance of pure mercury at hellum temperatures", *Communications Physics Laboratory Leiden University,* vol. **120c**, str. 3-5, 1911.

[5]. J. Bednorz, K. Muller, "Possible high Tc superconductivity in the Ba-La-Cu-O system" Z. Phys., B64, s. 189, 1986.

[6]. M. K. Wu, J. R. Ashburn, C. J. Torng, P. H. Hor, R. L. Meng, L. Gao, Z. J. Huang, Y. Q. Wang, C. W. Chu, "Superconductivity at 93 K in a New Mixed-Phase Y-Ba-Cu-O Compound System at Ambient Pressure", *Physical Review Letters,* Vol. **58** (9), pp. 908-910, 1987.

[7]. Odniesienie do strony internetowej: www.superconductors.org, 2017.

[8]. Y. Kamihara, i in., "Żelazny warstwowy nadprzewodnik": LaOFeP", Journal of the American Chemical Society, vol. 128 (31), str. 10012-10013, 2006.

[9]. Y. Kamihara, et al., "Iron-Based Layered Superconductor La[O1-xFx]FeAs (x=0,05-0,12) with Tc =26 K", Journal of the American Chemical Society, vol. 130 (11), pp. 3296-3297, 2008.

[10]. H. Takahashi, et al., "Superconductivity at 43 K in an iron-based layered compound LaO1-xFxFeAs", Nature, vol. 453 (7193), s. 376-378, 2008.

[11]. R. Zhi-An, et al., "Superconductivity and phase diagram in iron-based arsenic-oxides ReFeAsO1-δ (Re=rarere-earth metal) without fluor doping", EPL, vol. 83, 17002, 2008.

[12]. G. Wu, et al., "Nadprzewodnictwo w 56 K w SrFeAsF z domieszką samarną", J. z fizyki: Materia skondensowana, tom 21 (3), 142203, 2009.

[13]. V. O. Ledenyov, D. O. Ledenyov, O. P. Ledenyov, Features of Oxygen and its vacancies diffusion in superconducting composition YBa2Cu3O7-δ near to magnetic quantum lines, *Problems of Atomic Science and Technology,* vol. **15,** no. 1, pp. 76-82, Ukraine, ISSN 1562-6016, 2006; Cornell University, NY, USA, www.arxiv.org, 1206.5635v1.pdf .

[14]. Z. Xiong i Y. Zhu, "Microstructures and structural defects in high-temperature superconductors", World Scientific, Singapur, 1998.

[15]. G. Dhanaraj, et al., "Handbook of Crystal Growth", Springer, 2010.

[16]. M. K. Wu, et al., "Nadprzewodnictwo przy 93K w nowym układzie mieszanin faz Y-Ba-Cu-O przy ciśnieniu otoczenia", Phys. Rev. Lett., vol. 58, str. 908, 1987.

[17]. R. Serway i J. Jewett, "Principles of Physics", 2nd ed. Saunders College Pub, 1997.

[18]. A. Rose-Innes i E. Rhoderick, "Introduction to Superconductivity", 2nd Edition, Pergamon Press, 1994.

[19]. Z. Kresin i S. Wolf, "Fundamentals of Superconductivity", Plenum Press, 1990.

[20]. M. Tinkham, "Introduction to Superconductivity", 2nd Ed. , McGraw-Hill, 1996.

[21]. I. Firth, "Superconductivity", Mills & Boon Ltd, 1972.

[22]. F. Silsbee, J. z Washington Academy of Sciences, tom 6, 79, 1916.

[23]. C. Kittel, "Introduction to Solid State Physics", Wiley, Rev. Edit. , 2004.

[24]. T. Van Duzer i C. Turner, "Principles of Superconductive Devices and Circuits", 2nd Edition, Prentice Hall, 1999.

[25]. C. Gorter i H. Casimir, "O nadprzewodnictwie I", Physica 1, nie. 4, str. 306-320, 1934.

[26]. F. Londyn i H. London, "The electromagnetic equations of the superconductor", Proc Roy Soc A, vol. 149, nr 866, str. 71-88, 1935.

[27]. V. Ginzburg i L. Landau, "Do teorii nadprzewodnictwa", Zh. Eksperim. I Teor. Fiz., tom 20, s. 1064, 1950.

[28]. A. Pippard, "The coherence concept in superconductivity", Physica, t. 19, nr 9, s. 765-774, 1953; "An experimental and theoretical study of the relationship between magnetic field and current in a superconductor", Proc Roy Soc A, t. 216, nr 1126, s. 547-568, 1953.

[29]. J. Bardeen, et.al., "Theory of Superconductivity", Phys. Rev., tom 108, s. 1175, 1957.

[30]. L. Cooper, "Bound electron pairs in a degenerate Fermi gas", Phys. Rev., vol. 104, str. 1189-1190, 1956.

[31]. H. Fröhlich, "Teoria państwa nadprzewodzącego". I. The Ground State at the Absolute Zero of Temperature", Physics Review, tom 79, nie. 5, str. 845-856, 1950.

[32]. R. A. Ogg, "Bose-Einstein Condensation of Trapped Electron Pairs". Separacja faz i nadprzewodność rozwiązań metalowo-amoniakalnych", Physical Review, tom 69, iSS. 5/6, s. 243-244, 1946.

[33]. G. Rickayzen, "Theory of Superconductivity", Nowy Jork: Willey, 1965.

[34]. E. Lynton, "Nadprzewodnictwo", Mathuen i Co. Ltd, 1969.

[35]. J. Halbritter, "On the surface resistance of superconductors", Z. Physik, vol. 226, str. 209-217, 1974.

[36]. A. Abrikosov, J. Experim. Teoretyk. Phys., t. 32, s. 1442, 1957 (tłumaczenie: Soviet Phys. - JETP 5, s. 1174, 1957).

[37]. L. Gor'kov, Zh. Eksperim. I Teor. Fiz., tom 36, 1959. (Sov. Phys. -JEPT, tom 9, s. 1364, 1959).

[38]. K. K. Likharev, "Superconductor digital electronics", *Physica C*, **482**, s. 6-18, 2012, http://dx.doi.org/10.1016/j.physc.2012.05.016.

[39]. http://jglobal.jst.go.jp/en/public/20090422/200902214031330825 .

[40]. K. Kitazawa, "Nadprzewodnictwo: 100. rocznica jego odkrycia i jego przyszłość", Japończyk J. z Fizyki Stosowanej, t. 51, s. 1-14, 2012.

[41]. W. Lyons i R. Withers, "Passive microwave device applications of high Tc superconducting thin films", Microwave Journal, Nov, 1990.

[42]. A. Velichko, et al., "Non-linear Microwave Properties of High-Tc Thin Films - Topical Review", Super. Sci. Techn. , tom 18, R24-R49, 2005.

[43]. J. Mazierska i M. Jacob, "High temperature superconducting filters for wireless communication", Novel Technologies for Microwave and Millimeter-wave Applications, Edited by Jean-Fu Kiang, Kluwer Academic/Plenum Publishers, pp. 123-152, 2003.

[44]. T. Dahm i D. Scalapino, "Theory of intermodulation in a superconducting microstrip resonator", J. Appl. . Phys, t. 81, s. 2002-2009, 1997.

[45]. Odniesienie do strony internetowej: www.conductus.com, 2017.

[46]. A. Dobra, "Doktorze. Projektowanie i wdrażanie technologii HTS dla stacji bazowych telefonii komórkowej: An investigation into improving cellular communication", James Cook University, Townsville, 2006.

[47]. A. Saito, et al., "Resonator structures and power-handling capability for superconducting transmitand-pass filters", HF-P08 International Superconductive Electronics Conference, 2009.

[48]. D. O. Liedenyow, W. O. Liedenyow, "Nonlinearities in microwave superconductivity", Cornell University, NY, USA, s. 1-923, June 20 2012 https://arxiv.org/abs/1206.4426v8 .

Rozdział 3

Właściwości mikrofalowe nadprzewodników

3.1. Właściwości mikrofalowe nadprzewodników

Badania nad właściwościami mikrofalowymi nadprzewodników są ważne z punktu widzenia: 1) sformułowanie nowych teorii naukowych dotyczących HTS w mikrofalach w zakresie podstawowej nadprzewodności; 2) synteza nowych HTS o lepszych właściwościach mikrofalowych w zakresie podstawowej nadprzewodności; oraz 3) projektowanie nowych urządzeń mikrofalowych HTS w zakresie stosowanej nadprzewodności.

Rzeczywiście, ograniczone możliwości obsługi sygnału mikrofalowego w materiałach HTS doprowadziły do pewnych ograniczeń w zastosowaniach urządzeń mikrofalowych HTS w rzeczywistości. W przypadku filtrów HTS RF, filtry HTS RF muszą być w stanie pracować przy stosunkowo wysokich poziomach mocy sygnału mikrofalowego, jednak parametry filtrów HTS RF mogą pogorszyć się na poziomie mocy sygnału mikrofalowego operacyjnego, ze względu na nieliniowość powstania. Niektóre inne urządzenia mikrofalowe HTS mogą również wykazywać pewne pogorszenie wydajności podczas pracy przy wysokim poziomie mocy sygnału mikrofalowego. Chociaż degradacja wydajności urządzeń HTS przy wysokich poziomach mocy sygnału mikrofalowego jest dobrze udokumentowana, nadal nie ma powszechnie przyjętej teorii fizycznej, która wyjaśniałaby związek pomiędzy właściwościami mikrofalowymi materiałów HTS a parametrami technicznymi urządzeń HTS przy wysokich poziomach mocy sygnału mikrofalowego, mający na celu przezwyciężenie problemu.

Reakcja na sygnał elektromagnetyczny w metalu, normalnie przewodzącym lub nadprzewodzącym, jest opisana przez impedancję powierzchniową (ZS). Impedancja powierzchniowa, ZS, charakteryzuje absorpcję i odbicie fal elektromagnetycznych wysokiej częstotliwości w warstwach powierzchniowych przewodów. ZS jest wielkością złożoną, którą można zdefiniować jako [1].

$$Z_S = \left(\frac{E_x}{H_y}\right)_{\text{Surfować po}} = R_S + jX_S \,, \qquad (3.1)$$

gdzie E_x i H_y są stycznymi składowymi fali elektromagnetycznej na powierzchni próbki, R_S jest opornością powierzchniową, XS jest reaktancją powierzchniową.

Opór powierzchniowy, Rs, można określić doświadczalnie. W reżimie liniowym, impedancja powierzchniowa, ZS, jest niezależna od amplitudy pola elektromagnetycznego, i obejmuje tylko wkład przez właściwości próbki.

W ***normalnym przewodniku*** fala elektromagnetyczna rozpada się wykładniczo na charakterystycznej głębokości penetracji,δ zwanej głębokością naskórka, w zależności od właściwości materiału i częstotliwości pracy *f* [2, 3].

$$\delta = \sqrt{\frac{1}{\pi f \sigma \mu}} \qquad (3.2)$$

gdzie jest $\sigma\mu$przewodnictwo i magnetyczna przepuszczalność materiału. Głębokość skóry,δ zmniejsza się wraz z częstotliwością, co prowadzi do zwiększenia oporów przepływu prądu przy wysokich częstotliwościach.

W przypadku normalnego przewodnika można pominąć wyimaginowaną część złożonego przewodnictwa. W takim przypadku, gdy przewodność staje się rzeczywista i równa przewodności prądu stałego,σ_{DC}. ZS można napisać ponownie jako [4]

$$Z_S = \sqrt{\frac{\omega \mu_0}{2\sigma_{DC}}}\,(1 + j) \qquad (3.3)$$

Zależność ta dotyczy efektu normalnej skóry w przewodach, gdzie głębokość penetracji,λλ jest większa niż normalne nośniki elektronów oznacza wolną drogę, *l*, i gdzie grubość próbki jest znacznie większa niż głębokość penetracji pola elektromagnetycznego. Ponadto, rzeczywiste i urojone części impedancji powierzchniowej, ZS, są równe dla normalnego przewodnika.

Wyjaśniając impedancję powierzchniową, ZS, w przewodach normalnych, należy wspomnieć, że historyczny przełom w pomiarach mikrofalowych dokonał H. London w 1940 r., gdy badał Cynę (Sn) [5]. H. Londyn podał dokładne pomiary oporu powierzchniowego cyny (Sn) w stanie normalnym w temperaturze 3.8K, tuż powyżej temperatury przejścia nadprzewodnikowego. Zmierzony opór powierzchniowy, Rs, był około trzy razy większy niż obliczony klasycznie, pomimo użytych wysokiej jakości próbek Sn. Londyn przypisał ten anormalnie zwiększony opór powierzchniowy, Rs, do faktu, że elektron średnia droga swobodna, *l*, w niskiej temperaturze staje się większa, w porównaniu do efektywnej głębokości penetracji,δ_{eff}, przez pola magnetyczne. To zjawisko fizyczne, w którym elektron oznacza wolną drogę, *l*, nie jest już znacznie mniejsza niż efektywna głębokość penetracji,δ_{eff}, jest określane jako efekt anomalii skóry. W przeciwieństwie do tego, klasyczny efekt skórny opiera się na lokalnej relacji prawa Ohma.

W późniejszym czasie firma Pippard [6] dokonała precyzyjnych pomiarów oporu powierzchniowego w stanie normalnym, Rs, w zależności od temperatury różnych metali. W niskich temperaturach pomiary te wykazały, że opór powierzchniowy, Rs, staje się niezależny od złożonego przewodnictwa, σa tym samym od średniej ścieżki swobodnej elektronów, *l*. Aby wyjaśnić to zachowanie fizyczne, kiedy $l >>$ *eff,*$\delta_{Pippard}$ skonstruował uproszczony model [7], w którym wskazał, że elektrony poruszające się prawie równolegle do powierzchni są znacznie bardziej efektywne jako prądy ekranujące niż te przy większych kątach rozpraszania. Rozumowanie to doprowadziło do wniosku, że impedancja powierzchniowa, Zs, jest proporcjonalna do $\omega^{2/3}(l/\sigma)^{1/3}$.

Reuter i Sondheimer opracowali bardziej kompletną teorię Reutera-Sondheimera na temat impedancji powierzchniowej, Zs, w izotropowym normalnym przewodniku [8]. Ich obliczenia zakładały quasi-wolny model elektronów, dla którego elektrony mają efektywną masę, *m*, i średnią swobodną drogę elektronów, *l*. Opisały również matematycznie efekt rozproszenia rozproszonych i spekulacyjnych elektronów na powierzchni przewodnika.

W ***nadprzewodniku***, impedancja powierzchniowa, Zs, może być przepisana jako funkcja złożonego przewodnictwa, σ_S, [9]

$$Z_S = R_S + jX_S = \sqrt{\frac{j\omega\mu_0}{\sigma_S}} \quad (3.4)$$

Rzeczywista część impedancji powierzchniowej, ZS, odnosi się do utraty mocy mikrofalowej w nadprzewodniku, a część urojona, Xs, opisuje zgromadzoną energię magnetyczną [10, 11]. Rezystancja powierzchniowa, RS, reaktancja powierzchniowa, XS i przewodność złożona, σ_S, może być wyrażona jako [12, 13].

$$R_S = \frac{\sigma_1}{2\sigma_2}\left(\frac{\omega\mu}{\sigma_2}\right)^{1/2} \quad (3.5)$$

$$X_S = \left(\frac{\omega\mu}{\sigma_2}\right)^{1/2} \quad (3.6)$$

$$\sigma_S = \sigma_1 - j\sigma_2 = \frac{2\omega\mu_0 R_S X_S}{\left(R_S^2 + X_S^2\right)^2} - j\frac{\omega\mu_0\left(X_S^2 - R_S^2\right)}{\left(R_S^2 + X_S^2\right)^2}, \quad (3.7)$$

lub czasami, w zależności od stosowanej konwencji, jako [14]

$$\sigma_S = \sigma_1 + j\sigma_2 \quad , (3.8)$$

gdzie σ_1 i σ_2 są przewodnikami związanymi z prądem normalnym (w odniesieniu do modelu dwupłynowego Gorter-Casimir) i nadprądowym.

Rzeczywiste i urojone części przewodnictwa to [14]

$$\sigma_1(T) = \frac{\sigma_n(T)}{1+\left(\omega\tau(T)\right)^2} \ ; \quad \sigma_2(T) = \frac{1}{\mu_0\omega\lambda^2(T)}, \quad (3.9)$$

gdzie $\sigma_n = nne2\tau/m$, *nn* jest normalną gęstością elektronów, *nS* jest gęstością elektronów nadprzewodzących, gdzie nn(T)+nS(T)=1.

Rzeczywista część przewodności złożonej, σ_1, jest bezpośrednio związana z głębokością skóry nadprzewodnika δ, a część urojona, σ_2, jest bezpośrednio związana z głębokością penetracji magnetycznej, λ jak pokazano poniżej [13, 14].

$$\delta = \sqrt{\frac{2}{\omega\mu\sigma_1}} \quad , (3.10)$$

$$\lambda = \sqrt{\frac{1}{\omega\mu\sigma_2}} \ . \quad (3.11)$$

Zależność mocy RS i XS od zewnętrznego pola magnetycznego, *Hrf*, lub prądu, *Jrf*, opisuje zmiany w reakcji urządzenia mikrofalowego na przyłożoną moc sygnału mikrofalowego. W dwupłynowym modelu Gorter-Casimir wzory dla RS i XS można przepisać na [15].

$$R_S(H_{rf}) = \frac{\mu_0\omega^2\lambda^3(H_{rf})\sigma_n(H_{rf})}{2} \quad , (3.12)$$

$$X_S(H_{rf}) = \omega L_S(H_{rf}) = \omega\mu_0\lambda(H_{rf}) \quad , (3.13)$$

gdzie σ_n jest przewodnością normalnych elektronów w nadprzewodniku, a $L_S = \mu_0\lambda$ jest induktancją powierzchniową, ω jest częstotliwością cykliczną.

Zależność między RS, a XS, w przypadku precyzyjnych pomiarów: 1) przewody, 2) nadprzewodniki oraz 3) dielektryki, pokazano na Rys. 13 [15].

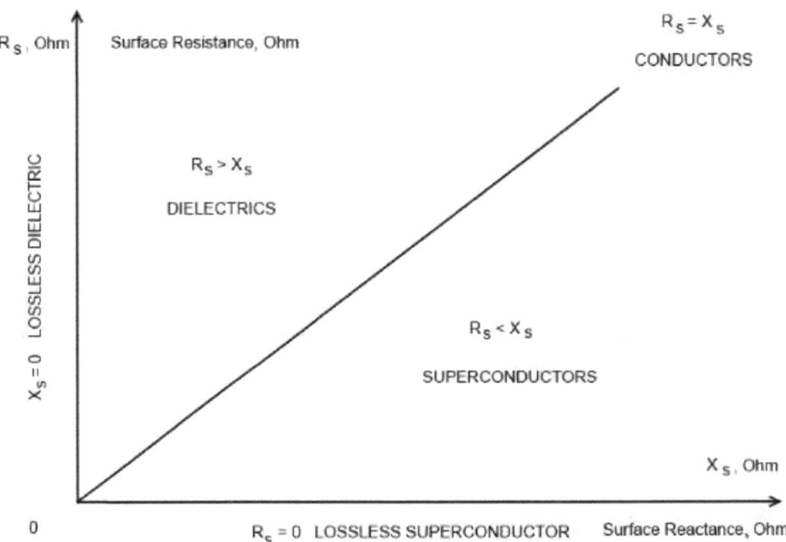

Rys. 13. Graficzna ilustracja zależności pomiędzy opornością powierzchniową, RS, a reaktancją powierzchniową, XS, w zastosowaniu do dokładnej charakterystyki właściwości fizycznych różnych skondensowanych materii, w tym przewodów, nadprzewodników i dielektryków, w mikrofalach (po [15]).

Badanie impedancji powierzchniowej, Zs, materiałów nadprzewodzących jest często prowadzone z wykorzystaniem cienkich warstw, które mogą być reprezentowane jako wielowarstwowe heterostruktury: cienka warstwa nadprzewodząca - podłoże dielektryczne - płyta metalowa. Mogą one również zawierać bardzo cienkie warstwy buforowe pomiędzy folią a podłożem, które zostaną pominięte w następnym opisie. Gdy grubość nadprzewodnikowej cienkiej warstwy jest *tS min* $(\leq\lambda, \delta)$, relacja dla ZS staje się bardziej złożona. Wynika to z przenikania pola elektromagnetycznego przez próbkę cienkowarstwową oraz oddziaływania z podłożem i innymi nośnymi warstwami pośrednimi.

W ogólnym przypadku konstrukcji wielowarstwowej, impedancja powierzchniowa jest określona przez ilość efektywną, $ZS_{,eff}$, na podstawie przemiany impedancji [16, 17].

$$Z_{S,eff} = Z_{S,\omega} \frac{Z_{d,eff} + iZ_{S,\omega} \text{Opalenizna } (k_{S,\omega} t_S)}{Z_{S,\omega} + iZ_{S,eff} \text{Opalenizna } (k_{S,\omega} t_S)} \quad , (3.14)$$

gdzie $Z_{d,eff}$ jest efektywną impedancją powierzchniową podłoża, $ZS_{,\omega}$jest impedancją falową, $kS_{,\omega}$ jest stałą propagacji fali w nadprzewodzącej cienkiej warstwie. Te dwa ostatnie parametry pokrywają się dokładnie z falą płaską ZS, a $kS = \mu_0\omega/ZS$ przy fali poprzecznej elektromagnetycznej (TEM) i rezonatorów fali poprzecznej elektrycznej (TE) [16]. W związku z tym, od tej chwili będzie pominięty 'ω'superscriptum".

Efektywną impedancję powierzchniową podłoża można przedstawić podobnie jak folię, biorąc pod uwagę impedancję objętościową płyty metalowej (*Zm*) [18].

$$Z_{S,eff} = Z_d \frac{Z_m + iZ_d \text{Opalenizna } (k_d t_d)}{Z_d + iZ_m \text{Opalenizna } (k_d t_d)} \quad , (3.15)$$

gdzie Z_d jest charakterystyczną impedancją podłoża, która jest parametrem zależnym od materiału; *kd* i *td* są odpowiednio stałą rozchodzenia się i grubością podłoża.

W przypadku $|Zd_{,eff}| >> |ZS|$ można pominąć wkład podłoża, a równanie zmniejsza się do impedancji powierzchniowej wewnętrznej folii

$$Z_{S,eff} \cong Z_{s,i} = \text{-}iZ_S \text{łóżeczko dziecięce } (k_S t_S), (3.16)$$

która, jeżeli, $tS << min(,), \lambda\delta$*daje* tzw. przybliżenie cienkowarstwowe (Zf)

$$Z_{S,eff} \cong Z_f = \frac{1}{\sigma_S t_S}. \quad (3.17)$$

Wartość impedancji powierzchniowej decyduje o jakości nadprzewodzących cienkich warstw do zastosowań mikrofalowych. Techniki pomiarowe, które są wykorzystywane do charakterystyki radiowej cienkich warstw nadprzewodnikowych, opisano w poniższym podrozdziale.

3.2. Precyzyjny pomiar parametrów fizycznych nadprzewodników wysokotemperaturowych za pomocą rezonatorów dielektrycznych i rezonatorów mikropaskowych w mikrofalach

Układ i techniki pomiarowe do dokładnej charakterystyki mikrofalowej nadprzewodników muszą umożliwiać uzyskanie małej niepewności, wysokiej dokładności i wysokiej odtwarzalności. Obecnie istnieją różne metody pomiaru impedancji powierzchniowej, ZS, na mikrofalach. Dostępne są następujące precyzyjne metody pomiarów mikrofalowych

1) techniki rezonansowe z rezonatorem wnękowym, rezonatorem dielektrycznym (DR), rezonatorami mikropaskowymi itp. i

2) Nierezonansowe techniki odbicia z liniami przesyłowymi.

Metody nierezonansowe nie są powszechnie stosowane ze względu na niską czułość i potrzebę skomplikowanego modelowania analitycznego, dlatego też zostaną one wprowadzone w pierwszej kolejności i tylko pokrótce w niniejszym podrozdziale.

Pomiary typu transmisji polegają na wykryciu mocy przekazywanej przez próbkę. W tej technice określa się złożoną przewodność elektryczną cienkiej warstwy. Komora pomiarowa składa się z prostokątnego falowodu, z naciskiem na tryb TE01. Folia nadprzewodząca na podłożu dielektrycznym jest umieszczona prostopadle do osi falowodu. Aby wydobyć złożoną przewodność, należy zmierzyć odbicie od granic próbki. Technika ta została wprowadzona przez Glovera i Tinkhama w 1957 roku [19] w celu zbadania zależności częstotliwościowej złożonego przewodnictwa próbki przy częstotliwościach quasi-optycznych, a następnie wykorzystana do filmów HTS [20-22]. W przypadku HTS, przewodność złożoną można określić na podstawie współczynnika transmisji, S21, za pomocą wzoru [21].

$$S_{21} = \frac{2}{\left(\frac{Z_g}{Z_{bi}}\right)+1+\sigma d Z_g} \tag{3.18}$$

gdzie *Zbi jest impedancją* odbiciową warstw dielektrycznych na styku z nadprzewodnikiem, a z_g jest impedancją falową falowodu.

Pomiary mocy odbitego sygnału mikrofalowego oparte są na warunkach zwarcia próbki nadprzewodnikowej, falowodu lub kabla koncentrycznego. Odbita moc sygnału mikrofalowego daje opór powierzchniowy, Rs, próbki. W przypadku pomiarów odbicia, niepewność oporu powierzchniowego, Rs, jest znacznie większa niż w metodzie transmisji.

Wszystkie techniki rezonansowe, wykorzystywane do pomiarów impedancji powierzchniowej, można podzielić na: 1) techniki masowych rezonatorów mikrofalowych i 2) techniki planarnych rezonatorów mikrofalowych. Niektóre typy rezonatorów mikrofalowych do charakteryzacji cienkich warstw HTS, w tym: a) otwarty rezonator dielektryczny; b) rezonator dielektryczny Hakki-Colemana; c) rezonator równoległy płytowy; d) rezonator wnękowy; e) rezonator koplanarny; f) rezonator tarczowy; g) rezonator mikropaskowy; h) rezonator paskowy, zostały poddane przeglądowi w [23].

Rysunek 14 ilustruje niektóre typy rezonatorów mikrofalowych o różnych geometriach do charakterystyki cienkowarstwowej HTS w mikrofalach, które były badane przez autorów, w tym: 1) rezonator dielektryczny Hakki-Colemana; 2) rezonator dielektryczny; 3) rezonator wnękowy; 4) rezonator wnękowy; 5) rezonator mikropaskowy; 6) rezonator mikropaskowy; 7) rezonator mikropaskowy; 8) rezonator współpłaszczyznowy.

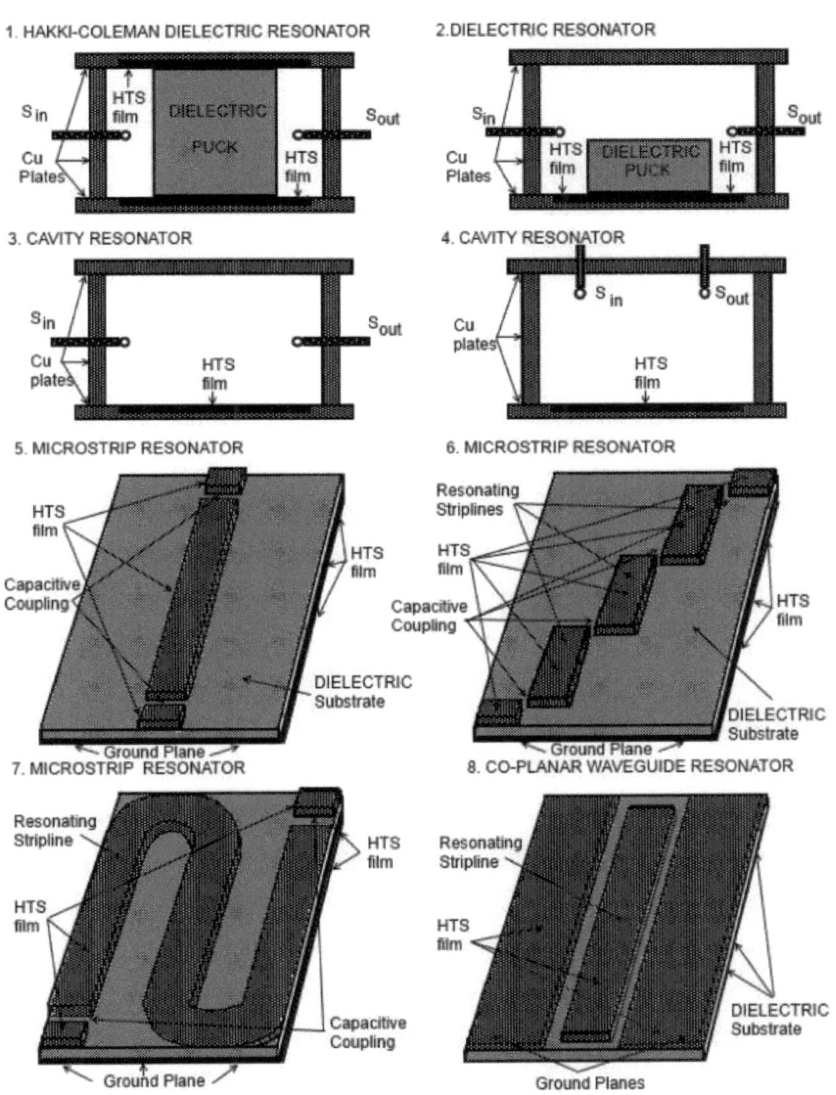

Rys. 14. Rezonatory dielektryczne i rezonatory mikropaskowe do dokładnej charakterystyki cienkich warstw HTS w mikrofalach: 1) rezonator dielektryczny Hakki-Coleman; 2) rezonator dielektryczny; 3) rezonator wnękowy; 4) rezonator wnękowy; 5) rezonator mikropaskowy; 6) rezonator

mikropaskowy; 7) rezonator mikropaskowy; 8) rezonator falowodowy współpłaszczyznowy.

Wszystkie techniki rezonansowe do pomiaru ZS oparte są na rezonatorze mikrofalowym, gdzie folia HTS stanowi integralną część rezonatora. Współczynnik jakości struktury rezonansowej jest mierzony, a opór powierzchniowy badanej warstwy wynika z równania strat [24].

$$\frac{1}{Q_0} = \frac{1}{Q_S} + \frac{1}{Q_c} + \frac{1}{Q_d} + \frac{1}{Q_{rad}} \tag{3.19}$$

gdzie *Q0* jest nieobciążonym współczynnikiem jakości konstrukcji, a *QS, Qc, Qd* i *Qrad* są współczynnikami jakości odnoszącymi się odpowiednio do strat nadprzewodnika, metalu, dielektryka i promieniowania. Straty nadprzewodzące i metaliczne są bezpośrednio określone przez odpowiednie opory powierzchniowe (RS, Rmet), a straty dielektryczne przez straty styczne części dielektrycznej, zgodnie z [24].

$$\frac{1}{Q_S} = \frac{R_S}{A_S};\ \frac{1}{Q_c} = \frac{R_{spełniony}}{A_{spełniony}};\ \frac{1}{Q_d} = p_d \tan\delta; \tag{3.20}$$

gdzie AS, Amet są odpowiednio współczynnikami geometrycznymi części nadprzewodnikowej i metalowej, a pd jest współczynnikiem wypełnienia energii elektrycznej części dielektrycznej. Aby ograniczyć wpływ podłoża i płyty nośnej rezonatora na nieobciążony współczynnik Q0, a tym samym obliczoną nośność powierzchniową, folie HTS muszą mieć grubość co najmniej trzy razy większą niż głębokość penetracji, λ.

Do pomiarów mikrofalowych na nierozproszonych foliach stosuje się zwykle następujące typy ***rezonatorów masowych***: rezonatory wnękowe [25], rezonatory dielektryczne [26, 27], rezonatory płyt równoległych [28]. Ogólnie rzecz biorąc, różnice pomiędzy poszczególnymi typami rezonatorów powodują różną czułość, dokładność i złożoność pomiarów. Techniki rezonatora masowego dostarczają prawdopodobnie najdokładniejszych informacji na temat właściwości folii, ponieważ w najmniejszym stopniu wpływają na nie obszerne traktowanie folii i jej modelowanie. Należy wspomnieć, że pierwszą techniką zastosowaną z powodzeniem do pomiarów oporów powierzchniowych HTS była metoda rezonansu jamy miedzianej [29, 30].

W przeszłości do pomiaru oporności powierzchniowej folii nadprzewodzących przy częstotliwościach powyżej 30 GHz stosowano rezonatory masowe, składające się z pustej, cylindrycznej wnęki z nadprzewodzącymi ściankami końcowymi oraz miedzianych (lub niobu nadprzewodzącego, Nb) ścian bocznych. Jednakże dla częstotliwości zastosowań HTS cienkich folii w zakresie 1 GHz i do 10 GHz, rozmiar pustych wnęk jest zbyt duży, aby pomieścić typowe próbki folii nadprzewodnikowych, takie jak 1cm2 i 2,5cm2 powierzchni. Produkcja dużych próbek o bardzo jednolitych właściwościach fizycznych materiału chemicznego jest również trudna i dość kosztowna.

Rezonatory wnękowe są zazwyczaj wzbudzane w trybach TE lub TM najniższego rzędu. W prostokątnych i cylindrycznych zagłębieniach (szeroko stosowanych), odpowiednie jednokierunkowe i cylindryczne prądy są indukowane na płaskich powierzchniach. Pola elektromagnetyczne w rezonatorach wnękowych są dobrze opisane w literaturze dzięki prostocie geometrii, która z kolei upraszcza ich projektowanie i obsługę. Inne zalety rezonatorów wnękowych to: wyższy współczynnik Q w niskich temperaturach (do ^{105}); współczynnik geometryczny może być obliczony analitycznie; łatwy montaż próbki; pomiary są na ogół powtarzalne. Jeśli chodzi o wady, związane z rezonatorami wnękowymi, ich wrażliwość na jakość filmu nie jest na poziomie wymaganym do dokładnej oceny najwyższej jakości filmów HTS. Eksperymentalnie, oporność badanej próbki może być ekstrahowana na podstawie jednego pomiaru, gdzie oporność próbki jest nieznana, podczas gdy oporność drugiej powierzchni przewodzącej jest dokładnie znana z góry [31].

Równoległy rezonator płytowy został wprowadzony przez Boba Tabera [32] w 1989 roku i służył jako nieformalna technika standardowa, dostarczając dokładnych wielkości oporu powierzchniowego, Rs, oraz głębokości wnikania,λ przy częstotliwościach 10GHz. Rezonator płyt równoległych można uznać za szczególny typ rodziny rezonatorów dielektrycznych o bardzo wysokim współczynniku kształtu dielektryka. Równoległy rezonator płytowy składa się z dwóch próbek folii nadprzewodnikowej, ułożonych w układzie równoległym, ze stronami folii skierowanymi do siebie, i posiadających bardzo cienką warstwę materiału dielektrycznego (np. 10 μm) pomiędzy dwoma próbkami nadprzewodnikowymi. W praktycznych pomiarach oporów powierzchniowych, Rs, przy użyciu rezonatora płyt równoległych, płyty muszą być równoległe, aby pomiary były wiarygodne. Ponadto, częstotliwości rezonansowe różnych trybów są bardzo zbliżone do siebie, co może być trudne do określenia właściwego trybu, który ma być użyty do pomiaru nieobciążonego współczynnika Q0- [24]. Zalety równoległego rezonatora płytowego obejmują jego niski współczynnik geometryczny, a tym samym wysoką czułość, co prowadzi do dokładnych pomiarów. Średni opór powierzchniowy, RS, dwóch folii HTS poddanych badaniu oblicza się z równania strat jako [32]

$$Q_0^{-1} = \tan\delta + \alpha s + \frac{\beta R_S}{s} \approx \frac{R_S}{\pi\mu_0 f s} \quad , (3.21)$$

gdzie *s* jest separacją pomiędzy płytami HTS (grubość dielektryka) i *α*są *β*czynnikami geometrycznymi.

Rezonatory dielektryczne, które składają się z bardzo mało stratnego i stabilnego temperaturowo krążka dielektrycznego, umieszczonego w środku do szczeliny osłonowej, były bardzo popularne do pomiarów oporów powierzchniowych, Rs, folii HTS. Należy wspomnieć, że przed zastosowaniem do charakteryzacji folii HTS, rezonatory dielektryczne zostały wdrożone do pomiarów oporów powierzchniowych metali i strat materiałów dielektrycznych [33]. W 1989 roku Fiedziuszko [34] zaproponował wykorzystanie rezonatorów dielektrycznych do pomiarów oporów powierzchniowych powłok nadprzewodnikowych. Obecnie technika rezonatora dielektrycznego jest jedną z najpopularniejszych metod pomiarowych do charakteryzacji filmów HTS ze względu na wysoką czułość i dokładność, łatwą identyfikację trybu pracy oraz szeroki zakres mierzonych oporów.

Rezonatory dielektryczne, wykorzystywane do charakteryzacji HTS, oparte są na dwóch klasycznych konstrukcjach: 1) typowa konfiguracja ekranowana, zaproponowana przez Hakki-Colemana [35], w której zastosowano dwie powłoki nadprzewodnikowe o podobnej jakości; oraz 2) jednopłytkowy (otwarty) rezonator dielektryczny [37]. Ogólną zasadą pomiarów jest to, że dopuszczalność dielektryka jest zazwyczaj znacznie wyższa niż dopuszczalność wolnej przestrzeni, dielektryk ogranicza większość energii mikrofalowej, tak że znaczna część całkowitych strat mikrofalowych występuje w próbkach HTS, co umożliwia bardzo czułe pomiary Rs. Na zewnątrz dielektryka ma miejsce prawie wykładniczy rozpad pola elektromagnetycznego. Dlatego wpływ krawędzi podstawy i wkładu ściany zewnętrznej na uzyskany współczynnik Q jest minimalny. Rezonatory dielektryczne są zazwyczaj znacznie mniejsze od rezonatorów pustych wnęk przy tej samej częstotliwości pracy i mogą pomieścić standardowe małe próbki o wielkości 1 cm kwadratowych lub 1 cala (kwadratowego lub okrągłego). Rezonator dielektryczny Hakki-Coleman charakteryzuje się wysokim współczynnikiem Q rzędu ^{106} w niskich temperaturach.

Niewiele jest dostępnych na rynku dielektryków o wysokiej dopuszczalności,ε_r, i niskich stratach energii: Szafir $\varepsilon_r = 9{,}8$, Rutyl $\varepsilon_r = 100$, Aluminian lantanowy o $\varepsilon_r = 25$ i różne rodzaje ceramiki. Szafir jest szeroko stosowany nie tylko dlatego, że charakteryzuje się wysokim ε_r, ale także ze względu na bardzo niskie straty dielektryczne przy częstotliwościach mikrofalowych.

Opór powierzchniowy, Rs, nadprzewodnika jest obliczany z równania strat rezonatora dielektrycznego, tak jak w przypadku każdej innej techniki rezonatora, jako [24]

$$R_S = A_S\left(\frac{1}{Q_0} - \frac{R_{spełniony}}{A_{spełniony}} - \frac{1}{Q_d}\right) \quad (3.22)$$

gdzie straty dielektryczne są opisane przez $1/Qd = pd \tan\delta$. Czynniki geometryczne, A_S i A_{met}, zależą od konstrukcji i wymiarów rezonatora dielektrycznego. Stała *pd* dla rezonatorów dielektrycznych w stanie uwięzionym jest w przybliżeniu równa jedności, słabo zależna od wymiarów.

Ogólnie rzecz biorąc, współczynnik jakości, Q, rezonatora można zidentyfikować na podstawie współczynnika odbicia, S11, lub na podstawie współczynnika transmisji, S21. Pomiary S21 są bardziej odpowiednie dla rezonatorów słabo sprzężonych ze względu na trudność dokładnego pomiaru S11 w tych warunkach. Załadowany współczynnik QL jest określany w najprostszy sposób na podstawie trzech wartości danych S21, przy użyciu metody 3dB. Dokładniejsze wartości współczynnika QL można uzyskać stosując wieloczęstotliwościowe pomiary [37, 38] i procedury dopasowania danych [39, 40] S21 wokół częstotliwości rezonansowej, fresów. Dla bardzo małych lub równych współczynników sprzężenia ($\beta_1 = \beta_2$), nieobciążony Q0 można obliczyć z mierzonych QL i S21 jako [24].

$$Q_0 = \frac{Q_L}{1-|S_{21}|} \quad (3.23)$$

Dokładniejsze obliczenia można wykonać stosując pełne równanie na nieobciążony współczynnik Q0- [24].

$$Q_0 = Q_L(1 + \beta_1 + \beta_2) \quad (3.24)$$

gdzie współczynniki sprzężenia β_1 i β_2 można znaleźć na podstawie pomiarów parametrów S11 i S22. Podejście to jest odpowiednie tylko dla sprzężenia pośredniego lub wysokiego. W przypadku bardzo niskich współczynników sprzężenia, nieobciążony współczynnik Q0- jest w przybliżeniu równy obciążonemu współczynnikowi Q0-. Dlatego dokładne pomiary współczynników Q0 rezonatorów dielektrycznych mogą być wykonywane dla szerokiego zakresu współczynników sprzężeń.

Drugą klasą rezonatorów mikrofalowych, stosowaną do pomiarów impedancji powierzchniowej, są tzw. ***planarne rezonatory linii przesyłowych*** do pomiarów wzorzystej folii. Do najczęściej stosowanych typów, stosowanych od lat 80-tych do badania cienkich warstw nadprzewodników, należą: taśma [41-45], mikropaska [46-50] oraz rezonatory koplanarne [51-53]. Rezonatory te mogą być łatwo zintegrowane ze standardowymi urządzeniami elektronicznymi w obwodach drukowanych, wbudowanymi w obwody mikrofalowe. Prąd mikrofalowy w rezonatorach płaskich jest skoncentrowany w rejonie centralnego przewodnika próbki wzorzystej, tak więc wpływ granicy próbki odgrywa pewną rolę. Potrzebna jest również stała grubość próbki, dlatego też wymagane jest precyzyjne wykonanie próbek, aby zminimalizować błędy w wielkości ZS wynikające z niepewności geometrycznej. Współczynniki geometryczne dla rezonatorów płaskich są bardzo niskie [54], co sprawia, że są one niezwykle wrażliwe na najmniejsze zmiany impedancji powierzchniowej mierzonych warstw. Główną wadą technik rezonatora płaskiego jest to, że krawędź wzorzystych linii rezonujących HTS może być szorstka ze względu na praktyczne ograniczenia procesu wznoszenia. Chropowatość krawędzi może mieć wpływ na jakość próbki. Ponadto struktury płaskie są trudne do analizy ze względu na wysoce niejednorodny rozkład prądu, wymagający skomplikowanego modelowania numerycznego.

Rozpatrując każdy z wyżej wymienionych typów rezonatorów planarnych z osobna, należy wskazać, że na czułość pomiarów RS ***rezonatorów mikropaskowych***, pokazanych na rys. 13 (5-7), wpływają straty promieniowania, które stanowią istotną część całkowitych strat energii, w tym straty wynikające z wznoszenia i stłoczenia prądowego. ***Rezonatory pasmowe***, przedstawione na rys. 14 (5-7), są podobne do rezonatorów mikropaskowych, poza tym struktura pasmowa ma dwie płaszczyzny uziemienia zamiast jednej. Dwie płaszczyzny gruntu zmniejszają straty promieniowania i skutecznie zwiększają czułość pomiarów. ***Rezonatory koplanarne***, przedstawione na Rys. 14 (8), mają wszystkie przewody w jednej płaszczyźnie [55]. Składają się one z nadprzewodnikowego pasa próbek znajdującego się pomiędzy dwoma normalnymi, przewodzącymi płaszczyznami podłoża. Taśma jest oddzielona od płaszczyzn gruntu niewielką szczeliną, w której można ograniczyć pole elektromagnetyczne, co pomaga zminimalizować straty promieniowania energetycznego. Podczas gdy rezonatory koplanarne były wykorzystywane do pomiarów zarówno głębokości penetracji, jak i oporu powierzchniowego błon HTS [51-53], stały się one również bardzo popularne w detekcji fotonów jako mikrofalowe detektory kinetycznej induktancji w latach 2000. [56, 57], a w dziedzinie kwantowej informatyki jako elementy składowe architektury kwantowej elektrodynamiki [58, 59]. Rezonatory koplanarne mają pewne zalety w porównaniu z rezonatorami linii paskowej i rezonatorami mikropaskowymi pod względem osiągalnych czynników jakości, skalowalności i złożoności produkcji. Są one jednak bardzo wrażliwe na uziemienie i ograniczoną chropowatość krawędzi.

Pod względem zachowania nieliniowego (omówionego szczegółowo w następnym podrozdziale 3.3) rezonatory płaskie mają pewną przewagę nad masowymi - mają bardzo duże natężenie prądu tłoczenia na krawędziach pasa rezonansowego, co czyni je wygodnymi do badania zachowania nieliniowego przy stosunkowo niskich mocach wejściowych mikrofal. Z drugiej strony, rezonatory płaskie oczywiście wymagają modelowania, stąd uzyskane wyniki tylko częściowo reprezentują właściwości folii HTS, z której zostały wykonane. W tym projekcie badawczym szeroko zastosowano dwa rodzaje rezonatorów: 1) rezonatory typu Hakki-Coleman i 2) rezonatory mikropaskowe, umożliwiające kompleksowe badanie efektów nieliniowych w cienkich warstwach HTS oraz ich szczegółową analizę porównawczą w kolejnych rozdziałach.

3.3. Dokładna charakterystyka nieliniowych parametrów fizycznych nadprzewodników wysokotemperaturowych z rezonatorami dielektrycznymi i rezonatorami mikropaskowymi w mikrofalach

Nieliniowa impedancja powierzchniowa jest zależna od oporu powierzchniowego od pola magnetycznego RF, ZS(Hrf), lub prądu, ZS(Jrf). Nazywana jest również zależnością mocy, ponieważ prowadzi ona do zmian charakterystyki mikrofalowej urządzenia wraz ze zmianą mocy sygnału mikrofalowego. Zarówno opór powierzchniowy, RS, jak i reaktancja powierzchniowa, XS, zależą od zewnętrznego pola magnetycznego, Hrf, i przy zastosowaniu dwupłynowego modelu Gortera-Casimira, mogą być one wyrażone w sposób podany wcześniej w niniejszym rozdziale. Podczas gdy opór powierzchniowy małej mocy, Rs, niekoniecznie wpływa na wydajność mikrofalową urządzeń mikrofalowych o bardzo małych stratach, nieliniowa impedancja powierzchniowa jest nadal poważnym ograniczeniem dla wielu zastosowań, w których wymagana jest duża moc lub wysoce liniowe operacje. Należy wspomnieć, że efekty nieliniowe zwykle pojawiają się jako nieliniowe zmiany wielkości ZS w czasie, ale mogą również pojawiać się jako generacja harmonicznych i zniekształcenia intermodulacyjne. Podczas gdy te rodzaje nieliniowości mają najwyraźniej podobne pochodzenie, w tej książce główny nacisk zostanie położony na pomiary zależności ZS(Hrf).

Należy zauważyć, że efekty nieliniowe mogą powstawać w różnych okolicznościach, gdy określone poziomy mocy sygnału mikrofalowego są stosowane do próbki w ramach pomiarów. Jedno lub więcej z następujących zjawisk może być przyczyną nieliniowości: efekty termiczne, słabe ogniwa, niejednorodność, nierównoważne wzbudzenie, niekonwencjonalne parowanie i inne [60-68], z których każde może wystąpić w pewnych warunkach. Ogólna zależność oporu powierzchniowego od mikrofalowego pola elektromagnetycznego, R_S(Hrf), w warstwie nadprzewodnikowej może być zidentyfikowana za pomocą czterech reżimów, takich jak liniowy, który występuje przy małym polu, słabo nieliniowa zależność, silnie nieliniowy i rozpad występujący przy najwyższych polach.

Uważa się, że opór powierzchniowy folii HTS w reżimie liniowym jest zewnętrzny i determinowany przez wady krystaliczne, takie jak słabe ogniwa na granicach ziaren. Reżim liniowy jest dobrze opisany przez model sprzężony z ziemią [69]. Opór powierzchniowy wzrasta stopniowo wraz z natężeniem pola mikrofalowego w słabo nieliniowym reżimie, a zachowanie to jest zazwyczaj kwadratową zależnością w funkcji przyłożonej mocy sygnału mikrofalowego. Uważa się, że słabo nieliniowy system wynika również z obecności wad, takich jak słabe ogniwa na granicach ziaren. Reżim ten można opisać za pomocą rozszerzonego modelu sprzężeń międzygatunkowych, który uwzględnia nieliniową indukcyjność słabych ogniw [70]. Trzeci reżim wyraża silnie nieliniowe zachowanie, gdzie opór powierzchniowy wzrasta szybciej wraz ze wzrostem mocy zastosowanego sygnału mikrofalowego. Region ten jest zazwyczaj związany z występowaniem zjawiska powstawania abricosowskich wirów magnetycznych pod wpływem silnego mikrofalowego zewnętrznego pola magnetycznego. Przy bardzo wysokim poziomie mocy mikrofalowej może wystąpić czwarty reżim, tzw. region załamania, gdzie opór powierzchniowy wzrasta bardzo gwałtownie i natychmiastowo. Uważa się, że rozkład jest spowodowany efektem cieplarnianym i powstawaniem domen normalnych.

W związku z nieliniowymi pomiarami ZS dla folii nierozproszonych, należy zwrócić uwagę na dwie ważne kwestie. ***Po pierwsze***, wzmacniacze dużej mocy są zwykle wymagane do uzyskania wystarczającej mocy sygnału mikrofalowego krążącego, aby zastosować wystarczająco duże zewnętrzne pole magnetyczne, Hrf, w rezonatorze dielektrycznym. Wynika to z faktu, że objętość jest duża, a rozkład prądu w rezonatorze dielektrycznym jest stosunkowo jednolity. Często konieczne jest zastosowanie większej niż P=10W mocy mikrofalowej do obserwacji efektów nieliniowych w nadprzewodniku. Aby zmaksymalizować moc krążącego sygnału mikrofalowego, sprzęgło wejściowe musi być regulowane na miejscu, tak aby sprzęgło krytyczne mogło być utrzymywane we wszystkich temperaturach i mocach. Sprzęgło wyjściowe jest zwykle utrzymywane na słabym poziomie w celu maksymalizacji mocy sygnału mikrofalowego krążącego, ponieważ każde obciążenie obwodu wyjściowego zmniejszy moc sygnału mikrofalowego krążącego. **Po drugie**, zastanówmy się nad nagrzewaniem się folii nadprzewodzących z powodu rozpraszania mocy sygnału mikrofalowego w rezonatorze dielektrycznym. Ponieważ rezonatory dielektryczne są tak zaprojektowane, że główne straty energii występują w błonach nadprzewodnikowych, stąd moc sygnału mikrofalowego na wejściu jest rozpraszana głównie w samej błonie nadprzewodnikowej. Oznacza to, że należy podjąć odpowiednie praktyczne działania, aby skutecznie odprowadzać ciepło z folii nadprzewodnikowej w próżniowej przestrzeni odwadniającej przy pomocy kriokogeneratora. Jedna strona rezonatora dielektrycznego może być termicznie połączona z zimnym palcem kriokomórki. Należy jednak podjąć pewne dodatkowe środki w celu schłodzenia drugiego wafla. Wersja projektu zaproponowana w [71] wykorzystuje pozłacaną folię miedzianą jako drogę cieplną do chłodzenia płytki górnej.

Jeśli chodzi o nieliniowe pomiary ZS dla folii ***wzorzystych***, to należy wspomnieć, że większość pomiarów ZS(Hrf) została przeprowadzona dla folii wzorzystych, realizując geometrię mikropaska, koplanarnej lub paskowej linii transmisji planarnej. Pole RF, Hrf, jest większe we wzorzystych geometriach rezonatorów mikropaskowych niż w rezonatorach dielektrycznych, ponieważ rozkłady prądu transportowego są przestrzennie niejednorodne i silniej szczytują na krawędziach linii paskowej. Szczyt Jrf(x) może być 10 razy większy niż średni Jrf=Irf/A, gdzie A jest polem przekroju [72]. Dlatego stosunkowo łatwiej jest dotrzeć do pól RF na tyle wysoko, aby spowodować nieliniowe zachowanie. Problem nagrzewania w pomiarze ZS(Hrf) w folii wzorzystej jest zazwyczaj mniej dotkliwy niż w rezonatorze dielektrycznym, ponieważ całkowita rozpraszana moc jest mniejsza. W przypadku wzorzystych folii, efekty nieliniowe występują na krawędziach linii paskowej na stosunkowo małej powierzchni cienkiej warstwy nadprzewodnika [72]. Obecnie, pasywne urządzenia mikrofalowe, takie jak filtry RF i linie opóźniające RF, są wykonane z wzorzystych folii, dlatego też precyzyjny pomiar nieliniowości w tych foliach jest dość ważny.

3.4. Analiza mierzonych nieliniowych parametrów fizycznych nadprzewodników wysokotemperaturowych z rezonatorami dielektrycznymi i rezonatorami mikropaskowymi w mikrofalach

Od czasu odkrycia HTS w 1986 r. opublikowano liczne prace badawcze na temat nieliniowych właściwości nadprzewodników HTS [60, 72-74]. Poniżej przedstawiono niektóre wyniki związane z zakresem tego badania.

Pomiary nieliniowych zależności impedancji powierzchniowej od zewnętrznego pola magnetycznego, ZS(Hrf), wykorzystują te same rezonatory mikrofalowe, które są używane do charakteryzowania liniowej impedancji powierzchniowej, ZS. Współczynnik jakości, Q, oraz częstotliwość rezonansowa, f0, są zazwyczaj mierzone w doświadczeniach mikrofalowych w celu określenia fizycznie istotnych parametrów, takich jak opór powierzchniowy, RS. Pomiary mocy wykonywane są w zakresie częstotliwości, P(f), lub czasu, P(t), domen [75].

Na rys. 15 przedstawiono nieliniowe zależności mocy przesyłanego sygnału mikrofalowego od częstotliwości, P(f), w rezonatorze taśmowym YBa2Cu3O7-δ. Przejścia z regionów liniowych do silnie nieliniowych przy wzrastających poziomach mocy sygnału mikrofalowego są wyraźnie widoczne.

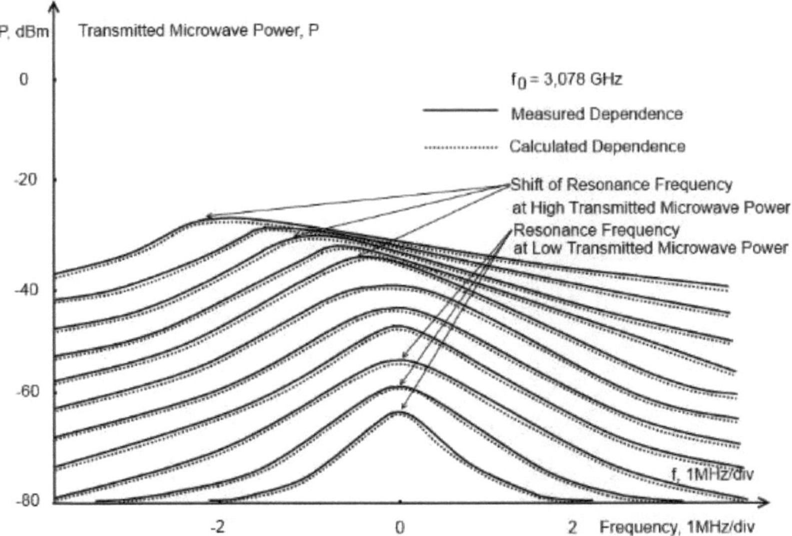

Rys. 15. Nieliniowe zależności mocy przesyłanego sygnału mikrofalowego od częstotliwości, P(f), w YBa2Cu3O7-$_\delta$ rezonatorze linii paskowej (po [76]).

Na Rys. 15 maksymalna moc sygnału wynosi +30dBm, a minimalna moc sygnału -20dBm. Eksperyment został przeprowadzony, gdy moc sygnału wejściowego została ustawiona na -20dBm, a następnie częstotliwość została zmieszana, aby wykonać pierwszą krzywą mocy zależności mocy nadawanej od częstotliwości, P(f). Moc sygnału wejściowego została następnie zwiększona o 5dBm (aby osiągnąć moc sygnału wejściowego 15dBm), a zamiatanie częstotliwości zostało powtórzone, aby uzyskać drugą krzywą mocy. Inne krzywe mocy uzyskano w podobny sposób, przy czym moc wejściowa wzrastała w krokach co 5dBm dla każdego przebiegu. Rezultatem jest rodzina krzywych mocy jak na Rys. 15. Częstotliwość wynosi 3GHz, a temperatura 77K. W liniach ciągłych wyświetlane są dane pomiarowe, a w liniach przerywanych dane obliczeniowe [76].

Aby zbadać nieliniowe efekty w ceramice, Delayen i in. [77] skonstruowali ćwierćfalowy rezonator Niobium (Nb) o częstotliwości 821MHz do badania próbek HTS w kształcie dysku w polach RF do wielkości 300Oe. Uzyskane pomiary dla szeregu próbek nadprzewodników przedstawiono na rys. 16 [77].

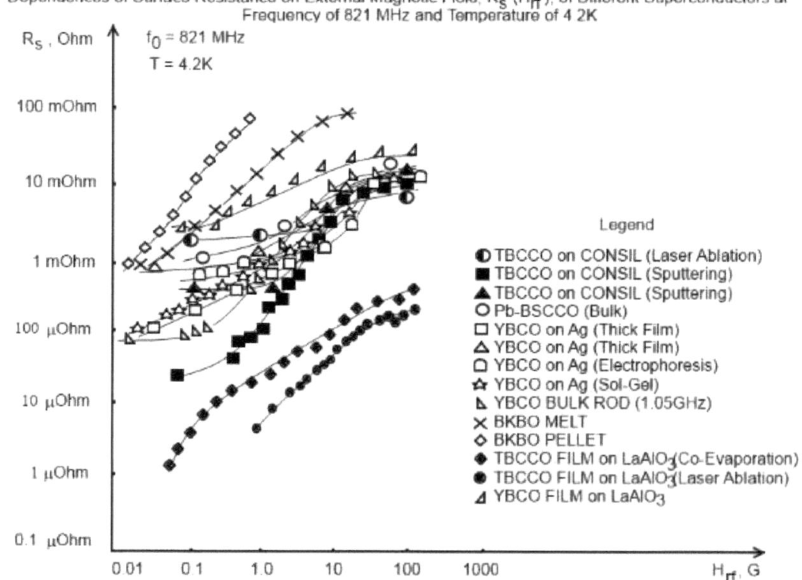

Rys. 16. Zależności oporu powierzchniowego od zewnętrznego pola magnetycznego, RS(Hrf), różnych próbek nadprzewodników o częstotliwości 821MHz w temperaturze 4,2 K. Dla porównania przedstawiono zachowanie pręta ceramicznego. Podobno wysoka oporność powierzchniowa lasera Tl2Ba2Ca2Cu3O10 pochodzi z niepowlekanych krawędzi (po [77]).

Jak widać na Rys. 16, zachowanie fizyczne wszystkich mierzonych próbek nadprzewodników jest stosunkowo podobne. Nad polem magnetycznym o natężeniu od 0.1Oe do 1Oe, opór powierzchniowy, Rs, wzrasta w tempie malejącym, a w końcu nasyca się wielkością pól magnetycznych, Hrf, między 10Oe a 100Oe. Oporność powierzchniowa, Rs, przy poziomach nasycenia jest 10 do 100 razy mniejsza od małej mocy sygnału mikrofalowego, ale nadal jest to tylko kilka procent oporu powierzchniowego w stanie normalnym, Rsn.

Kobayashi i wsp. [78] użyli rezonatora pręta dielektrycznego do pomiaru zależności impedancji powierzchniowej od mocy sygnału mikrofalowego w przypadku tarczy ceramicznej YBCO. Powierzchniowe pole magnetyczne, HS, wynosiło do ^{104} A/m (126 Oe) i było generowane z czterokrotnym wzrostem oporu powierzchniowego, Rs, w temperaturze T=11K.

Jeśli chodzi o folie ziarniste, w [79] zbadano 100μm grubości folii Tl2Ba2Ca2Cu3O10, uzyskując zależności oporów powierzchniowych w funkcji pola magnetycznego RF (moc sygnału mikrofalowego), RS(Hrf), przy częstotliwości 18 GHz w temperaturze 4K. Zmierzone zależności wykazują wzrost oporów powierzchniowych wraz ze wzrostem pola magnetycznego RF, RS(Hrf), w foliach o grubości Tl2Ba2Ca2Cu3O10 przy częstotliwości 18GHz w temperaturze 4K. Wielkości oporu powierzchniowego, Rs, grubych warstw TBCCO przy najniższych poziomach przyłożonego zewnętrznego pola magnetycznego, Hrf, były poniżej Rs=10mΩ. Stwierdzono, że opór powierzchniowy nieukierunkowanej grubej warstwy TBCCO nasyca się na poziomie około Rs=100mΩ w przyłożonym zewnętrznym polu magnetycznym o wartości około Hrf=15Oe. Opory powierzchniowe lepiej zorientowanych grubych warstw TBCCO rosną wolniej przy wzroście przyłożonej mocy sygnału RF, osiągając odpowiadające im obszary nasycenia w różnych wielkościach na Rys. 17.

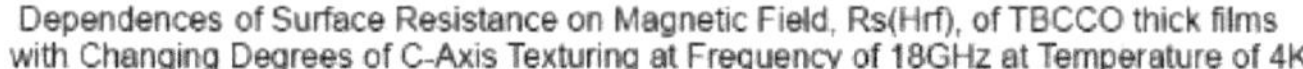

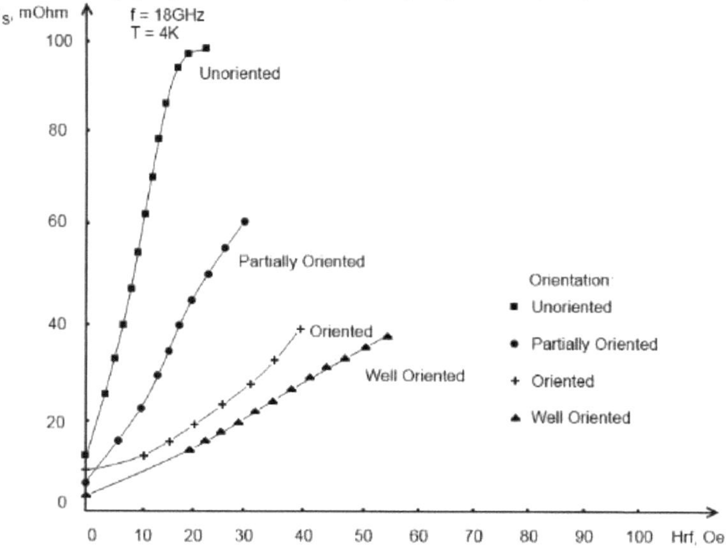

Rys. 17. Zależność oporu powierzchniowego od pola magnetycznego, RS(Hrf), z grubych warstw Tl2Ba2Ca2Cu3O10 dla zmiennych stopni teksturowania w osi C przy częstotliwości 18GHz w temperaturze 4K (po [79]).

W [80] opracowano również grube, elektroforetycznie osadzone błony do stosowania w rezonatorach mikrofalowych przy wysokich poziomach mocy mikrofalowej. Grube warstwy YBCO elektroforetycznego osadzania w polu magnetycznym 8T orientuje cząstki w zawiesinie i prowadzi do teksturowania i zwiększenia wzrostu ziarna na spiekaniu. Zależność oporu powierzchniowego od przyłożonego zewnętrznego pola magnetycznego RF mierzono w niobowej (Nb) jamie głównej przy częstotliwości 21,5GHz do przyłożonego pola magnetycznego 1000A/m (12,6 Oe) w [81]. Wyniki dla dwóch grubych folii: jednej o wysokiej teksturze i drugiej nieteksturowanej [81], pokazano na Rys. 18.

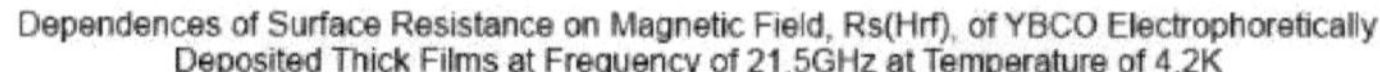

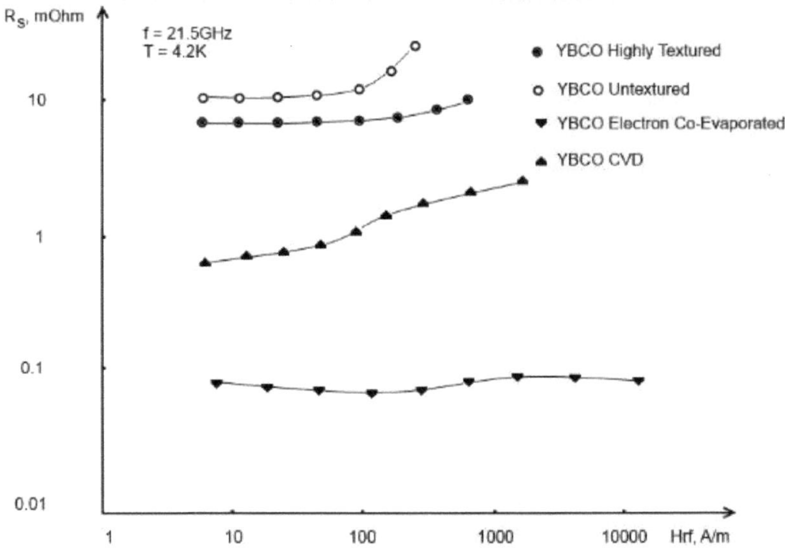

Rys. 18. Zależność oporu powierzchniowego od pola magnetycznego, RS(Hrf), YBa2Cu3O7-δ elektroforetycznie osadzonych grubych warstw o częstotliwości 21,5GHz w temperaturze 4,2K. YBa2Cu3O7-δ gruba folia o wysokiej teksturze - koła złożone i YBa2Cu3O7-δ folia nieteksturowana - koła otwarte. YBa2Cu3O7- foliaδ współparowana z elektronami (trójkąty odwrócone) oraz YBa2Cu3O7-δ folia CVD (trójkąty pionowe) są pokazane do porównania (po [81]).

Rysunek 18 przedstawia również dwie cienkie warstwy do porównania: folię YBCO z ko-parowaniem elektronów (wypełnione trójkąty odwrócone) i folię YBCO CVD (wypełnione trójkąty pionowe). Opór powierzchniowy wysoce teksturowanej folii jest reprezentowany przez wypełnione koła, a jego wartość wzrasta jako pierwiastek kwadratowy pola mikrofalowego. Opór powierzchniowy nieteksturowanej folii jest pokazany przez otwarte kręgi i jest niezależny od pola magnetycznego do około 50A/m (0.6 Oe), a następnie rośnie liniowo z przyłożonym polem magnetycznym.

W literaturze naukowej wiadomo, że cienkie warstwy HTS wykazują różne zależności oporu powierzchniowego od mocy mikrofalowej lub pola magnetycznego, RS(P) lub RS(Hrf); oraz reaktancji powierzchniowej od mocy mikrofalowej lub pola magnetycznego, Xs(P) lub Xs(Hrf). Zaproponowano różne równania matematyczne do opisania zależności oporu powierzchniowego od pola magnetycznego, RS(Hrf), w kategoriach liniowych [64, 82], kwadratowych [64, 82] i wykładniczych reprezentacji zależności [83, 84]. Normalnie, wysokiej jakości folie HTS wykazują skorelowaną zależność H2rf zarówno oporu powierzchniowego, RS, jak i reaktancji powierzchniowej, XS, przy niskich polach magnetycznych, które stają się bardziej strome niż H2rf przy zwiększonej mocy mikrofal, P. Oates i jego współautorzy [44, 54] zidentyfikowali trzy zakresy w powierzchniowym polu magnetycznym RF, badając właściwości off-axis in situ magnetron rozpylany YBCO cienką warstwę na LaAlO3 rezonatora paskowego podłoża w szczytowym RF pola magnetycznego do 300Oe na krawędziach dla częstotliwości od 1,5GHz do 20GHz i temperatury od 4K do 90K:

i. Niski powierzchniowy obszar pola magnetycznego (Hrf < 10 Oe), opór powierzchniowy RS wzrasta w bardzo niewielkim stopniu.

ii. Pośrednie powierzchniowe pole magnetyczne (10 < Hrf < 50 Oe w 77K), opór powierzchniowy wzrasta czterokrotnie z polem magnetycznym Hrf i częstotliwości, f, jak RS(Hrf)=a(f,T)+b(f,T)H2rf, zarówno z a(f,T) i b(f,T), zwiększając się czterokrotnie z częstotliwością.

iii. Wysokie powierzchniowe pole magnetyczne Hrf > 50-300 Oe, w zależności od temperatury i częstotliwości, opór powierzchniowy RS wzrasta szybciej niż początkowy czterokrotny wzrost. W tym obszarze pola oporność powierzchniowa RS wzrasta liniowo z częstotliwością, wskazując na procesy histeretyczne [44, 54].

Na rys. 19 pokazano zależności oporu powierzchniowego od narastającego pola magnetycznego, RS(Hrf), cienkiej warstwy YBCO na rezonatorze pasmowym LaAlO3 w różnych częstotliwościach od 1,5 GHz do 7,5 GHz w temperaturze 67,3K [54]. Linie pełne pasują do początkowego wzrostu parabolicznego. Przy wyższym polu magnetycznym, Hrf, opór powierzchniowy, RS, wzrasta szybciej niż ekstrapolowany kwadratowy wzrost Rs [54].

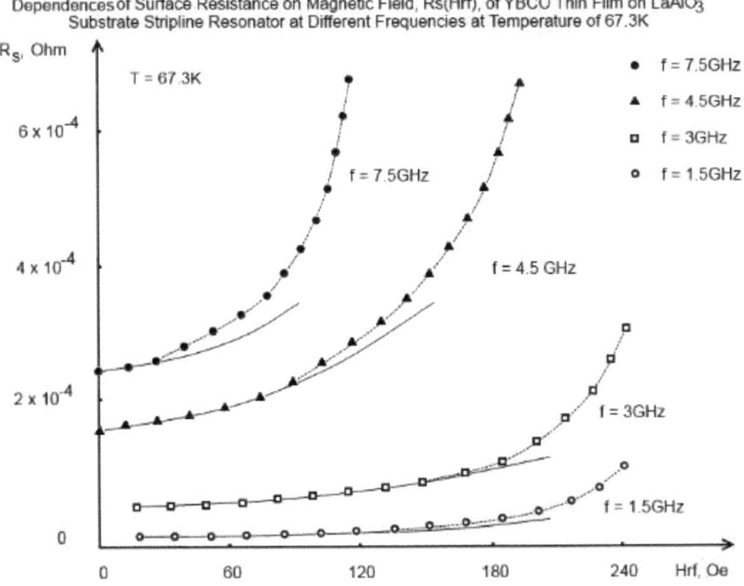

Rys. 19. Zależność oporu powierzchniowego od pola magnetycznego, RS(Hrf), YBa2Cu3O7-δ cienka warstwa na rezonatorze paskowym LaAlO3 w różnych częstotliwościach w temperaturze 67,3K. Linie pełne pasują do początkowego wzrostu parabolicznego. Przy wyższym polu magnetycznym, Hrf, opór powierzchniowy, RS, wzrasta szybciej niż ekstrapolowany kwadratowy wzrost Rs (po [54]).

Zbiór zależności oporu powierzchniowego od pola magnetycznego RF, RS(Hrf), cienkiej warstwy YBCO na rezonatorze paskowym podłoża LaAlO3 przy częstotliwości 1,5GHz w różnych temperaturach podano na rys. 20 [44].

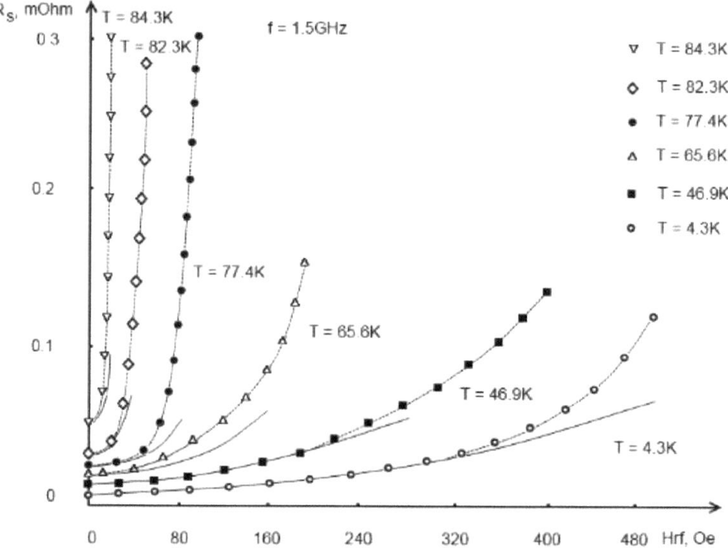

Rys. 20. Zależność oporu powierzchniowego od pola magnetycznego, RS(Hrf), YBa2Cu3O7-δ cienka warstwa na rezonatorze paskowym LaAlO3 podłoża przy częstotliwości 1,5GHz w różnych temperaturach. Linie stałe to kwadratowe dopasowanie (po [44]).

Kwadratowe dopasowanie do równania: RS=RS(0)[1+bRH2rf], gdzie bR jest stałą dopasowania, jest pokazane w każdej temperaturze przy każdej pośredniej wielkości pola magnetycznego. Jak widać, wszystkie krzywe ilustrują istnienie podobnych jakościowo zachowań fizycznych. Bardziej wyraźnie, każda krzywa pokazuje, że przy wysokich polach magnetycznych, Hrf, wzrost oporu powierzchniowego, RS, jest szybszy niż kwadrat wielkości pola magnetycznego, H2rf.

Na rys. 21 pokazano zależność ułamkowej zmiany głębokości wnikania od pola magnetycznego RF (Δλ/λ(0))(Hrf) cienkiej warstwy YBCO na rezonatorze pasmowym podłoża LaAlO3 przy częstotliwości 1,5GHz w tych samych temperaturach, co pokazano na rys. 19, z tą różnicą, że w temperaturze 4,2K nie ma krzywej, ponieważ zmiana głębokości wnikaniaλ, wywołana mocą sygnału RF, była mniejsza od niepewności doświadczalnych [44].

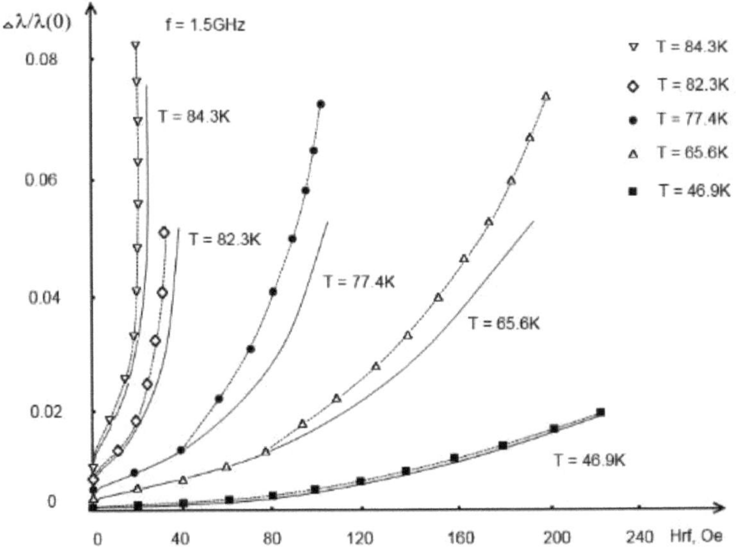

Rys. 21. Zależności frakcyjnej zmiany głębokości wnikania od pola magnetycznego RF, (Δλ/λ(0))(Hrf), z YBa2Cu3O7-δ cienka warstwa na rezonatorze paskowym LaAlO3 podłoża przy częstotliwości 1,5GHz w różnych temperaturach. Linie stałe są kwadratowymi dopasowaniami do danych (po [44]).

Jak widać na Rys. 21, zachowanie funkcjonalne głębokości wnikaniaλ (Hrf) jest podobne do oporu powierzchniowego RS(Hrf). Ułamkowa zmiana głębokości wnikania, $(\Delta\lambda/\lambda(0))$(Hrf), jest jednak bardzo mała w porównaniu z oporami powierzchniowymi, RS(Hrf).

Na rys. 22 przedstawiono wykresy zmian częstotliwości rezonansowych w funkcji pola magnetycznego RF $(\Delta f0/f0)$(Hrf) YBCO na rezonatorze paskowym LaAlO3 przy częstotliwości 1,5GHz w różnych temperaturach, jak na rys. 20 i 21. Te częstotliwości rezonansowe zostały wykorzystane do badań nad odpowiednią efektywną głębokością penetracji,λ . Krzywe stałe to kwadratowe pasowanie [44].

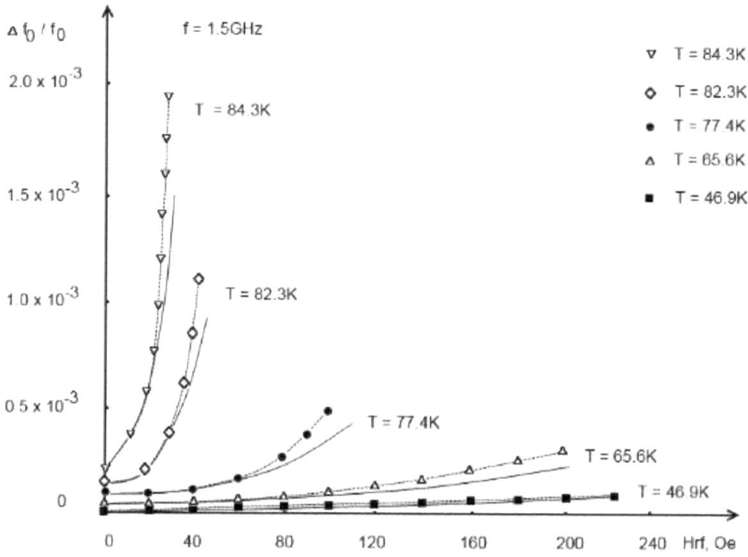

Rys. 22. Zależność frakcyjnej zmiany częstotliwości rezonansowej od pola magnetycznego RF, $(\Delta f0/f0)$(Hrf), $YBa_2Cu_3O_{7-\delta}$ na rezonatorze pasmowo-podłożowym LaAlO3 o częstotliwości 1,5GHz w różnych temperaturach, jak na rys. 20 i 21. Linie stałe są kwadratowymi dopasowaniami do danych (po [44]).

Na rysunku 23 przedstawiono zależności zarówno oporu powierzchniowego, jak i reaktancji powierzchniowej od rosnącej mocy mikrofalowej, RS(P) i XS(P), rezonatora pasmowego folii epitaksjalnej YBCO przy częstotliwości 1,5GHz w temperaturze 77,4K [85].

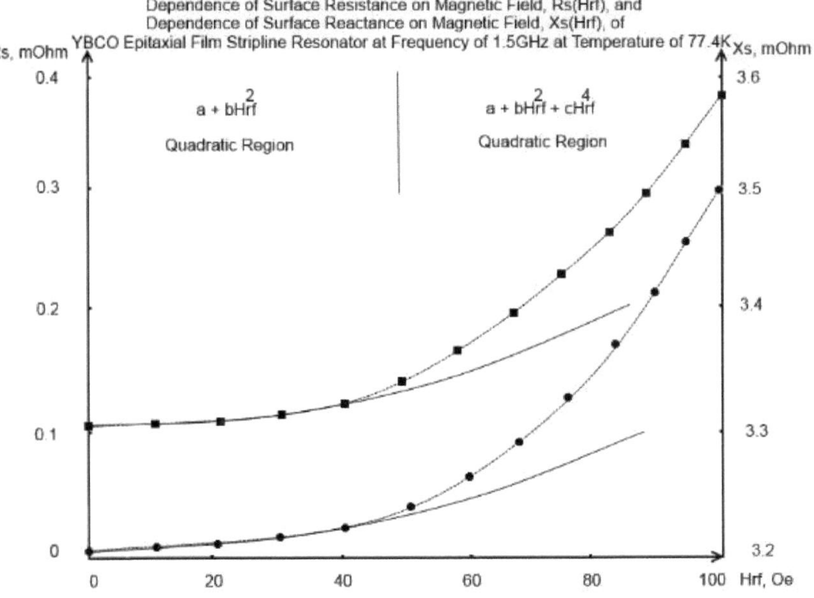

Rys. 23. Typowe zależności oporu powierzchniowego od pola magnetycznego, RS(P) i reaktancji powierzchniowej od pola magnetycznego, XS(P), $YBa_2Cu_3O_{7-\delta}$ epitaksjalny rezonator taśmowy folii przy częstotliwości 1.5GHz w temperaturze 77.4K (po [85]).

Na Rys. 23 kwadratowe zachowanie się oporu powierzchniowego, Rs, przy słabych polach, Hrf, przypisuje się zwykle mechanizmowi odparowywania Ginzburga-Landaua, gdy pary Coopera są łamane przez mikrofalowe pole elektryczne. Następnie w XS(Hrf) stromszy wzrost (około H4rf lub bardziej stromego) jest zwykle zdominowany przez zawirowania histeretyczne wnikające do ziaren nadprzewodnikowych w mikrofalach [85].

Na Rys. 24 przedstawiono zależności oporu powierzchniowego od powierzchniowego pola magnetycznego, $R_S(B_S)$, dla szeregu wysokiej jakości cienkich warstw YBCO w rezonatorze dielektrycznym przy częstotliwości 19GHz w temperaturach (a) 77K i (b) 4,2K [86]. Wysokiej jakości cienkie warstwy YBCO były osadzane za pomocą różnych technik na różnych podłożach, jak donosi Diete i in. w [86].

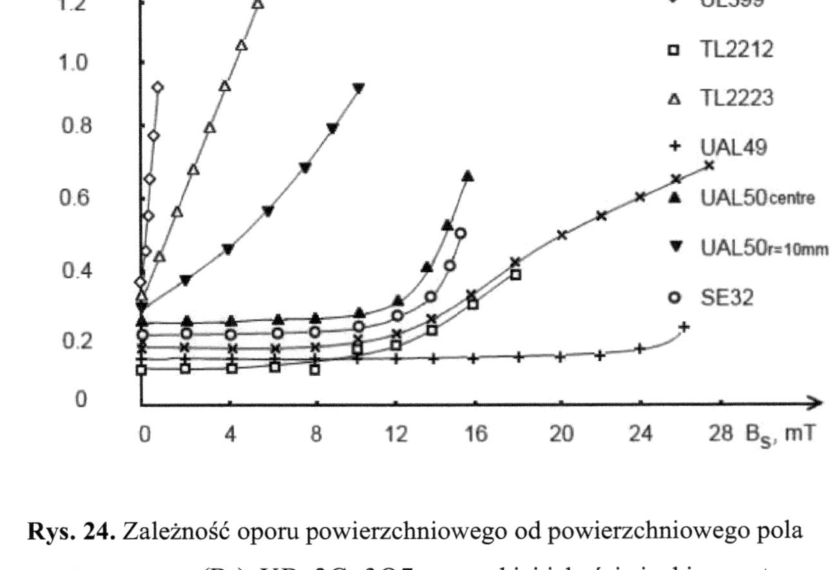

Rys. 24. Zależność oporu powierzchniowego od powierzchniowego pola magnetycznego, RS(Bs), YBa2Cu3O7-δ wysokiej jakości cienkie warstwy w rezonatorze dielektrycznym o częstotliwości 19GHz w temperaturze (a) 77K i (b) 4.2K. Oznaczenia: HS-YBCO rozpylone na LaAlO3; laser UAL-YBCO

osadzony na $LaAlO_3$; wiązka SE-e-parowana współbieżnie na MgO; UM-YBCO odparowane termicznie na CeO_2/Al_2O_3; Tl-2223-$Tl_2Ba_2Ca_2Cu_3O_8$ dwustopniowy proces na $LaAlO_3$; Tl-2212-$Tl_2Ba_2Ca_1Cu_2O_8$ dwustopniowy proces na MgO; laser UL-YBCO osadzony na CeO_2/Al_2O_3 (po [86]).

Rys. 24 pokazuje dużą różnorodność zależności $R_S(H_{rf})$, które mogą być subliniowe, liniowe, kwadratowe lub szybciej wzrastające funkcje H_{rf} (~ H^4_{rf}). Istnieją również filmy, dla których zależność $R_S(H_{rf})$ jest prawie płaska aż do dość wysokich pól (~15mT), rosnących gwałtownie w sposób stopniowy.

Jeśli chodzi o ***efekty modelowania***, pytanie, czy wpływają one na właściwości mikrofalowe, a zwłaszcza właściwości nieliniowe folii HTS w mikrofalach, jest już od dawna przedmiotem dyskusji. W celu zbadania tej kwestii, pomiary wydajności mikrofalowej tej samej próbki nadprzewodnika zostały wykonane najpierw w stanie nierozproszonym, a następnie zakończono pomiary w stanie wzorzystym, po czym porównano ze sobą wyniki. Kompleksowe badania nad reakcją mikrofalową szeregu filmów YBCO na podłożach $LaAO_3$, z wykorzystaniem techniki rezonatora dielektrycznego i techniki rezonatora paskowego, zostały przeprowadzone przez Xin i wsp. w [71]. Poszczególne obszary filmu, pojawiające się z powodu różnych rozkładów pola magnetycznego, zostały przetestowane przez dwa rezonatory w celu znalezienia odpowiedzi na to pytanie: Czy wzorzec wprowadził jakąś zmianę w nieliniowej wydajności mikrofalowej filmów?

Rys. 25 ilustruje mikrofalowy rozkład gęstości prądu w dwóch rezonatorach, a mianowicie: a) rezonator pasmowy $_\delta YBa_2Cu_3O_7-$ i b) $YBa_2Cu_3O_{7-\delta}$ film w rezonatorze dielektrycznym, przy częstotliwości 10,7GHz w temperaturze 75K [71].

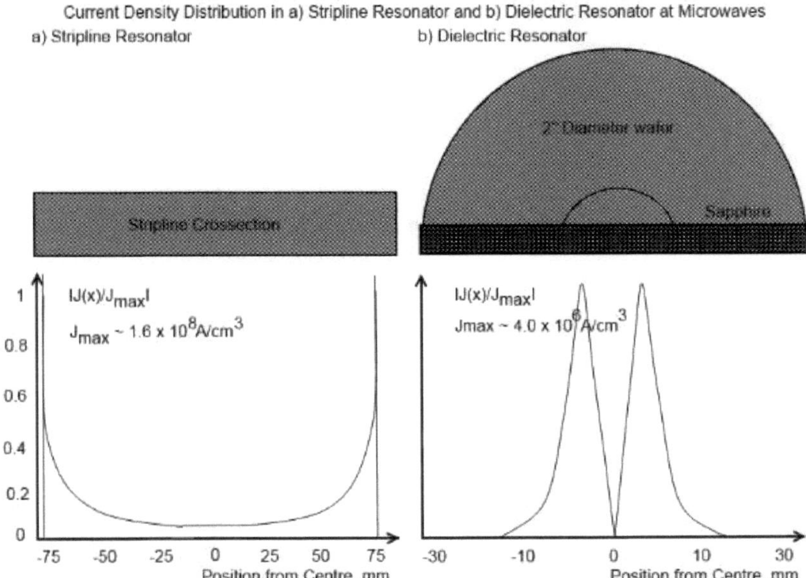

Rys. 25. Mikrofalowy rozkład gęstości prądu w dwóch rezonatorach, mianowicie: a) $YBa2Cu3O7\text{-}_{\delta}$ rezonator pasmowy oraz b) $YBa2Cu3O7\text{-}_{\delta}$ folia w rezonatorze dielektrycznym, przy częstotliwości 10,7GHz w temperaturze 75K (po [71]).

Rezonator linii paskowej posiada piki gęstości prądu mikrofalowego na krawędziach paska z bardzo niską gęstością prądu mikrofalowego w środku paska, co oznacza, że gdyby na krawędziach miał wpływ proces modelowania, wówczas zmiany te mogłyby wpłynąć na pomiary. Z drugiej strony, rezonator dielektryczny ma promieniowy szczyt prądu mikrofalowego w bliskiej odległości od środka tarczy, a praktycznie nie ma prądu w pobliżu obwodu tarczy.

Wyniki pomiarów w postaci zależności oporu powierzchniowego od szczytowego pola magnetycznego, RS (Hrf), uzyskanego dwiema opisanymi metodami przy częstotliwości 10,7GHz i temperaturze 75K, przedstawiono na rys. 26 [71].

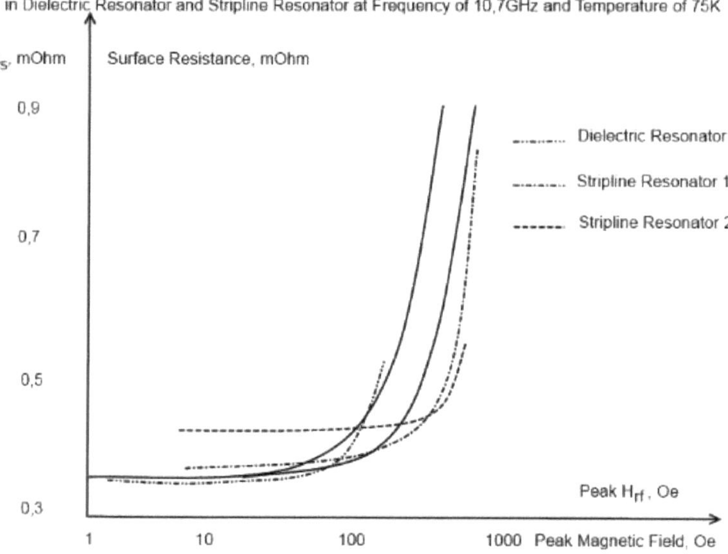

Rys. 26. Opór powierzchniowy vs. pomiar szczytowego pola magnetycznego, RS(Hrf), w rezonatorze dielektrycznym i rezonatorze paskowym, przy użyciu tego samego $YBa2Cu3O7-_{\delta}$ film na podłożu szafirowym dla obu typów rezonatorów przy częstotliwości 10,7GHz i temperaturze 75K. Linie ciągłe - obliczone krzywe, przy użyciu modelu przedstawionego w (po [71]).

Jak można zauważyć, obie metody pomiarowe dają jakościowo takie same wyniki, przy czym wystąpienie nieliniowości odbywa się mniej więcej w tym samym Hrf, dla obu rezonatorów mikrofalowych. Dlatego też badacze stwierdzili, że modelowanie nie miało żadnego zauważalnego wpływu na nieliniowe właściwości folii $YBa2Cu3O7-_{\delta}$. Założono również, że penetracja wirowa Abricosova nie jest mechanizmem odpowiedzialnym za nieliniowość YBCO przy niskich i pośrednich (do 100 Oe) polach magnetycznych, Hrf. Powodem było to, że w przypadku rezonatora paskowego Hrf jest przeważnie prostopadły do powierzchni błony, a zatem sprzyja penetracji wiru Abricosova, podczas gdy w przypadku rezonatora dielektrycznego Hrf jest przeważnie równoległy do powierzchni błony bez efektu rozmagnesowania lub z niewielkim efektem rozmagnesowania.

Rys. 27 przedstawia zależności oporu powierzchniowego od temperatury, Rs(T), dla cienkich warstw YBCO na podłożu MgO przy częstotliwości 8GHz [87]. Folie YBCO są osadzane przez rozpylanie jonowe, ablację laserową, koewparowanie wiązki elektronów, MOCVD [87]. Uzyskane wyniki porównano z nadprzewodnikami niskotemperaturowymi Niob, Nb i Niob-Tin, (NbSn) przy tej samej częstotliwości [87].

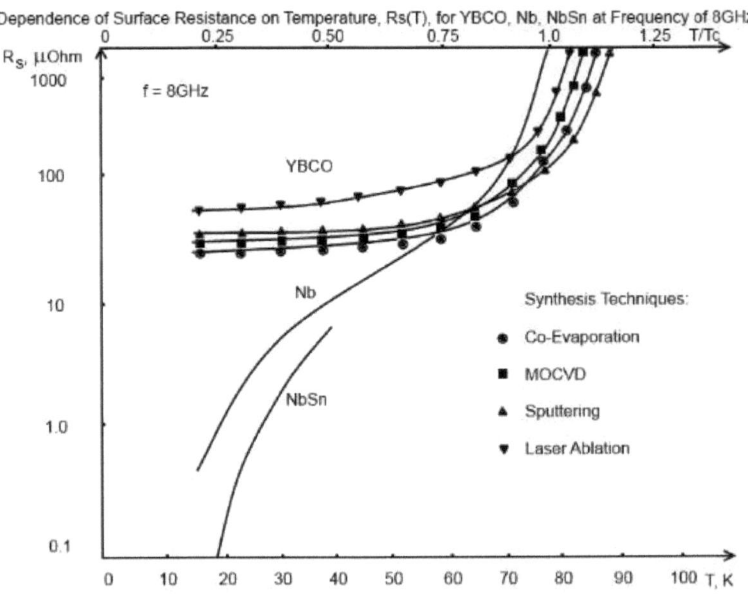

Rys. 27. Zależność oporu powierzchniowego od temperatury, Rs(T), $YBa_2Cu_3O_{7-\delta}$ cienkie warstwy na podłożu MgO, Niobu (Nb), i Niobu-Cyny (NbSn), nadprzewodniki na częstotliwości 8 GHz w różnych

temperaturach. Skala na górnej osi odnosi się do obniżonej temperatury dla Nb3Sn i Nb, natomiast dolna skala odnosi się do rzeczywistej temperatury folii $YBa_2Cu_3O_{7-\delta}$ (po [87]).

Chociaż na Rys. 27 trudno jest rozróżnić poszczególne nadprzewodzące warstwy, głównym punktem jest to, że wszystkie te techniki osadzania mogą wytworzyć dobrej jakości epitaksjalne cienkie warstwy o niskich wartościach oporu powierzchniowego.

Grubość powyższych folii wynosiła 350nm dla folii poddanych ablacji i współparowaniu laserowemu, 400nm dla folii napylanej oraz 180nm dla folii syntetyzowanej MOCVD. Wszystkie wartości oporu powierzchniowego zostały obliczone tak, jakby folie były grube, w porównaniu z głębokością penetracji. Folie były mierzone przy użyciu rezonatora koplanarnego z częstotliwością 8GHz.

YBCO cienkie warstwy, uprawiane przez technikę osadzania laserowego impulsowego na podłożach LaAlO3 o różnych temperaturach osadzania, zostały zbadane przez J. Booth et al. w [88], przy użyciu rezonatora dielektrycznego Sapphire przy częstotliwości 17,5 GHz.

Rys. 28 pokazuje zależność współczynnika jakości rezonatora dielektrycznego Sapphire od temperatury, Q(T), dla par $YBa_2Cu_3O_{7-\delta}$ powłok, które są uprawiane w temperaturach osadzania 780C i 740C, a następnie mierzone w rezonatorze dielektrycznym Sapphire przy częstotliwości 17,5GHz [88]. Inset wyświetla zależność oporu powierzchniowego od temperatury, R_S (T), dla par folii YBCO, które osadzają się w temperaturze 780C i 740C, i mierzonego w szafirowym rezonatorze dielektrycznym przy częstotliwości 17,5GHz [88].

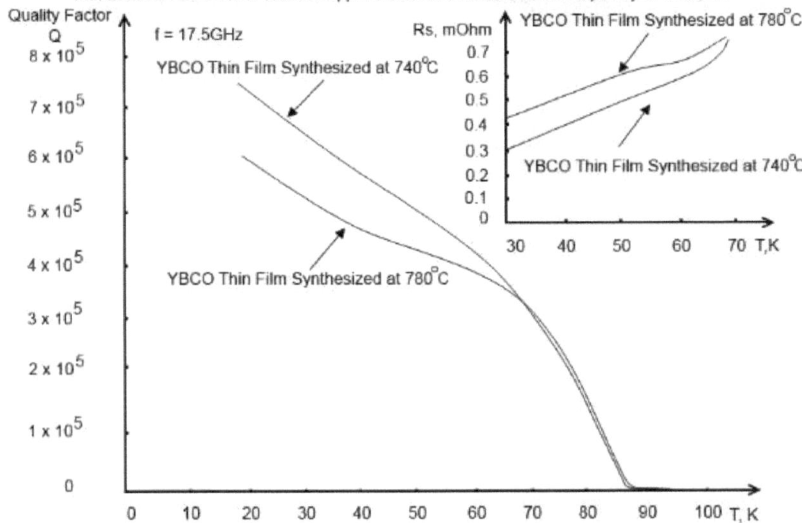

Rys. 28. Zależność współczynnika jakości rezonatora dielektrycznego Sapphire od temperatury, Q(T), z załadowanym $YBa2Cu3O7-_{\delta}$ filmów w rezonatorze dielektrycznym Sapphire przy częstotliwości 17,5GHz w różnych temperaturach. Inset pokazuje zależności oporu powierzchniowego od temperatury, Rs(T), z obciążeniem $YBa2Cu3O7-_{\delta}$ filmów w rezonatorze dielektrycznym Sapphire przy częstotliwości 17,5GHz. $YBa2Cu3O7-_{\delta}$ folie były syntezowane w temperaturze 780C i 740C (po [88]).

Pomiary te pokazują, że w niskiej temperaturze folie 740C mają znacznie mniejszą oporność powierzchniową niż folie 780C, co daje wyższy współczynnik jakości rezonatora, Q, i odpowiadający mu niższy, RS, (patrz wkładka). Folie uprawiane w niższej temperaturze osadzania wykazują mniejsze wartości zarówno σ_1 (wynikające z większej szybkości rozpraszania quasi-cząsteczek), jak i σ_2 (wskazujące na mniejszą gęstość nośnika nadprzewodzącego lub równoważnie większą głębokość penetracji). Chociaż zmniejszona σ_1 powoduje mniejszy opór powierzchniowy w niskiej temperaturze, o 76K efekt większej głębokości penetracji spowodował wzrost oporu powierzchniowego próbki 740C powyżej próbki 780C.

Zależności oporu powierzchniowego od temperatury, Rs(T), Tl2Ba2Ca2Cu3O10 na buforze CeO2 Sapphire, oraz YBa2Cu3O7-$_{\delta}$ cienkie warstwy, które są mierzone w rezonatorze dielektrycznym przy częstotliwości 8,5GHz, przedstawiono na rys. 29 [89]. Proszę zwrócić uwagę, że jako folię wzorcową użyto folii YBCO dobrej jakości z nieznacznymi nieliniowościami do pola magnetycznego 10mT [89]. Rezonator dielektryczny wytworzył średnie właściwości mikrofalowe odpowiednich dwóch warstw, TBCCO i YBCO, mających mniejszą temperaturę krytyczną, $_{TC}$, jak pokazano na rys. 29 [89].

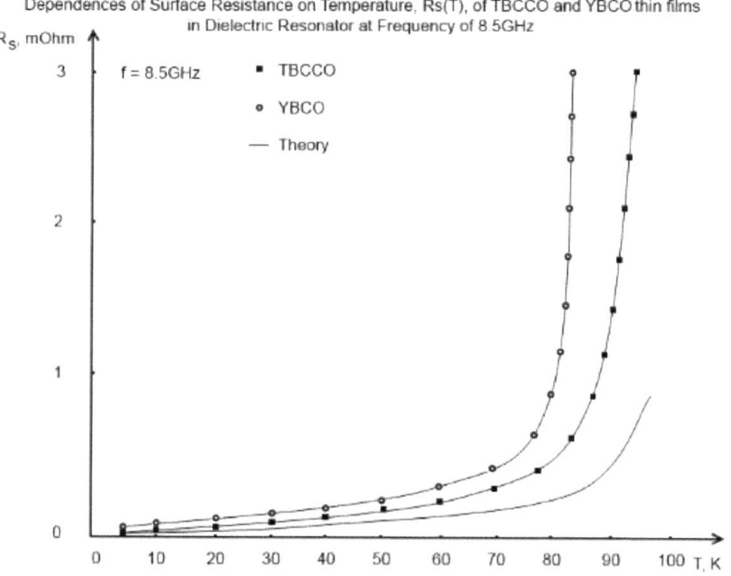

Rys. 29. Zależność oporu powierzchniowego od temperatury, Rs(T), Tl2Ba2Ca2Cu3O10 i YBa2Cu3O7-$_{\delta}$ cienkie warstwy w rezonatorze dielektrycznym przy częstotliwości 8,5GHz. Do teoretycznej krzywej dodano

wielkość oporu powierzchniowego 50,μΩ aby uwzględnić straty sygnału wynikające ze sprzęgania (po [89]).

Na rys. 30 przedstawiono pomierzone zależności oporu powierzchniowego od częstotliwości, RS(f), cienkich warstw YBCO, uzyskane przez różne grupy badawcze [72]. Widać, że folie nadprzewodnikowe wykazują znacznie niższe wartości oporu powierzchniowego, Rs, niż w przypadku miedzi (Cu) w zakresie częstotliwości do 100GHz [72]. Ponadto, w celu porównania, wyniki dla tradycyjnego niskotemperaturowego nadprzewodnika, Niobu (Nb), są pokazane w temperaturze 77K [72]. Wyniki James Cook University (JCU) są również dodane do wykresu.

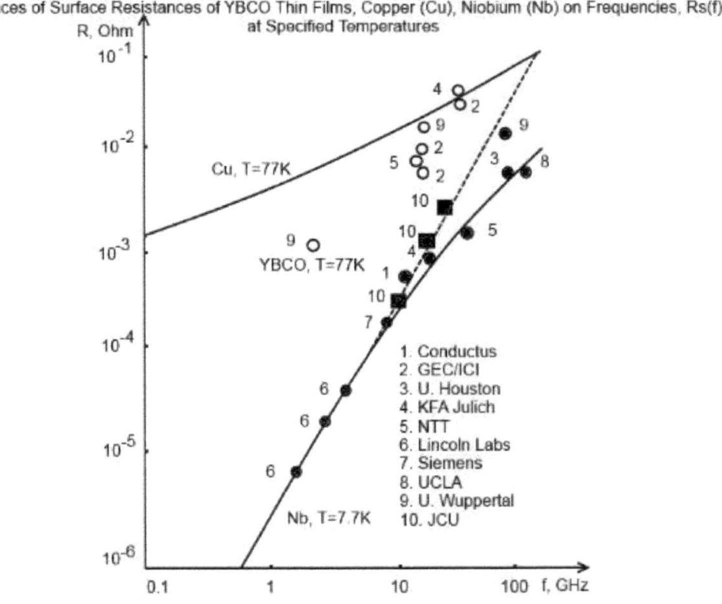

Rys. 30. Zależność oporu powierzchniowego od częstotliwości, Rs(f), $YBa_2Cu_3O_{7-\delta}$ cienkich warstw i miedzi (Cu) w temperaturze 77K oraz

Niobu (Nb) w temperaturze 7,7K (po [72]). Wyniki JCU są dodawane do wykresu.

Powszechnie wiadomo, że zależność częstotliwościowa oporu powierzchniowego, RS(f), ma postać f1/2 dla metali zwykłych i f2 dla nadprzewodników.

3.5. Niektóre propozycje dotyczące charakteru nieliniowości i możliwych fizycznych mechanizmów powstawania nieliniowości w nadprzewodnictwie mikrofalowym

Uważa się, że te kilka mechanizmów fizycznych jest odpowiedzialnych za pojawienie się nieliniowych efektów w nadprzewodnikach na mikrofalach. Te fizyczne mechanizmy można podzielić na dwie grupy, w zależności od ich związku z nieliniowością natury [73-91]:

1) ***zewnętrzna nieliniowość*** jest spowodowana efektami zewnętrznymi w nadprzewodniku w mikrofalach: granice ziaren; podwójne granice; zwichnięcie; defekty interfejsu krystalicznego lub krystaliczno-podłożowego, normalne wtrącenie fazowe; zanieczyszczenia; zmiana dopingu tlenowego; możliwe modelowanie. Słabej jakości cienkie warstwy nadprzewodnika, które reprezentują sieci ziaren nadprzewodzących, połączone łącznikami Josephsona, mogą charakteryzować się zewnętrznymi nieliniowościami w ramach modelu sprzężonego ziaren [60].

2) samoistne ***nieliniowości*** są powodowane przez samoistne efekty w nadprzewodniku w mikrofalach: niejednorodne nagrzewanie mikrofalowe, słabo sprzężone ziarna, lokalne nagrzewanie słabych ogniw, obecność wirów magnetycznych Josephsona w ogniwach słabych, penetracja wirów magnetycznych Abricosova do nadprzewodnika, symetrie parametrów w fali D lub S różnego rzędu, łamanie się pary elektronów Coopera, zmiana gęstości elektronów nadprzewodnikowych w wyniku działania zewnętrznego pola

magnetycznego, Hrf. Dobrej jakości nadprzewodniki mają niewielką liczbę ogniw Josephsona, stąd nieodłączne efekty, takie jak niejednorodne nagrzewanie mikrofalowe, słabo sprzężone ziarna, lokalne nagrzewanie słabych ogniw, wiry magnetyczne Josephsona w ogniwach słabych, penetracja wirów magnetycznych Abricosova w nadprzewodniku stają się dość ważne dla dokładnej charakterystyki nadprzewodników w mikrofalach.

Co najważniejsze, niektóre efekty wewnętrzne mogą być indukowane przez penetrację strumienia magnetycznego Abricosova do nadprzewodnikowych cienkich warstw przy wzroście pola magnetycznego, Hrf, powyżej wielkości $_{HC1}$. Te nieodłączne efekty związane są z nieliniową zmianą szeregu abricosowskich wirów magnetycznych w nadprzewodniku w wyniku obecności pola magnetycznego, Hrf, działania i efektów rozpraszania energii.

Należy również wspomnieć, że technologia wytwarzania cienkich folii HTS osiągnęła bardzo zaawansowany etap, w którym rutynowo można produkować wysokiej jakości folie nadprzewodzące o 1) doskonałych właściwościach mikrofalowych, 2) wysokiej odtwarzalności i 3) trwałych, niezmiennych parametrach technicznych, do zastosowań technicznych. Jednak głównym ograniczeniem dla udanych mikrofalowych zastosowań folii HTS są nadal mikrofalowe nieliniowości. Jak już wcześniej wspomniano, fizyczne mechanizmy nieliniowego zachowania fizycznego nadprzewodnika nadal nie są dobrze poznane, chociaż główne źródła mikrofalowych nieliniowości są szeroko badane i dobrze udokumentowane.

Modelowanie oporu powierzchniowego zależnego od mocy sygnału mikrofalowego w HTS, Rs(Hrf), jest skomplikowanym zagadnieniem, ponieważ nieliniowa zależność może powstać ze względu na kilka możliwych istniejących zjawisk fizycznych. Proponowane modele zwykle zakładają, że istnieje tylko jedna przyczyna nieliniowych strat energii sygnału mikrofalowego. Dlatego też, aby precyzyjnie scharakteryzować i przewidzieć właściwości cienkowarstwowych układów HTS przy wysokich poziomach mocy sygnału mikrofalowego, należy opracować zaawansowane modele układów scalonych HTS. W rozdziale 4 zostaną dogłębnie omówione modele układów równoważnych z elementami grudkowymi przez różnych badaczy, a także zaproponowane zaawansowane modele układów równoważnych z elementami grudkowymi Liedenyowa.

Referencje

[1] Z. Kresin i S. Wolf, "Fundamentals of Superconductivity", *Plenum Press, Nowy Jork,* 1990.

[2] D. Cheng, "Field and Wave Electromagnetics", *Addison-Wesley Publishing Company*, 1989.

[3] D. Pozar, "Microwave Engineering", *Addison-Wesley Publishing Company*, 1990.

[4] H. Atwater, "Introduction to Microwave Theory", *McGraw Hill Book Company Inc.*, 1962.

[5] H. Londyn, *Proc. R. Soc. London, Ser. A*, v. 176, s. 522, 1940.

[6] A. Pippard, *Proc. R. Soc. London Ser. A*, v. 191, s. 370, 1947.

[7] A. Pippard, *Proc. R. Soc. London Ser. A,* v. 191, s. 385, 1947.

[8] G. Reuter i E. Sondheimer, *Proc. R. Soc. London, Ser. A*, v. 195, s. 336, 1948.

[9] M. Hein, "High-Temperature-Superconductor Thin Films at Microwave Frequencies", *Springer*, 1999.

[10] K. Zhang, et al., "Measurement of the ab plane anisotropy of microwave surface impedance of untwinned $YBa2Cu3O6_{.95}$ single crystals", *Phys. Rev. Lett.*, Vol. 73, No. 18, p. 2484, 1994.

[11] R. Fletcher i J. Cook, "Measurement of surface impedance versus temperature using a generalized sapphire resonator technique", *Rev. Sci. Instrument.* Vol. 65, No. 8, str. 2685, 1994.

[12] M. Tinkham, "Introduction to Superconductivity", *Dover Publications, 2nd edition,* 2004.

[13] T. Van Duzer i C. Turner, "Principles of Superconductive Devices and Circuits", *Prentice Hall, 2nd edition*, 1998.

[14] J. Mazierska i in., "Influence of superconducting film thickness on resonant frequencies and Q-factor of the sapphire dielectric resonator and on resulting surface impedance of high Tc superconductors", *Proceedings of Asia-Pacific Microwave Conference*, 6-9 December 1994, Tokyo, pp. 1069-1072. 1994.

[15] J. Mazierska, "Właściwości mikrofalowe i zastosowania materiałów HTS: Historia i postęp", *prezentacja na Uniwersytecie Yamagata, listopad* 2014.

[16] R. Collin, "Fundations for Microwave Engineering", *wydanie 2, Wiley-IEEE Press*, 2000.

[17] N. Klein et al., "The effective microwave surface impedance of high TC thin films", *Journal of Applied Physics*, 67(11), str. 6940-6945, 1990.

[18] N. Pompeo et al., "Pomiary i usuwanie efektów substratu na powierzchni mikrofalowej impedancji folii YBCO na SrTiO3", *Superc. Sci. Tech.*, 20(10), s. 1002, 2007.

[19] R. Glover and M. Tinkham, "Conductivity of superconducting films for photon ebnergies between 0.3 and 40kTC", *Phys. Rev.*, 108, pp. 243-256, 1957.

[20] P. Kobrin et al., *Physica C,* v. 176, s. 121, 1991.

[21] J. Ceremuga-Mazierska, "Trasmisja sygnałów mikrofalowych przez nadprzewodnikowe cienkie warstwy w falowodach", *Supercond. Sci. Technol.*, v. 5, s. 371, 1992.

[22] E. Katawe et al., "Surface impedance measurement on highTC sup[erconductors using a far-infrared laser", *IEEE Trans Applied Superconductivity*, v. 7(2), pp. 1853-1856, 1997.

[23] A. Velichko i in., "Nieliniowe właściwości mikrofalowe cienkich warstw o wysokiej $_{TC}$", *Superc. Sci. Technol.*, vol. 18, R24-R49, 2005.

[24] J. Mazierska, "Rezonatory dielektryczne jako możliwy standard do charakteryzacji wysokotemperaturowych folii nadprzewodzących do zastosowań mikrofalowych", *Journal of Supercond.* , tom 10, nr 2, s. 73-84, 1997.

[25] C.L. Bohn et al., "Radio frequency surface resistance of large-area bismuth strontium calcium copper oxide thick films on silver plates", *Appl. Phys. Lett.*, Vol. 55, No. 3, pp. 304. 1989.

[26] D. Kajfez i P. Guillon, "Dielectric Resonators", *Vector Fields*, 1990.

[27] Y. Kobayashi et al., "Microwave measurements of surface impedance of highTc superconductor", *IEEE MTT-S digest*, pp. 281-284, 1990.

[28] Z. Ma, "RF properties of high temperature superconducting materials", PhDsis, G.L. Report No. 5298, *Edward L. Ginzton Laboratory, Stanford University*, May 1995.

[29] H. Piel et al., *Physica C*, v. 153, s. 1604, 1988.

[30] J. Carini et al., *Phys. Rev. B.*, v. 37, s. 9726, 1988.

[31] C. Wilker et al., "5GHz wysokotemperaturowe rezonatory nadprzewodnikowe o wysokiej Q i małej zależności mocy do 90K", *Trans. Micr. Theory and Techn.*, v. 39(9), s. 1462-1467, 1991.

[32] R. Taber, *Rev. Sci. Instrument*, v. 61, s. 2200, 1990.

[33] Y. Kobayashi i M. Katoh, *IEEE Trans MTT*, v. 33, s. 586, 1985.

[34] J. Krupka, *Proc. 5th Int. Conf. Materiał dielektryczny i zastosowanie*, s. 322, 1980.

[35] B.W. Hakki i P.D. Coleman, "A dielectric resonator method of measuring inductive capacities in the millimetre range", *IEEE Trans. Microwave Theory Tech.*, Vol. MTT-8, str. 402-410, lipiec 1960.

[36] N. Klein et al, "Microwave surface resistance of epitaxial YBa2Cu3O7 thin films at 18.7 GHz measured by a dielectric resonator technique", *Journal of Superconductivity*, Vol. 5, No. 2, pp. 195, April 1992.

[37] E. Ginzton, "Microwave measurements", *McGraw-Hill,* 1957.

[38] D. Kajfez, *IEEE Trans MTT,* v. 42, s. 1149, 1994.

[39] X. Mama, doktorat, *Uniwersytet Stanford*, 1995.

[40] K. Leong, "Precyzyjne pomiary oporu powierzchniowego wysokotemperaturowych cienkich warstw nadprzewodnikowych przy użyciu nowej metody obliczeń współczynnika Q dla szafirowych rezonatorów dielektrycznych w trybie transmisji", praca doktorska, James Cook University, 2000.

[41] M. S. Diorio et al., *Phys. Rev. B.*, v. 38, s. 7019, 1988.

[42] D. E. Oates et al., *J. Supercond.* , v. 3, s. 251, 1990.

[43] D.E. Oates et al, "Surface impedance measurements of superconducting NbN films", *Phys. Rev. B*, Vol. 43, No. 10, pp. 7655-7663, 1991.

[44] P. P. Nguyen et al., *Phys. Rev. B*, v. 48, s. 6400, 1993.

[45] N. Belk et al., *Phys. Rev. B*, v. 53, s. 3459, 1996.

[46] S. Anlage, et al., *Appl. Phys. Lett.*, v. 54, s. 2710, 1989.

[47] S. Anlage et al., *Phys Rev. B*, v. 44, s. 9764, 1991.

[48] B.W. Langley et al., "Magnetic penetration depth measurements of superconducting thin films by a microstrip resonator technique", *Rev. Sci. Instr.*, Vol. 62, No. 6, pp. 1801, June 1991.

[49] A. Adreone et al., *J. Appl. Phys.*, v. 73, s. 4500, 1993.

[50] A. Adreone et al., *Phys. Rev. B*, v. 49, s. 6392, 1994.

[51] A. Porch et al., "Non-linear microwave surface impedance of patternned YBa2Cu3O7 thin films", *Journal of Alloys and Compounds*, Vol. 195, No. 1-2, pp. 563-566, 1993.

[52] W. Rauch et al, *J. Appl. Phys.*, v. 73, s. 1866, 1993.

[53] C. Song, et al., *Phys. Rev. B,* v. 79, s. 174512, 2009.

[54] D. Oates et al., *IEEE Trans. Microw. Theory Tech.*, v. 39, s. 1522, 1991.

[55] K.C. Gupta et al., "Microstrip Lines and Slotlines", *Artech House*, 1979.

[56] K. Day et al., *Nature (London),* v. 425, s. 817, 2003.

[57] J. Zmuidzinas, *Annu. Ksiądz Kondens. Matter Phys.,* v. 3, s. 169, 2012.

[58] A. Wallraff et al., *Nature (London),* v. 431, s. 162, 2004.

[59] M. Göppl et al., *J. Appl. Phys.*, v. 104, s. 113904, 2008.

[60] D. Oates, "Nonlinear befavior of superconducing devices", *Microwave superconductivity, Edited by H. Weinstock and M. Nisenoff, Kluwert Academic Publishers*, 2001.

[61] A. Portis et al., "Power and magnetic field-induced microwave absorption in Tl-based high Tc superconducting films", *Appl Phys Lett.,* v. 58, iss. 3, str.307-09, 1991.

[62] T. Hylton et al., "Weakly coupled grain model of high-frequency losses in high Tc superconducting thin films", *Applied Physics Letters,* v. 53 pp.1343-1345, 1988.

[63] C. Attanassio et al., "Resztki oporności powierzchniowej nadprzewodników polikrystalicznych", *Phys Rev B,* v. 43, No. 7, str. 6128-6131, 1991.

[64] J. Halbritter, "RF residual losses, surface impedance, and granularity in superconducting cuprates", *J. Appl. Phys.,* v. 68, n. 12, pp. 6315-6326, 1990.

[65] J. Mazierska i M. Jacob, "High Temperature Superconducting Filters for Wireless Communication a chapter Novel Technologies for Microwave and Millimetre-Wave Applications", *Edited by Jean-Fu Kiang, Kluwer Academic/Plenum Publishers*, pp. 123-152, 2003.

[66] W. Hackett i in., "Microwave flux-flow dissiperation in paramagnetically-limited Ti-V alloys", *Phys. Lett,* v. 24A, str. 663, 1967.

[67] V. Berezin et al., "Magnetic-field dependence of the surface impedance in the mixed state of type-II superconductors", *Phys. Rev. B,* v. 49, no. 6, pp. 4331-4333, 1994.

[68] M. Tsindlekht et al., "Microwave properties of YBa2Cu3O7-$_{\delta}$ thin films in linear and nonlinear regime in a dc magnetic field", *Phys Rev B,* v. 61, pp. 1596-1604, 2000.

[69] A. Andreone et al., "Non-linear microwave properties of Nb3Sn superconducting films", *J. Appl. Phys.*, v. 82, s. 1736, 1997.

[70] J. Delayen i C. Bohn, "Temperature, frequency, and rf field dependence of the surface resistance of polycrystalline YBa2Cu3O7", *Phys Rev B,* v. 40, s. 5151, 1989.

[71] H. Xin et al., "Comparison of power dependence of microwave surface resistance of unpatterned and patterned YBCO thin films", *IEEE Trans Microwave Theory tech.*, 48, 1221, 2000.

[72] M. Hein, "Microwave properties of superconductors", *Microwave superconductivity, edited by H. Weinstock and M. Nisenoff, Kluwert*, 2001.

[73] D. Oates et al., "Nonlinear microwave surface impedance of YBCO films: latest results and present understanding", *Physica C: Superconductivity,* v. 372-376, Part 1, pp. 462-468, 2002.

[74] A. Velichko et al., "Non-linear Microwave Properties of High-Tc Thin Films - TOPICAL REVIEW", *Supercon. Sci. Technol.,* v. 18, s. R24-R49, 2005.

[75] M. Hein, "High Temperature Superconductor thin films at microwave frequencies", *Springer*, Niemcy, 1999.

[76] J. Oates et al., "A nonlinear transmission line model for superconducting stripline resonators", *IEEE Tran. Aplikacja Supercond.*, tom 3, s. 17-22, 1993.

[77] J. Delayen et al., *J. Superc.*, v. 3, s. 243, 1990.

[78] Y. Kobayashi i inni, *IEEE Tran. Microwawe Theory Tech.*, v. 39, s. 1530, 1991.

[79] D. Cooke i inni, *IEEE Tran. Mag.*, v. 27, s. 880, 1991.

[80] M. Hein et al, *J. Supercond.*, v. 3, s. 323, 1990.

[81] M. Hein, Dissertation, *Uniwersytet w Wuppertalu*, Niemcy, 1992.

[82] H. Snortland, "Nonlinear surface impedance in superconductors", praca doktorska, *Ginzton Laboratory Report,* no. 5552, str. 1-159, 1997

[83] M. Jacob et al., "Modelowanie nieliniowej impedancji powierzchniowej nadprzewodników o wysokiej Tc przy użyciu wykładniczego modelu penetracji wirowej", *J. Supercond.*, v. 12, nr 2, str. 377, 1999.

[84] W. Fietz et al., *Phys. Rev. A*, v. 136, s. 335, 1964.

[85] P. Nguyen et al., *Phys. Rev. B*, v. 51, s. 6686, 1995.

[86] W. Diete et al., *IEEE Trans Appl. Superc.*, v. 7, s. 1236, 1997.

[87] M. Lancaster, "Passive microwave device applications of HTS", *Cambridge*, 1997.

[88] J. Booth et al., "Simultaneous optimization of the linear and nonlinear microwave resonse of YBCO films and devices", *IEEE Tran. Appl. Supercond.*, v. 9, no. 2, 1999.

[89] E. Gaganidze et al., "Nonlinear surface impedance of TBCCO thin films as a function of temperature, frequency, and magnetic field", *J. Appl. Phys.*, v. 93, no. 7, p. 4049, 2003.

[90] D. O. Liedenyov, "Modelowanie i eksperymentalne badanie nieliniowych właściwości $YBa_2Cu_3O_{7-\delta}$ i $NdBa_2Cu_3O_{7-\delta}$ filmów nadprzewodzących i rezonatorów do zastosowań w obwodach mikrofalowych", Ph.Dissertation, James Cook University, Townsville, Australia, pp 1-180, 2018,
https://doi.org/10.25903/5b6cc378be158 ,
https://researchonline.jcu.edu.au/55990/ .

[91] D. O. Liedenyow, W. O. Liedenyow, "Nonlinearities in Microwave Superconductivity", Uniwersytet Cornell, NY, USA, s. 1-923, 20 czerwca 2012 r,
https://arxiv.org/abs/1206.4426v8 .

Rozdział 4

Przegląd badań nad modelami układów równoważnych elementów grudkowych nadprzewodników i rezonatorów nadprzewodnikowych w mikrofalach

4.1. Computer Modeling of Superconductors at Microwaves

Nadprzewodniki mają wiele zastosowań w energetyce, transporcie i komunikacji informacyjnej. Zastosowania HTS, które są przedmiotem zainteresowania tych badań, obejmują elektromagnetyczne filtry sygnałowe o ultra wysokiej częstotliwości dla sieci komunikacyjnych i radarów. Problem polega na tym, że nieliniowości mogą w pewnych przypadkach ograniczać aplikacje HTS przy wysokich poziomach mocy sygnału mikrofalowego. Jednocześnie nieliniowość może pozwolić na nowe konstrukcje aktywnych/pasywnych elektronicznych/fotonicznych urządzeń mikrofalowych HTS. Ulepszone narzędzia programowe do projektowania wspomaganego komputerowo (CAD) mogą pomóc w symulacji układów elektronicznych HTS, rozliczając się z efektów nieliniowych. Dlatego też, aby lepiej scharakteryzować HTS na mikrofalach w programach CAD, należy opracować zaawansowane modele układów równoważnych elementom grudkowym.

Do niedawna programy CAD z branży półprzewodnikowej były głównie przyjmowane i wykorzystywane w procesie projektowania elektroniki nadprzewodnikowej. Pierwsze kompleksowe badania dotyczące oprogramowania do projektowania układów elektroniki nadprzewodnikowej, ich dokładności i wydajności przeprowadzono w 1999 roku [1] i 2013 roku [2]. Zgodnie z klasyfikacjami użytymi w [1] z kilkoma dodatkami z [2], programy CAD do projektowania układów elektroniki nadprzewodnikowej mogą być zorganizowane w kilka kategorii, np: 1) symulatory obwodów, 2) edytory układu, 3) optymalizatory obwodów, 4) estymatory indukcyjności, 5) symulatory logiczne, 6) pełnofalowe solwery, 7) syntezatory układu. Każda z wymienionych kategorii korzysta z różnych pakietów oprogramowania projektowego, na przykład: *WRSpice*, *JSIM* i *JSPICE dla symulatorów* układów; *MALT* i *COWBoy dla* optymalizatorów układów; *XIC*, *AutoCAD* i *Wavemaker* dla edytorów układów; *Sline* i *INDEX* dla estymatorów indukcyjności i inne. Nowoczesne solwery fal elektromagnetycznych mogą być wykorzystywane do analizy pasywnych linii przesyłowych na podstawie pomiarów parametrów rozpraszania urządzeń nadprzewodzących, w tym: *FEKO* [3] - nadprzewodnikowe obliczenia absorbancji nanoprzewodowej [4]; *HFSS* [5] - konstrukcja filtrów mikrofalowych [6], konstrukcja linii mikropaskowych [7, 8] i konstrukcja anten [9]; *Sonnet* [10] - konstrukcja linii mikropaskowych [8]; oraz *CST* [11] - konstrukcja anten [9]. W tych programach programowych do symulacji pola EM stosuje się zwykle specjalne modele układów scalonych urządzeń mikrofalowych. Pomimo tego, że teoria układów elektronicznych dla urządzeń mikrofalowych jest dobrze rozwinięta, wiedza na temat modeli układów scalonych HTS jest nadal ograniczona. Dlatego też, aby poprawić dokładność symulacji urządzeń mikrofalowych HTS w obwodach analogowych w elektronice, należy stworzyć zaawansowane modele obwodów z elementami grudkowymi.

4.2. Modele układów równoważnych elementów grudkowych nadprzewodników w mikrofalach

Analizując właściwości fizyczne nadprzewodnika w mikrofalach, można określić równoważny model obwodu dla elementów bryłowych w mikrofalach. Prosty sposób opisania elektrodynamiki nadprzewodników w teorii elektrodynamiki braci londyńskich podany został w 1934 r. przy użyciu fenomenologicznego modelu teoretycznego dwupłynnego Gortera-Casimira [12]. W modelu G-C nośniki opłat są podzielone na dwa podsystemy: 1) elektrony nadprzewodzące o gęstości *nS* oraz 2) elektrony normalne o gęstości *nn*. Nadprzewodnikowe nośniki elektronów zostały później powiązane z parami Coopera o ładunku *-2e* i masie *2me* [13]. Przyjmuje się, że prąd normalny *Jn* i nadprądowy *JS płyną* w nadprzewodniku równolegle, a całkowity prąd jest sumą *JS* i *Jn*. *JS* płynie bez oporu i jest zgodny z równaniami londyńskimi z rozdziału 3. W modelu G-C dwóch cieczy przewodność nadprzewodnika, $\sigma_s = \sigma_1 - j\sigma_2$, oraz jego impedancja, Zs = Rs + jXs, są wartościami złożonymi, zależnymi od zewnętrznego pola elektromagnetycznego. Dlatego też, aby reprezentować nadprzewodnik w zewnętrznym polu elektromagnetycznym, właściwe jest reprezentowanie nadprzewodnika jako sieci ekwiwalentnej elementów bryłowych o rezystancji czynnej i indukcyjności, które są połączone równolegle [14] na rys. 31.

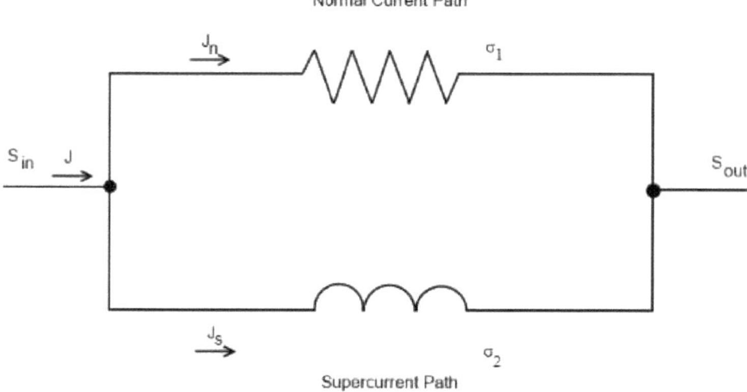

Rys. 31. Elementy grudkowe reprezentują obwód zastępczy przewodności nadprzewodnika,σ_s (po [14]).

Podobnie, impedancja powierzchniowa nadprzewodnika, Zs = Rs + jXs, może być reprezentowana przez zespolone elementy równoważne sieci o rezystancji i indukcyjności, które są połączone szeregowo na Rys. 32 [15].

Lumped Elements Equivalent Circuit Representation of Superconductor's Surface Impedance Z_S

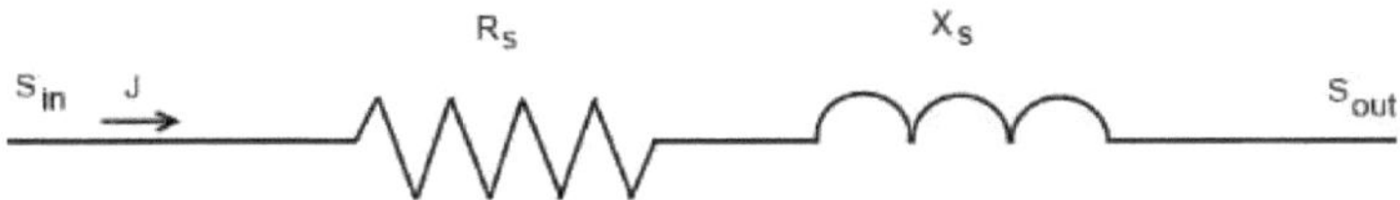

Rys. 32. Elementy grudkowe reprezentują obwód zastępczy impedancji powierzchniowej nadprzewodnika, ZS (po [15]).

W temperaturze zerowej wszystkie elektrony ulegają kondensacji do stanu nadprzewodnikowego, tworząc pary Coopera; podczas gdy w temperaturze skończonej, niektóre elektrony rozpadają się na normalne quasi-cząsteczki z powodu termicznych wzbudzeń. Pary Coopera tworzą indukcyjny kanał dla przepływu prądu elektrycznego, jak pokazano na Rys. 31. Wielkości normalnej oporności i indukcyjności kinetycznej struktury nadprzewodnikowej zależą od normalnej gęstości zaludnienia elektronów i gęstości zaludnienia superelektronów (pary Coopera), a z kolei określają właściwości elektromagnetyczne nadprzewodnika. Energia wiązania, 2Δ, pary Coopera jest zazwyczaj rzędu kilku milielektronowoltów; tym samym, para

Coopera nadal istnieje pod wpływem napromieniowania przez fale elektromagnetyczne o częstotliwości tak wysokiej jak kilkaset Gigaherców (GHz).

Inną odmianę modelu układu równoważnego z elementami bryłowymi, reprezentującego nadprzewodnik w mikrofalach, pokazano na Rys. 33 [16].

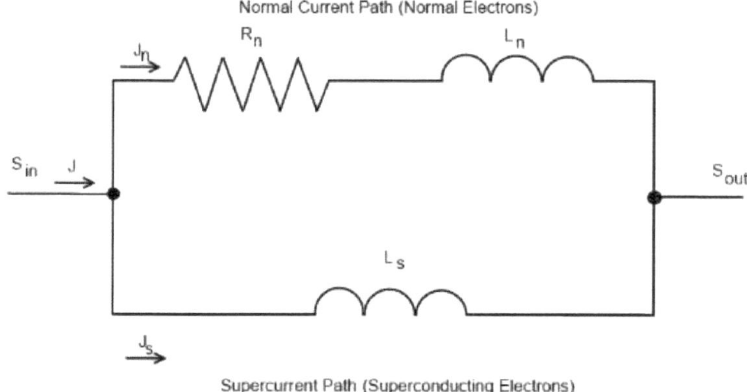

Rys. 33. Elementy grudkowe reprezentują obwód zastępczy impedancji powierzchniowej nadprzewodnika, ZS (po [16]).

Ścieżka elektronów nadprzewodzących jest reprezentowana przez indukcyjność, *LS*, odbijającą inercję elektronów nadprzewodzących. Dokładniej rzecz ujmując, oporność występuje z powodu bezwładności elektronów nadprzewodzących, dlatego też, gdy pole elektromagnetyczne zmienia swój znak, elektrony nadprzewodzące nie mogą natychmiast zmienić kierunku przepływu prądu. W związku z tym prąd mikrofalowy może być modelowany jako indukcyjność, *LS*, w elementach bryłowych model obwodu równoważnego, reprezentujący prąd z fazy z napięciem.

Droga normalnych elektronów jest reprezentowana przez oporność, *Rn*, i indukcyjność, *Ln*, odzwierciedlającą impedancję, z_n, normalnych elektronów. Indukcyjność generuje napięcie w poprzek nadprzewodnika, gdy stosowany jest zmienny czasowo sygnał mikrofalowy. Napięcie z kolei powoduje, że normalne elektrony przepływają prąd indukujący w normalnej ścieżce elektronów i w ten sposób generują rozpraszanie energii. W przypadku prądu stałego o bardzo niskich częstotliwościach, ścieżka elektronów nadprzewodnikowych skraca się w stosunku do normalnej ścieżki elektronów, a rezystancja zerowa jest mierzona na zaciskach. Należy zauważyć, że indukcyjność, *Ln*, w normalnym kanale jest często zaniedbywana, co jest podobne do modelowania normalnego kanału jako kanału nierozpraszającego (niezależnego od częstotliwości).
Materiały HTS mają wyjątkowo krótką długość koherencji, ξ_0, co czyni je bardzo wrażliwymi na wady. W przypadku, gdy wady są większe niż długość koherencji,ξ_0, oczekuje się, że będą to części normalne lub izolacyjne, o normalnej przewodności. Przeciwnie, małe wady, jak granice ziaren, zachowują się jak węzły Josephsona w HTS [17], pozwalając parom Coopera na przejście przez barierę o grubości porównywalnej do długości koherencji,ξ_0 [18].

Te obserwacje badawcze doprowadziły do intensywnych badań nad reakcją sygnału mikrofalowego przez filmy HTS ze strukturą połączeń węzłów Josephsona (JJ) [19]. Model sprzężonych ziaren został po raz pierwszy wprowadzony w [19], postulując, że materiał ma się składać z idealnych "ziaren" nadprzewodzących, sprzężonych ze sobą za pomocą połączeń Josephsona. Model sprzężony z ziemią służy do analizy impedancji powierzchniowej cienkich warstw polikrystalicznych YBCO, w których penetracja pola magnetycznego na granicach ziaren wpływa na indukcyjność ogniw słabych w HTS na rys. 34.

Słabo sprzężony model ziaren stanowi podstawę dla modeli, które omawiają w szczególności nieliniowe straty mikrofalowe folii HTS w polach RF. Zmodyfikowany model sprzężeń międzygałęziowych, który wyjaśnia początkowy wzrost, RS orazλ, co jest proporcjonalne do H2RF, został przedstawiony w [20, 21] z zależnością RS wyrażoną w równaniu (4.1)

$$R_S(H) = R_S(0)\left[1 + b_r H_{rf}^2\right] \qquad ,(4.1)$$

gdzie *RS(H)* i *RS(0)* są odpowiednio opornością powierzchniową w polu Hrf i opornością powierzchniową w polu zerowym, a *br* jest parametrem dopasowania.

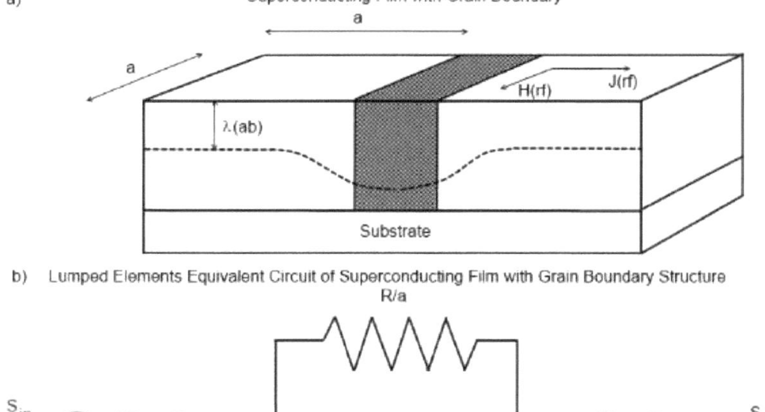

Rys. 34. a) folia nadprzewodząca z granicą ziaren; b) równorzędny obwód elementów grudkowych folii nadprzewodzącej o strukturze ziarnistej (po [19]).

Oates *i in.* [21] zmodyfikowali model sprzężonego gruntu tak, aby uwzględniał nieliniowości poprzez zależność indukcyjności połączenia od przepływającego przez nie prądu mikrofalowego. W modelu charakter wad nie jest określony, a "ziarna" są po prostu opisywane jako wolne od wad miejsca wysokiego rzędu. Badacze zaproponowali ponadto, aby cienkie warstwy YBCO mogły być opisywane przez ziarna w połączeniu szeregowym za pomocą identycznych węzłów Josephsona [21].

Rys. 35 przedstawia zarówno model uproszczony, jak i układ równoważny elementów bryłowych, służący do obliczania nieliniowej impedancji powierzchniowej, Zs [21].

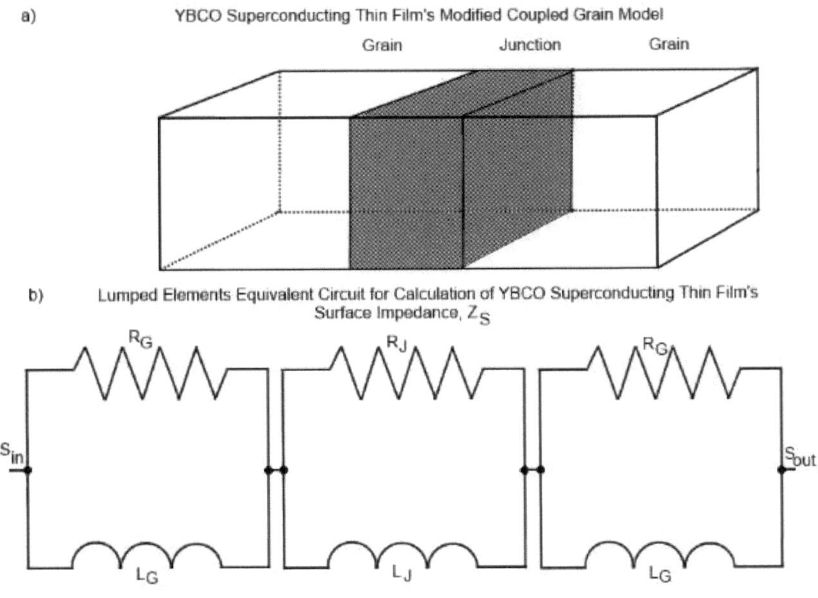

Rys. 35. $YBa_2Cu_3O_{7-\delta}$ zmodyfikowany nadprzewodnikowy model cienkowarstwowy (górny) i zastępczy układ elementów grudkowych do obliczania impedancji powierzchniowej folii, ZS (po [21]).

W układzie tym ziarna są modelowane jako rezystory w połączeniu równoległym z induktorami. Ten równorzędny model układu sprzężony z ziarnem reprezentuje w rzeczywistości zwykły dwupłynny model G-C dla idealnego nadprzewodnika, gdzie Rg i Lg są związane z głębokością penetracji, λoraz rezystywnością, charakteryzującą podstawowe właściwości nadprzewodnika. Połączenia są również modelowane indukcyjnością równolegle z oporem, ale fizyczna natura tych elementów jest inna niż ziarna. Zauważmy, że Lj jest indukcyjnością połączenia, a Rj jest opornością manewrową spowodowaną prądem quasi-cząsteczkowym.

Model strat histeretycznych został zaproponowany w [22] i opiera się na obliczeniach Norrisa [23], pochodzących z modelu stanu krytycznego fasoli [24]. Model histerezy został połączony z modelem ziarna słabo sprzężonego przez Nguyena *i wsp.* [25]. Model proponuje, aby przy pewnej wielkości Hrf, zachowanie oporu powierzchniowego, Rs, zmiany i straty energii zaczęły wzrastać szybciej niż początkowe tempo kwadratowe. Model zakłada, że Abricosovowskie wiry magnetyczne zaczynają wchodzić do HTS przy wysokim polu magnetycznym, Hrf. Model ten sugeruje, że wzrost strat energii jest spowodowany stratami histerezy, które dodawane są do strat energii modelu sprzężonego z ziemią. Ilościową ocenę strat histeretycznych w cienkich warstwach YBCO i NbN uzyskano w [25] jako różnicę między wynikami pomiarów a obliczonymi stratami energii w modelu ogniwa słabego.

Halbritter [26, 27] modelował nieliniowe zjawisko w materiałach nadprzewodnikowych, rozważając powstawanie wirów magnetycznych w ogniwach słabych o określonym stężeniu wiru, HRF. Za możliwe czynniki, przyczyniające się do nieliniowego efektu, uznano penetrację wirów magnetycznych do ziaren oraz ruch fluksoidów.

Wosik *i in.* [28] oraz Hein *i in.* [29] przypisują nieliniowe straty energii do globalnych efektów ogrzewania. Rozproszona moc cieplna, Pdiss, w foliach nadprzewodzących YBCO przy wysokich polach magnetycznych RF jest podana w (4.2)

$$P_{diss} = 1/2\{R_{def}A_{de} + R_S(A\text{-}A_{def})\}B_S^2, \quad (4.2)$$

gdzie Rdef i Adef są odpowiednio opornością powierzchniową i obszarem wad, a $_{BS}$ jest przyłożonym polem magnetycznym.

Wraz z poprawą jakości folii HTS uznano, że efektywny-średni model granulowanych folii HTS może być niewłaściwy do modelowania impedancji powierzchniowej, Rs, w mikrofalach. W związku z tym Portis i Cooke zaproponowali alternatywny model linii przesyłowej [30] w celu uwzględnienia niejednorodnej penetracji pól mikrofalowych odpowiednio do ziaren i węzłów granicznych. Uznaje on połączenie graniczne ziarna, działające jako linia pasmowa między dwoma nadprzewodzącymi elektrodami ziarnistymi, jak pokazano na Rys. 36.

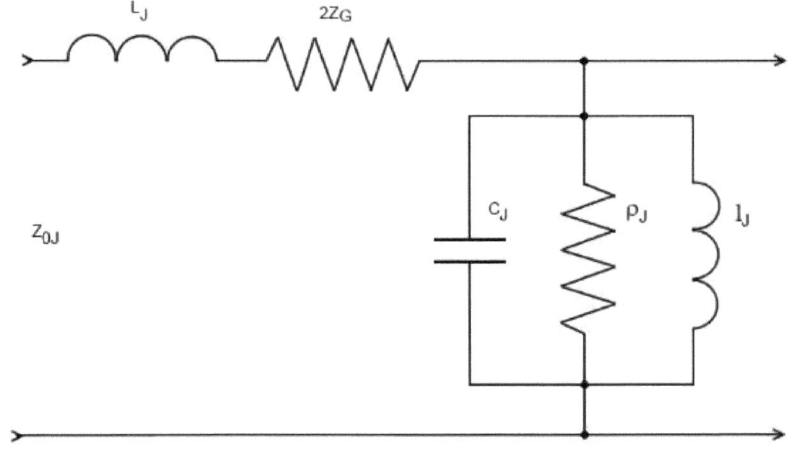

Rys. 36. Reprezentacja linii przesyłowej węzła międzykanałowego w ujęciu teorii modelu obwodu elementów grudkowych (po [30]).

W tym modelu impedancja powierzchniowa, z_g, charakteryzuje obszar ziarnisty, a indukcyjność Lj reprezentuje strumień o fizycznej szerokości, dj, w obrębie węzła Josephsona. Przepływ prądu przez złącze jest reprezentowany przez pojemność, Cj, rezystywność,ρ_j, i indukcyjność, lj. To podejście badawcze było w stanie opisać impedancję powierzchniową ZS(T,H,f) w odniesieniu do efektywnych parametrów połączenia oraz w odniesieniu do różnych stopni ziarnistości.

W odniesieniu do mikrofalowych zastosowań folii HTS, jak stwierdzono w rozdziale 3, głównym problemem staje się zależność oporu powierzchniowego od pola magnetycznego, Rs(Hrf). Jak pokazano wcześniej w niniejszym rozdziale, kwadratowa zależność pola ZS przeważyła jako główna cecha modelu sprzężonego ziarna. W świetle obecnego rozumienia, które ujawniło liczne mechanizmy fizyczne odpowiedzialne za nieliniowość, uogólnienie kwadratowej zależności pola RS i LS nie jest uzasadnione. W rękopisie tym penetracja i ruch wirowy w nadprzewodniku jest uważany za dominujący czynnik powodujący wzrost strat folii HTS w warunkach wysokiego pola magnetycznego RF (H_{RF} > HC1). Aby modelować nieliniową impedancję powierzchniową nadprzewodnika, po raz pierwszy przeanalizowano i oceniono łącznie trzy rodzaje zależności od pól RF: zależności liniowe, kwadratowe i wykładnicze (patrz rozdział 4). Podejście to umożliwiło nam opracowanie kompleksowego modelu obwodów elementów wielkogabarytowych z materiałów HTS, uwzględniającego zależność efektów nieliniowych od podwyższonych poziomów mocy RF. Wyniki tego teoretycznego wkładu zostały przedstawione w rozdziałach 6, 7. W następnym podrozdziale przedstawiono przegląd modelowania rezonatorów mikrofalowych.

4.3. RLC Modele układów równoważnych elementów grudkowych układów rezonansowych w mikrofalach

Jak wiadomo, teoria obwodów może opisywać układy rezonansowe w kategoriach równorzędnych elementów grudkowych modeli obwodów.

Idealny obwód rezonansowy ma nieskończoną ilość częstotliwości rezonansowych, które odpowiadają różnym trybom fal wzbudzanych w sieci. W systemach o wysokich parametrach jakościowych, te częstotliwości rezonansowe znajdują się wystarczająco daleko od siebie w stosunku do szerokości krzywej rezonansowej. W tym przypadku, zgodnie ze znaną teorią elektromagnetyczną (patrz np. [31]), każdy rezonator, w pobliżu każdej z jego własnych częstotliwości rezonansowych, może być reprezentowany jako: równoległy układ elementów grudkowych równoważny obwodowi RLC lub szeregowy układ elementów grudkowych równoważny obwodowi RLC. Zależność częstotliwościowa znormalizowanej $\overline{\mathbf{X}}$ części urojonej (reaktancji) impedancji (Z = R+jX), w idealnym układzie rezonansowym bez strat (R=0) może być przedstawiona w postaci wykresu przedstawionego na rycinie 37 [31].

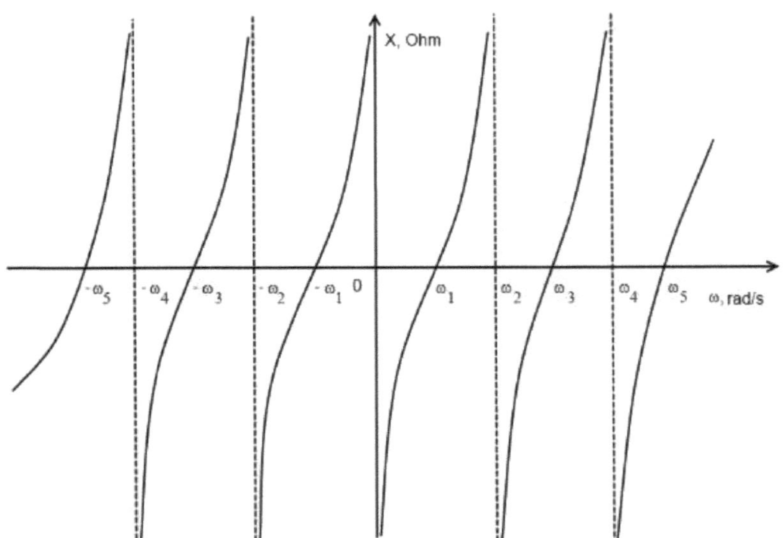

Rys. 37. Zależność reaktancji od częstotliwości, X(ω), w idealnym układzie rezonansowym bez strat energii (po [31]).

Jak pokazano powyżej, X(-ω) = -X(ω).

Równanie (4.3), określające $\overline{X}$ w formacie ogólnym, może być wyrażone jako

$$\overline{X} = A\omega \frac{(\omega^2 - \omega_1^2)(\omega^2 - \omega_3^2)...(\omega^2 - \omega_{2n-1}^2)}{\omega^2(\omega^2 - \omega_2^2)(\omega^2 - \omega_4^2)...(\omega^2 - \omega_{2n-2}^2)}, \quad (4.3)$$

gdzie ω_2, ω_4, ... ω_{2n-2} to bieguny dodatnie, $-\omega_2$, $-\omega_4$, ... $-\omega_{2n-2}$ to bieguny ujemne, ω_1, ω_2, ... ω_{2n-1} to zera dodatnie, $-\omega_1$, $-\omega_2$, ... $-\omega_{2n-1}$ to zera ujemne, A to stała.

Na podstawie teorii pozostałości funkcji złożonych [31], równanie (4.3) może być przedstawione w pobliżu biegunów reaktancji, (X ∞)→ jako (4.4)

$$\overline{X} = L\omega + \frac{a_0}{\omega} + \frac{2a_2\omega}{\omega^2 - \omega_2^2} + ... + \frac{2a_{2n-2}\omega}{\omega^2 - \omega_{2n-2}^2}, \quad (4.4)$$

gdzie ai to pozostałości danej funkcji w pobliżu jej odpowiednich biegunów.

Równanie (4.4) [31] odpowiada szeregowemu przedstawieniu równoległych obwodów L_iC_i na Rys. 38.

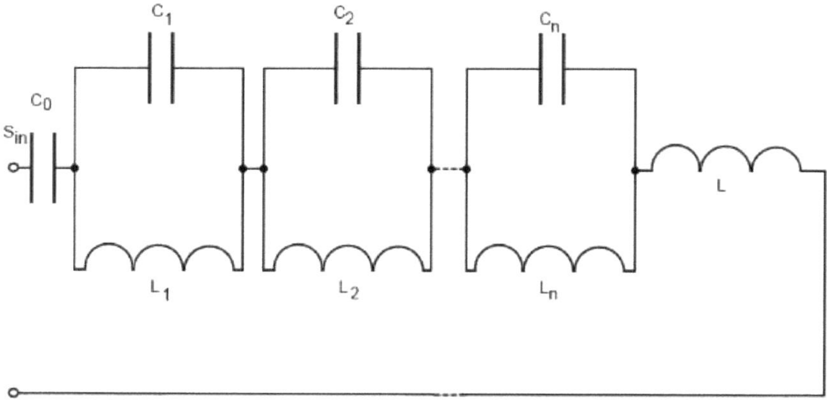

Rys. 38. Obwód ekwiwalentny elementów bryłowych równania (4.4) (po [31]).

Odpowiednie elementy obwodu (Rys. 37) mogą być wyrażone jako

C0 = -1/a0, $_{Ci}$ = -1/2ai, ω_{2i2} = 1/LiCi, L= A.

Wartości indukcyjności $_{Li}$ i pojemności $_{Ci}$ są określane jako konkretny zestaw dla każdej częstotliwości rezonansowej.

Znormalizowane przyjęcie reaktywne, $\bar{b} = -1/\bar{X}$, ma bieguny w pobliżu zer funkcji, X(ω). Równanie dla $\bar{b}$ może być napisane jako (4.5)

$$\bar{b} = -\frac{1}{A\omega}\frac{\omega^2(\omega^2-\omega_2^2)(\omega^2-\omega_4^2)...(\omega^2-\omega_{2n-2}^2)}{(\omega^2-\omega_1^2)(\omega^2-\omega_3^2)...(\omega^2-\omega_{2n-1}^2)}. \quad (4.5)$$

Zgodnie z teorią pozostałości funkcji złożonych [31], równanie (4.5) można przedstawić jako

$$\bar{b} = C\omega + \frac{b_0}{\omega} + \frac{2b_1\omega}{\omega^2-\omega_1^2} + ... + \frac{2b_{2n-1}\omega}{\omega^2-\omega_{2n-1}^2} \quad (4.6)$$

gdzie $_{bi}$ jest pozostałością danej funkcji w pobliżu jej odpowiednich biegunów.

Obwód ekwiwalentny elementów bryłowych równania (4.5) odpowiada równoległej reprezentacji układów serii $_{LiCi}$ na Rys. 39.

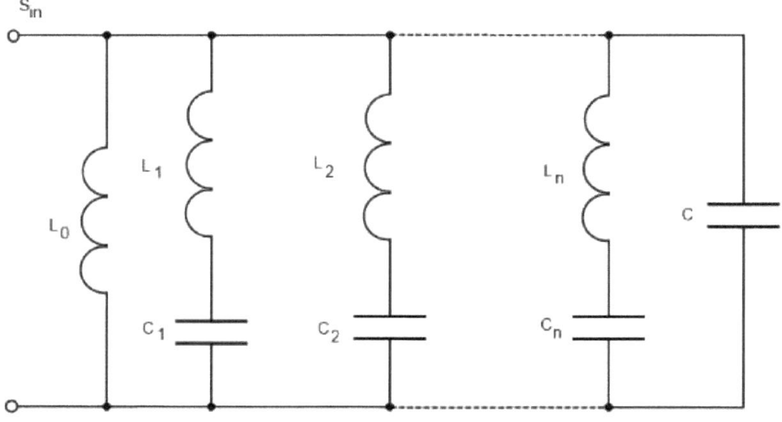

Rys. 39. Obwód ekwiwalentny elementów bryłowych równania (4.5) (po [31]).

Odpowiednie elementy obwodu (Rys. 38) mogą być przedstawione jako

L0 = -1/b0, $_{Li}$ = -1/2bi, ω_{2i-12} = 1/LiCi, C = - 1/A.

Powyższy układ równoważników elementów bryłowych tworzy solidną podstawę dla udanego modelowania rezonatorów mikrofalowych w systemie CAD.

W przypadku konwencjonalnych normalnych obwodów metalowych, gdy tryby są rozdzielone i zakres częstotliwości jest ograniczony, potrzebny jest tylko jeden zestaw obwodów LC. Aby uwzględnić efekty rozpraszania energii, w sieciach równorzędnych dla modeli obwodów równoległych i szeregowych elementów grudkowych należy zastosować rezystor, reprezentujący straty energii jak na rys. 40.

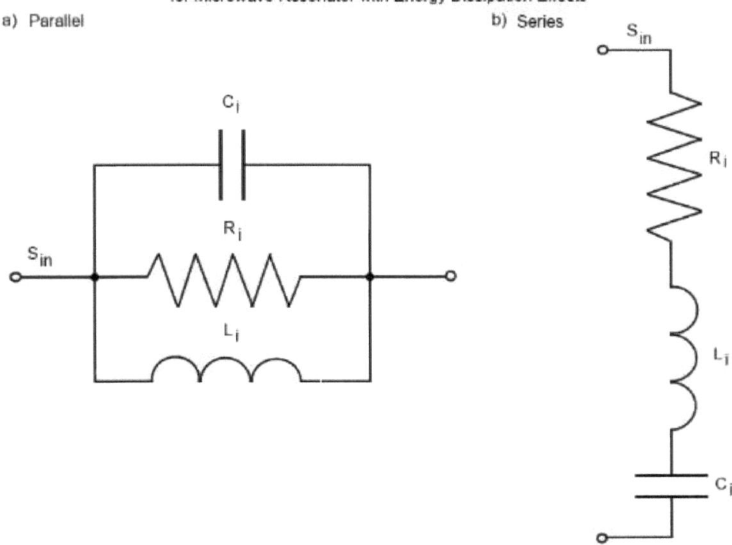

Rys. 40. Obwody równoległe (a) i szeregowe (b) elementów grudkowych równoważne obwodom rezonatora mikrofalowego z efektem rozpraszania energii (po [31]).

W tym przypadku współczynnik jakości, Qi, równoległego obwodu rezonansowego (Rys. 40(a)) może być wyrażony jako

$$Q_i = \omega_{2i} C_i R_i \quad , (4.7)$$

oraz współczynnik jakości, Qi, obwodu szeregowego (Rys. 40(b)) jako

$$Q_i = \omega_{2i\text{-}1} \frac{L_i}{R_i} \, . \quad (4.8)$$

Należy wspomnieć, że w praktycznych zastosowaniach technicznych konwencjonalne normalne rezonatory mikrofalowe z metalu i rezonatory mikrofalowe HTS są jednomodułowymi rezonatorami mikrofalowymi. Jednakże, jak stwierdzono powyżej, konwencjonalne normalne rezonatory i filtry metalowe wymagają modelowania rozpraszania energii za pomocą jednego opornika. Jednak w przypadku rezonatorów i filtrów mikrofalowych

HTS pojedynczy rezystor nie wystarczy. Dlatego też należy opracować bardziej zaawansowany, kompleksowy model systemu rezonowania HTS, jak wyjaśniono w rozdziale 4.1.

W procesie praktycznej mikrofalowej charakterystyki materiałów HTS, rezonator mikrofalowy HTS musi być połączony ze źródłem i obciążeniem. W wyniku włączenia rezonatora mikrofalowego do obciążonego układu, zmierzony obciążony współczynnik jakości, QL, będzie się różnił od nieobciążonego współczynnika jakości, Q0, jak wyjaśniono w rozdziale 2, a mianowicie: Q0 = QL($1+\beta_1+\beta_2$), gdzie β_1 i β_2 są współczynnikami sprzęgającymi układu rezonatora mikrofalowego. Współczynniki sprzężenia, β_1 i β_2, są określone przez upływ energii przez porty wejściowe i wyjściowe odpowiednio: β=Pext/P0=Q0/Qext, gdzie Pext jest zewnętrzną mocą rozproszoną, a Qext jest współczynnikiem Q obwodu rezonatora.

W celu identyfikacji sprzężenia rezonatorów mikrofalowych w symulacjach programowych CAD należy uzupełnić identyfikację matrycy sprzężenia [32]. W tym celu należy przeprowadzić pełną optymalizację falową całej mikrofalowej struktury rezonansowej. Optymalizacja może obejmować różne etapy funkcjonalne, na przykład: obliczanie parametrów rozpraszania w wielu [33] lub kilku [34] punktach częstotliwości, ekstrakcję matrycy sprzęgającej [35, 36], a także ekstrakcję biegunów i zer z modeli racjonalnych parametrów rozpraszania S11 i S21 [37].

Być może najbardziej obiecującą techniką jest identyfikacja macierzy sprzężenia po każdej analizie pełnych fal, a następnie minimalizacja rozbieżności, występującej pomiędzy wartościami sprzężenia a wcześniej zsyntetyzowanym prototypem [32]. Istnieją jednak pewne ograniczenia w stosowaniu tego podejścia [32], przy czym omówiono tam również rozwiązania alternatywne. Należy wspomnieć, że szczegółowe rozważania na temat rozwiązań w zakresie połączeń z oprogramowaniem CAD nie są objęte zakresem niniejszej książki.

W odniesieniu do praktycznych (nie CAD) technik uzyskiwania nieobciążonych czynników jakości, Q0, rezonatorów mikrofalowych, które zostały opracowane w przeszłości; nie zawsze były one odpowiednie dla rezonatorów mikrofalowych w środowisku próżniowym/kriogenicznym. Przyczyną tego były praktyczne ograniczenia układów kriogenicznych, uniemożliwiające pomiary w punktach, właściwe dla technik Q0-facror, a także właściwa kalibracja składników wewnątrz kriokomory, przy użyciu wektorowego analizatora sieci (VNA). Jak stwierdzono w rozdziale 3, najprostszym sposobem uzyskania obciążonego współczynnika jakości, QL, z pomiarów parametrów S, jest zastosowanie metody 3dB, która jest również realizowana w VNA. Jednak w praktycznych pomiarach parametrów S, obecność szumu i skończona rozdzielczość VNA prowadzą do uzyskania głośnego śladu S21. Prowadzi to do niedokładnych wyników, jeśli błędy nie są brane pod uwagę. Należy również wspomnieć, że większość technik pomiaru parametrów S jest opracowana dla przypadków sprzężenia bezstratnego, co prowadzi do nieścisłości w praktycznych przypadkach - sprzężenie zawsze ma straty. Istnieją również inne rzeczywiste efekty, które należy uwzględnić, w tym: efekt przesłuchu i efekt niedopasowania impedancji [38]. Aby wyeliminować te niepewności przy wyznaczaniu współczynnika jakości obciążenia, QL, należy stosować pomiary wieloczęstotliwościowe.

Najdokładniejsze wieloczęstotliwościowe techniki pomiaru współczynnika jakości pod obciążeniem, QL, i/lub współczynników sprzężenia, β_1 i β_2, rezonatora mikrofalowego opierają się na dopasowaniu krzywej do mierzonych krzywych Q-kręgów [38]. Dotychczas opracowano szereg technik: technikę fazową S21 dla rezonatorów trybu transmisyjnego [39], technikę S11 dla rezonatorów trybu odbicia [38] oraz technikę Transmission Mode Q-Factor (TMQF) [40].

W metodzie fazowej, opracowanej przez Hewlett Packard i Uniwersytet Stanforda [39], współczynnik jakości obciążenia, QL, wyznaczany jest na podstawie fazy współczynnika odbicia S21 w rezonansie i opiera się na szeregowym modelu układów scalonych elementów RLC rezonatora trybu transmisyjnego, jak pokazano na rysunku 41.

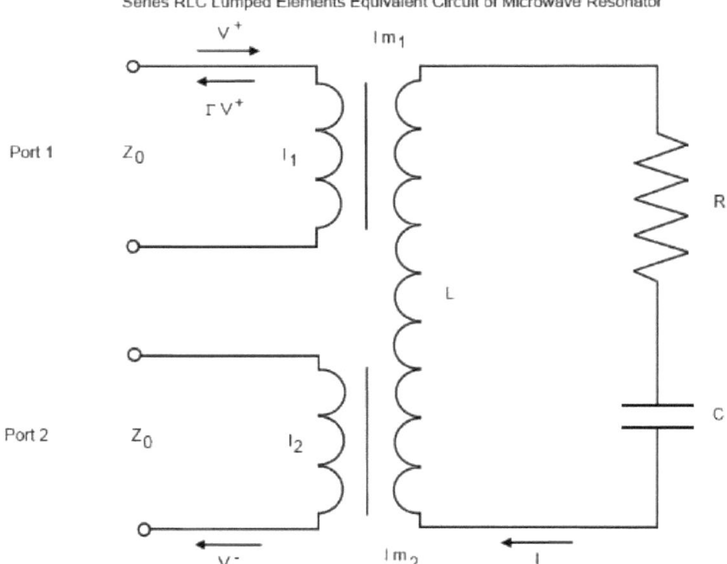

Rys. 41. Seria RLC w postaci elementów grudkowych obwodu równoważnego rezonatora mikrofalowego (po [39]).

Metoda fazowa ma duże ograniczenie, ponieważ nadaje się do pomiarów współczynnika odciążenia, Q0, tylko w przypadku bardzo słabego sprzęgła, ze względu na fakt, że została opracowana do wykonywania pomiarów S21.

Inna technika, technika Kajfeza [38], opiera się na pomiarach parametru S11 i ma zastosowanie do rezonatorów trybu odbicia. Ta technika Kajfeza pozwala na określenie współczynnika Qo-wyładowanego rezonatora mikrofalowego z dokładnością lepszą niż 1% (jeden procent). Niestety został on opracowany dla rezonatorów trybu odbicia i nie ma zastosowania do pomiarów parametrów S11 (lub S22) rezonatorów trybu transmisji.

Bardziej precyzyjna metoda, zwana techniką TMQF [40], opiera się na podobnej teorii obwodów i procedurze dopasowania okręgu, stosowanej w technice Kajfeza. Technika TMQF umożliwia identyfikację obciążonego współczynnika QL oraz współczynników sprzężenia dla rezonatorów trybu transmisyjnego ze sprzężeniem stratnym. Technika TMQF została zaimplementowana w tej książce w celu dokładnego uzyskania nieobciążonego współczynnika Q0-factor podczas eksperymentalnych badań właściwości mikrofalowych cienkich warstw nadprzewodnika YBCO i NBCO w mikrofalach (patrz rozdział 7).

W odniesieniu do układów równoważników elementów grudkowych RLC obciążonych rezonatorów mikrofalowych, poniżej przedstawiono kilka przykładów różnych kombinacji modeli. Następnie dokonano przeglądu mikrofalowych jam rezonansowych w celu zbadania właściwości mikrofalowych HTS [41], a następnie przeprowadzono analogiczną analizę układów scalonych sprzężenia linii przesyłowych i rezonatorów [41]. Obwód ekwiwalentny elementów bryłowych dwuportowego rezonatora, sprzężony z wejściowymi i wyjściowymi liniami przesyłowymi przedstawiony jest na Rys. 42.

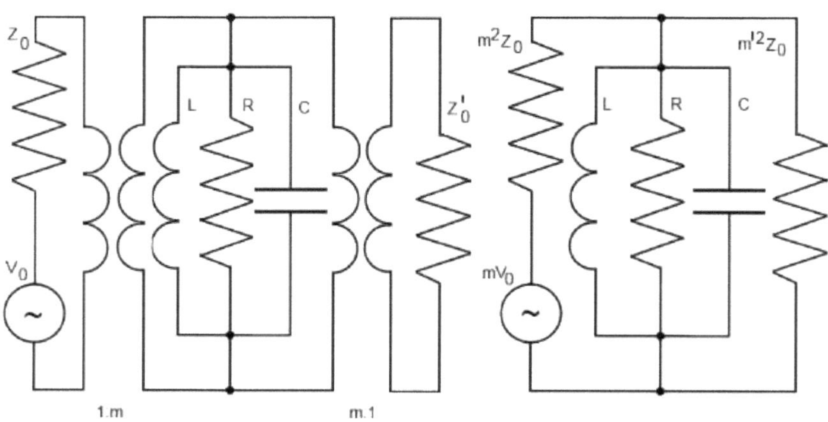

Rys. 42. a) Układ równoważnych elementów grudkowych dwuportowego rezonatora mikrofalowego, sprzężony z wejściowymi i wyjściowymi liniami przesyłowymi. b) Transformacja napięcia napędowego i obciążeń na bocznik z rezonatorem (po [41]).

Oporność, R, opisuje rozpraszanie energii elektromagnetycznej, indukcyjność, L, jest związana z energią magnetyczną, a kondensator C jest związany z energią elektryczną rezonatora mikrofalowego. Rezonator mikrofalowy jest napędzany z linii wejściowej o impedancji, Z0, przez idealny transformator obrotów, 1:m, i ładowany przez linię wyjściową o impedancji, Z'_0, przez idealny transformator obrotów, m':1. Źródło sygnału mikrofalowego jest dopasowane do linii wejściowej i reprezentowane przez generator napięcia, V0. Czujka jest dopasowana do linii wyjściowej. Równolegle do nośności R, są to nośności obciążenia, ^{m2Z0} i, $m^{'2Z'}{}_0$.

W [42], jak pokazano na rys. 43, przedstawiono następujący model obwodu zastępczego dla układu rezonatora dielektrycznego. Ten układ równoważnych elementów w bryłach jest oparty na technice TMQF wprowadzonej wcześniej w niniejszym rozdziale 4.

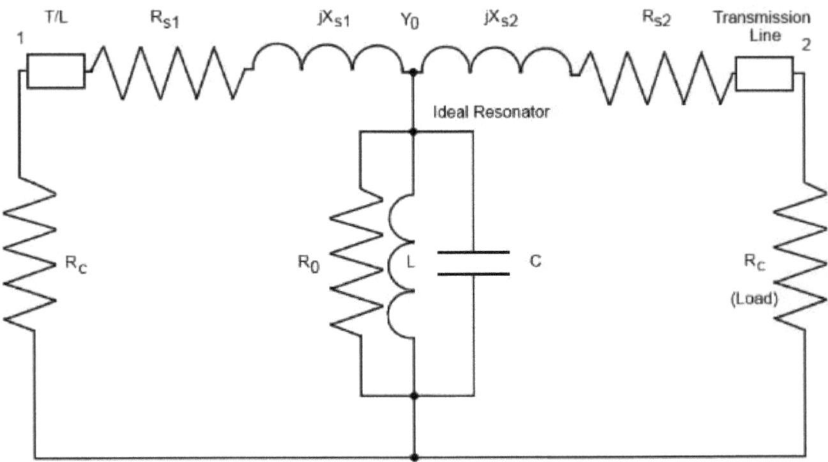

Rys. 43. Obwód ekwiwalentny układu rezonatora dielektrycznego z elementami grudkowymi (po [42]).

Rezonator mikrofalowy jest prezentowany przez równoległą sieć RLC. Ubytki w sprzęganiu każdego z portów są oznaczane przez rezystancje, RS1 i RS2, a reaktancje sprzęgania są modelowane jako XS1 i XS2. Linie transmisyjne każdego portu mają impedancje charakterystyczne, Z, równe obciążeniu RC.

Obliczenia dotyczące sieci ekwiwalentnej elementów seryjnych dla rezonatora mikrofalowego, wykorzystywanej w badaniach efektu elektronowego rezonansu spinowego, przedstawiono w [43]. Dwie odmiany układu rezonansowego równoważnych elementów bryłowych zilustrowano na Rys. 44 i Rys. 45. Pierwszy przypadek dotyczy seryjnego układu rezonansowego równoważnego szeregowi elementów grudkowych, podłączonego do wejściowej i wyjściowej sieci sprzęgającej za pomocą transformatorów na Rys. 44, natomiast w drugim przypadku elementy sprzęgające są włączone do seryjnego układu rezonansowego równoważnego szeregowi elementów grudkowych, jak pokazano na Rys. 45.

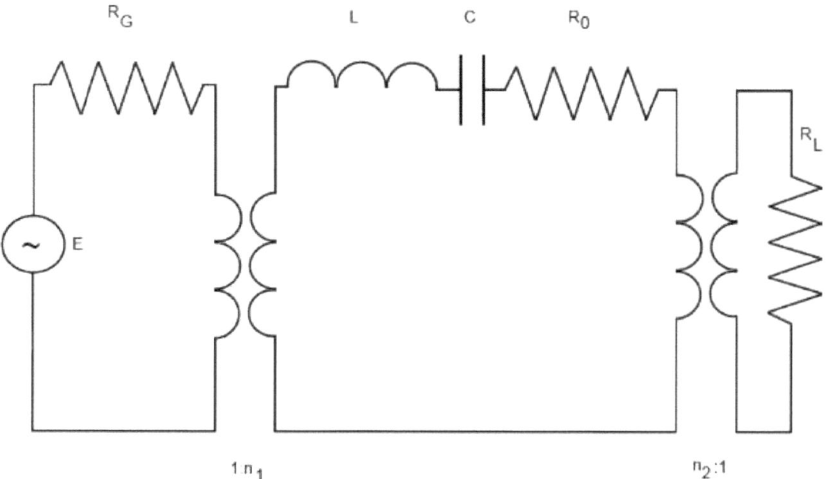

Rys. 44. Szeregowy układ elementów grudkowych równoważnych rezonatora mikrofalowego z połączeniami do wejściowych i wyjściowych sieci sprzęgających (po [43]).

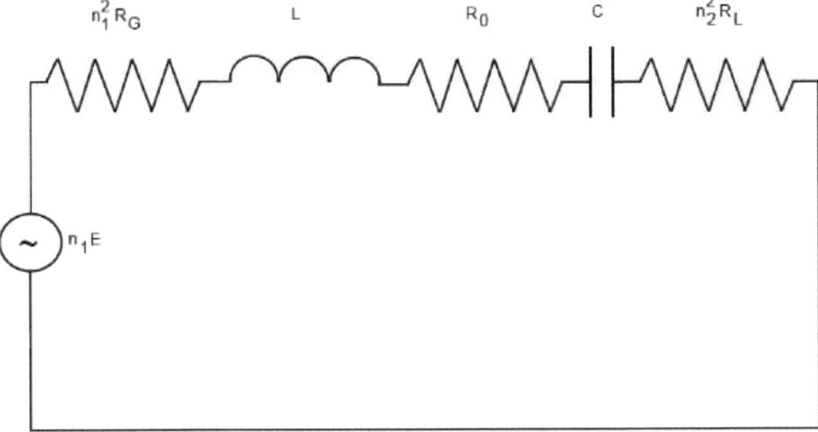

Rys. 45. Szeregowe elementy grudkowe równoważny obwód rezonatora mikrofalowego z wbudowanymi elementami sprzęgającymi (po [43]).

Na rysunkach 46 i 47 szczegółowo omówiono nieliniowości występujące w rezonatorze półfalowym, takim jak rezonator mikropaskowy linii nadprzewodnikowej [44]. W badaniach tych w [44] opracowano uproszczony szeregowy układ równoważników elementów grudkowych do analizy nadprzewodnikowych rezonatorów mikropaskowych linii przesyłowej.

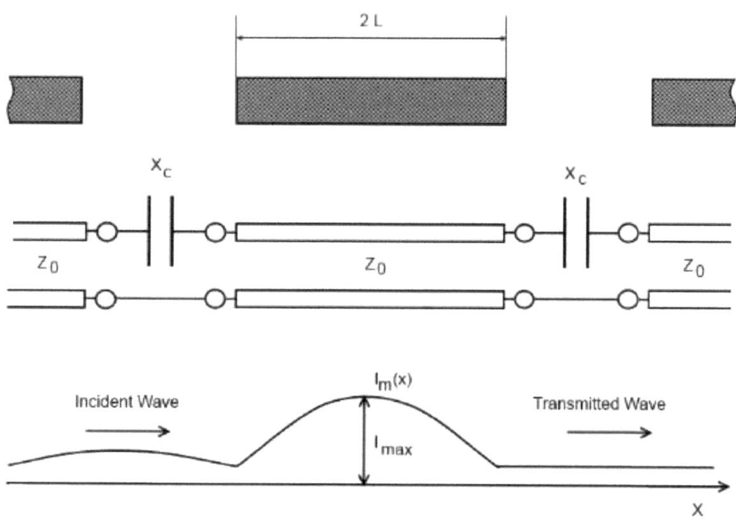

Rys. 46. Linia przesyłowa z rozdziałem prądu (po [44]).

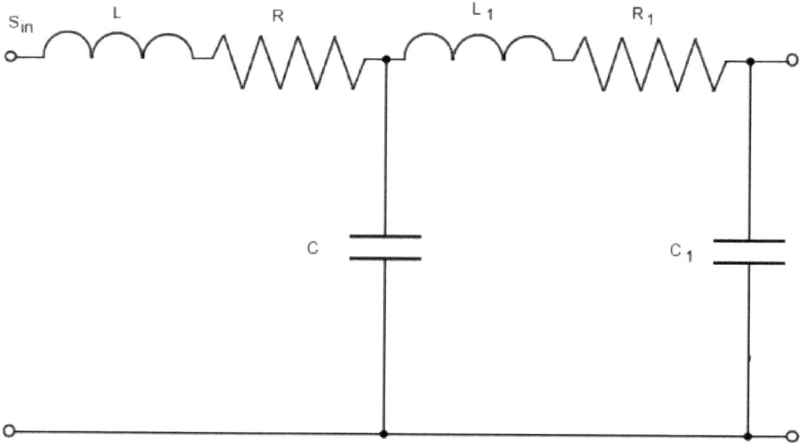

Rys. 47. Obwód ekwiwalentny linii przesyłowej z elementami grudkowymi (po [44]).

Na rys. 48 pokazano seryjnie zrytmizowany układ elementów równoważnych odcinka linii przesyłowej z włączonymi elementami nieliniowymi, które odpowiadają za nieliniowość materiału HTS w mikrofalach [45]. W badaniach tych, do symulacji nieliniowych urządzeń HTS zastosowano szeregowy układ równoważników elementów grudkowych oraz algorytmy równowagi harmonicznej [45].

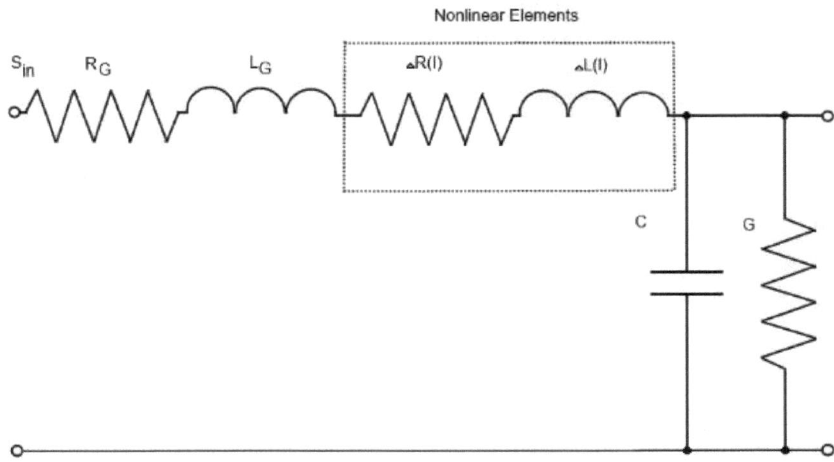

Rys. 48. Obwód ekwiwalentny elementów grudkowych odcinka linii przesyłowej (po [45]).

Na Rys. 49 pokazano kompletną sieć ekwiwalentną elementów bryłowych [45] do analizy reakcji sygnału elektromagnetycznego nieliniowej linii przesyłowej HTS w przypadku silnego źródła sygnału elektromagnetycznego na mikrofalach.

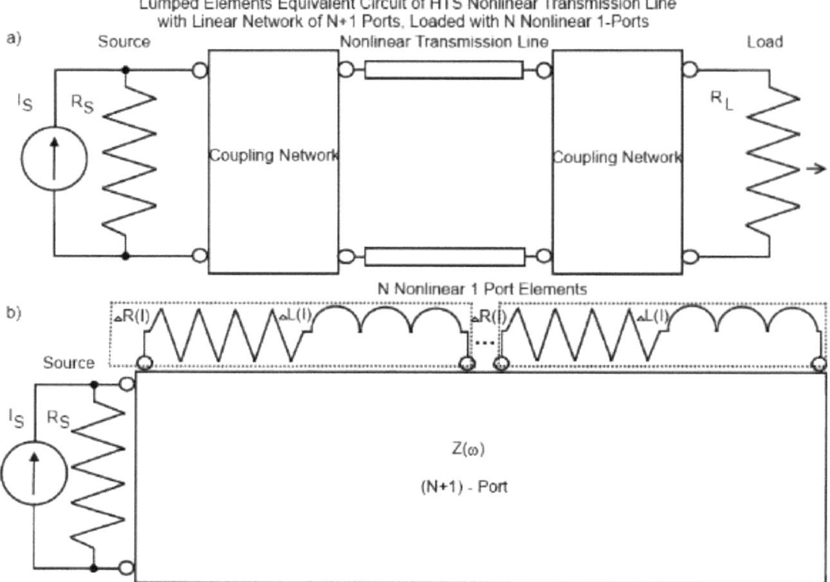

Rys. 49. Obwód ekwiwalentny elementów bryłowych linii przesyłowej HTS (nieliniowy) z siecią liniową portów N+1, obciążony N elementami nieliniowymi 1-portowymi (po [45]).

Na rycinie 50 analizowano efekty nieliniowe w HTS, stosując układ równoważników elementów grudkowych rezonatorów liniowych HTS w [46]. Symulowano sieć ekwiwalentną elementów grudkowych w celu zbadania efektów zniekształcenia intermodulacyjnego (IMD) w rezonatorach [46].*Δ R(**i**)* i *ΔL(**i**)* są nieliniowymi funkcjami prądu, ***i***, [46].

Jak widać w przeglądzie w tym rozdziale, wszystkie elementy rezonatorów mikrofalowych i próbek nadprzewodnikowych objętych badaniem mogą być reprezentowane za pomocą układów równoważnych rezonansowym elementom grudkowym.

Najprostsze modele układów równoważnych z elementami grudkowymi w układach rezonansowych i nadprzewodnikach, jak często przedstawiane w podstawowych książkach o inżynierii mikrofalowej, są zwykle niewystarczające do opracowania dokładnego modelu układu równoważnego z elementami grudkowymi RLC, aby reprezentować nieliniowości w HTS w mikrofalach. Wynika to z faktu, że nie opisują one w wystarczającym stopniu fizycznego zachowania się nadprzewodników przy wysokich nadprzewodnikowych prądach RF, IS, lub wysokich polach magnetycznych, HRF, przy mikrofalach.

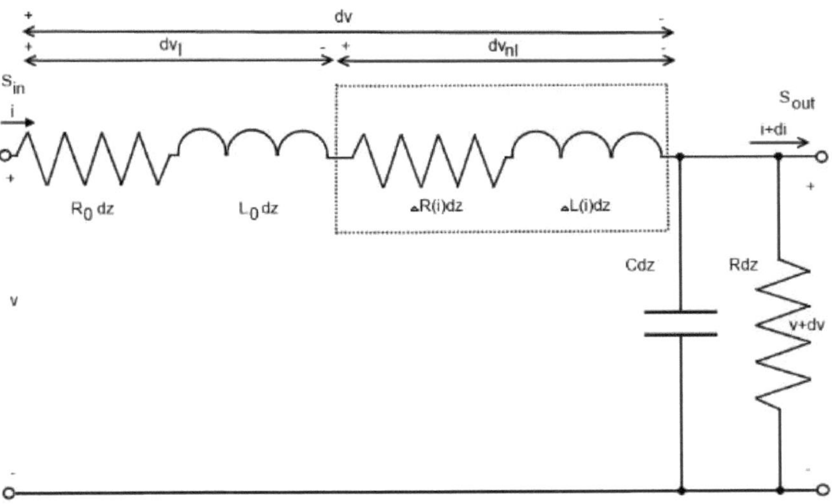

Rys. 50. Obwód ekwiwalentny elementów grudkowych do badań Inter Modulation Distortion (IMD) w rezonatorach liniowych HTS w mikrofalach (po [46]).

Dokładne modelowanie nieliniowych właściwości rezonatorów mikrofalowych i badanych próbek nadprzewodzących może być wykonane prawidłowo, gdy parametry obwodu zastępczego, R, L i C, są przedstawione jako nieliniowo zależne od prądu nadprzewodzącego, IS, lub pola magnetycznego, HRF.

Jak omówiono w niniejszym rozdziale 4, wzrost strat energii RF w foliach HTS można przypisać do kilku mechanizmów fizycznych, które mogą wystąpić pod wysokim nadprzewodnikowym prądem RF, $_{IS}$, lub wysokiego pola magnetycznego, $_{HRF}$, na przykład: straty w ogniwie słabym, ogrzewanie mikrofalowe, Josephson wiry magnetyczne w ogniwie słabym i Abricosov przenikanie wirów magnetycznych masowych do nadprzewodnika.
Opinie społeczności badawczej, a mianowicie: "Które zjawisko fizyczne można uznać za główny czynnik odpowiedzialny za nieliniowość nadprzewodnika w mikrofalach?", jest podzielone. W związku z tym istnieje niewielka różnica w prezentacji nieliniowych zależności oporności i indukcyjności od częstotliwości w proponowanych przez różne grupy naukowe układach równoważnych elementów grudkowych rezonatorów mikrofalowych i nadprzewodników będących przedmiotem badań. Wykazano, że zależności liniowe, kwadratowe i wykładnicze mogą być wykorzystane do modelowania nieliniowości. Zależności te zostały zbadane oddzielnie i w przeszłości nie zaproponowano jednolitej, porównywalnej analizy. Ponadto brak jest odpowiedniego modelu RLC do dokładnej symulacji nieliniowych reakcji sygnału mikrofalowego przy podwyższonych poziomach mocy sygnału mikrofalowego. Dlatego należy opracować dokładny równoważny model obwodu RLC, który będzie reprezentował nieliniowości w HTS w mikrofalach.

Ponadto, należy wspomnieć, że istnieje również podejście oparte na modelu elementów rozproszonych, które zakłada, że elementy obwodu są rozmieszczone w sposób ciągły w całym materiale obwodu. Podejście to jest najczęściej stosowane w obwodach, gdzie długości fal sygnałów są porównywalne z wymiarami komponentów. Modele rozproszone nie są jednak w pełni przystosowane do mikrofalowej charakterystyki materiałów, zwłaszcza nadprzewodników, wbudowanych w strukturę rezonatora, ponieważ straty promieniowania są wysokie, a współczynnik jakości jest niewielki w podejściu modelu rozproszonego.

W następnym rozdziale 5 zaproponowane zostaną nowe zaawansowane modele obwodów równoważnych z elementami grudkowymi rezonatorów/materiałów HTS w mikrofalach Ledenyowa. Poszerzona baza wiedzy z dziedziny fizyki materii skondensowanej, elektronicznych obwodów mikrofalowych, równań różniczkowych z matematyki, informatyki, zostanie wykorzystana do ukończenia pracy.

Referencje

[1] K. Gaj i inni, "Narzędzia do komputerowego wspomagania projektowania wielogigłowych nadprzewodnikowych układów cyfrowych", *IEEE Trans. Aplikacja Supercond.*, tom 9, nr 1, s. 18-38, 1999.

[2] C. Fourie i M. H. Volkmann, "Status of superconductor electronic circuit design software," *IEEE Trans. Przyłożenie. Supercond.*, tom 23, nie. 3, 2013.

[3] EMSS, 3 Meson Street, Technopark, Stellenbosch, 7600, RSA.

[4] A. D. Semenov i inni, "Rozpuszczający energię nadprzewodnikowy nanoprzewodzący licznik fotonów", *Supercond. Sci Technol.*, vol. 20, s. 919-924, 2007.

[5] ANSYS, Inc., 275 Technology Drive, Canonsburg, PA 15317, USA.

[6] N. Takeuchi et. al., "3D symulacja nadprzewodnikowych urządzeń mikrofalowych z symulatorem pola elektro-magnetycznego", *Physica C*, tom 469, s. 1662-1665, 2009.

[7] V. Belitsky, et. al., "Superconducting microstrip line model study at milimetre and sub-milimetre waves," *Int. J. Infrared Milli.*, tom 27, str. 809-834, 2006.

[8] M. Rafique et. al., "Optymalizacja nadprzewodnikowych połączeń międzysystemowych dla szybkich obwodów jednokanałowych," *Supercond. Sci. Technol.*, tom 18, s. 1065-1072, 2005.

[9] D. Rauly et. al., "Design of two-band 150-220 GHz superconducting bolometric detection structure," *PIERS Online*, vol. 4, str. 671-675, 2008.

[10] Sonnet Software, 100 Elwood Davis Rd., N.Syracuse, NY 13212, USA.

[11] CST, 492 Old Connecticut Path, Framingham, MA 01701, USA.

[12] C. Gorter i H. Casimir, "O nadprzewodnictwie I", *Physica 1*, nie. 4, str. 306-320, 1934.

[13] L. N. Cooper, Phys. Rev., tom 104, s. 1189, 1956.

[14] M. Lancaster, "Fundamental Consideration of Superconductors at Microwave Frequencies", Microwave Superconductivity edited by H. Weinstock and M. Nisenoff, *NATO Science Series E: Applied Science, Kluwer Academic Press,* v. 375, s. 1-20, 2001.

[15] M. Trunin, "Microwave Frequency Surface Impedance of High-TC Single Crystals", *Uspekhi Fiz Nauk,* v. 168, no. 9, pp. 931-952, 1998.

[16] D. Oates, "Microwave measurements of fundamental properties of superconductors", *Chapter 8 in "100 Yeas of superconductivity", redagowane przez H. Rogalla i P. Kes*, 2011.

[17] P. Chaudari et. al., *Phys. Rev. Lett.*, vol. 60, s. 1653, 1988.

[18] A. Barone i G. Paterno, "Physics and Applications of the Josephson Effect", *Wiley, Nowy Jork*, 1982.

[19] T. Hylton et. al., "Weakly Coupled Grain Model of High-Frequency Losses in High $_{TC}$ Superconducting Thin Films", *Appl Phys Lett,* v. 53, no. 14, pp. 1343-1345, 1988.

[20] P. Nguyen i inni, "Nieliniowa impedancja powierzchniowa dla cienkich filmów YBa2Cu3O7-x: Measurements and Coupled-Grain Model", *Phys. Re. B.,* v. 48, s. 6400, 1993.

[21] D. Oates et al., "Nonlinear surface imperdance of YBCO thin films: Measurements, Modeling, and Effects in devices", *J of Supercond.*, v. 8., no. 6, p. 725, 1995.

[22] S. Sridhar, *Appl. Phys. Lett.*, v. 65, s. 1054, 1994.

[23] W. Norris, *J. Phys D*, v. 3, s. 489, 1967.

[24] C. Bean, *Phys. Rev. Lett*, v. 8, s. 250, 1962.

[25] P. Nguyen et. al., "Microwave hysteretic losses in YBCO and NbN thin films", *Phys. Rev. B,* v. 50, s. 6686, 1995.

[26] J. Halbritter, *Appl. Phys.* , v. 68, s. 6315, 1990.

[27] J. Halbritter, *Appl. Phys.*, v. 71, s. 339, 1992.

[28] J. Wosik i inni, *IEEE Trans. Appl. Supercond.*, v. 7, s. 1470, 1997.

[29] M. Hein et al., *J. Supercond.*, v. 10, s. 109, 1997.

[30] A. Portis i D. Cooke, "Superconducting stripline model penetracji strumienia integranularnego", *Supercond. Sci. Technol.*, v. 5, s. 395, 1995.

[31] J. Altman, "Microwave Circuits", *Van Nostrand Princeton*, 1964.

[32] P. Kozakowski, "Quadratic programming approach to coupled resonator filter CAD", *IEEE Trans. Na mikrofalówce. Theory and Tech.*, v. 54, no.11, p. 3906, 2006.

[33] F. Arndt i in., "Automated design of waveguide components using hybrid mode-matching/numerical EM building-blocks in optimization-oriented CAD frameworks-state of the art and recent advances", IEEE Trans. Microw. Theory Tech., tom 45, nie. 5, s. 747-760, 1997.

[34] S. Tao et al., "Full-wave design of canonical waveguide filters by optimization", IEEE Trans. Microw. Theory Tech., t. 51, nr 2, s. 504-511, 2003.

[35] S. Bila i in., "Bezpośrednia elektromagnetyczna optymalizacja filtrów mikrofalowych", IEEE Micro, tom 2, str. 46 - 51, 2001.

[36] M. Ismail et al., "EM-based design of large-scale dielectric-resonator filters and multiplexers by space mapping", IEEE Trans. Microw. Theory Tech., t. 52, nr 1, s. 386 - 392, 2004.

[37] A. Lamperez et al., "Efficient electromagnetic optimization of microwave filters and multiplexers using rational models", IEEE Trans. Microw. Theory Tech., t. 52, nr 2, s. 508 - 521, 2004.

[38] D. Kajfez, "Q Factor", Vector Fields, 1994.

[39] Z. Ma, "RF properties of high temperature superconducting materials", PhDsis, G.L. Report No. 5298, Edward L. Ginzton Laboratory, Stanford University, May 1995.

[40] K. Leong. "Precyzyjne pomiary oporu powierzchniowego wysokotemperaturowych cienkich warstw nadprzewodnikowych przy użyciu nowej metody obliczeń współczynnika Q dla szafirowych rezonatorów dielektrycznych w trybie transmisji", praca doktorska, James Cook University, 2000.

[41] A. Portis et al., "RF Properties of High-Temperature Superconductors: Cavity Methods", *Journal of Superconductivit,* v. 3, no. 3, s. 297-304, 1990.

[42] K. Leong i J. Mazierska, "Accurate measurements of Surface Resistance of HTS Films Using a Novel Transmission Mode Q-Factor Technique", *Journal of Superconductivity,* v. 14, no. 1, pp. 93-103, 2001.

[43] C. Poole, "Electron spin resonance", *John Wiley & Sons NY,* 1967.

[44] O. Vendik i in., "Modelowanie, symulacja i pomiar nieliniowości w liniach nadprzewodzących i rezonatorach", *Journal of Superconductivity,* v. 10, no. 2, s. 63-71, 1997.

[45] C. Collado et al., "Harmonic Balance Algorithms for the Nonlinear Simulation of HTS Devices", *Journal of Superconductivity: Incorporating Novel Magnetism*, v. 14, nr 1, s. 57-64, 2001.

[46] J. Mateu et al., "Nonlinear performance characterization in a 8-pole quasi-elliptic bandpass filter HTS", *Proceedings of HTSHFF-2004 Spain*, 2004.

Rozdział 5

Zaawansowane modele układów scalonych o nieliniowych właściwościach YBa2Cu3O7-δ i NdBa2Cu3O7-δ Nadprzewodniki wysokotemperaturowe w rezonatorze dielektrycznym i rezonatorze mikropaskowym w mikrofalach do projektowania wspomaganego komputerowo (CAD)

5.1. Modele układów równoważnych elementów grudkowych nadprzewodników wysokotemperaturowych i wysokotemperaturowych rezonatorów nadprzewodnikowych w mikrofalach

Głównym tematem w rozdziale 5 jest opracowanie zaawansowanego modelu układu elementów grudkowych w celu dokładnego scharakteryzowania nieliniowych właściwości materiałów HTS w rezonatorach mikrofalowych w mikrofalach. Ten równorzędny z elementami bryłowymi model układu musi być stosunkowo prosty i jednocześnie dość dokładny do implementacji w programie CAD do projektowania nadprzewodnikowych pasywnych/aktywnych urządzeń mikrofalowych o zaawansowanych właściwościach technicznych w elektronice [1].

Istnieją dwa odrębne, skomplikowane problemy badawcze, które należy wziąć pod uwagę podczas tworzenia modeli układów równoważnych elementom bryłowym [2]:

1. Modelowanie wysokotemperaturowego nadprzewodnika o właściwościach nieliniowych, w zależności od zastosowanych poziomów mocy mikrofalowej w określonej temperaturze;
2. Modelowanie rezonatora mikrofalowego z/wytworzonym nadprzewodnikiem wysokotemperaturowym o właściwościach

nieliniowych, zmieniającym się wraz z przyłożoną mocą mikrofalową w wybranej temperaturze.

Podstawowym modelem HTS jest dwupłynowy model Gorter-Casimira [3] i jego odpowiednik w postaci elementów grudkowych [4]. Nieco ulepszony zmodyfikowany odpowiednik w postaci elementów grudkowych [5] nie opisuje dokładnie wszystkich nieliniowych właściwości HTS, ze względu na stałe wartości jego elementów. Zgodnie z klasyczną teorią elektrodynamiki, nieliniowe efekty mocy RF powodują pojawienie się nieliniowej impedancji powierzchniowej, generowanie harmonicznych i dwubarwnych zniekształceń intermodulacyjnych. W związku z tym zaproponowano różne modele układów równoważnych z elementami bryłowymi o trzech zależnościach mocy RF (liniowej, kwadratowej, wykładniczej) oporu powierzchniowego Rs od pola magnetycznego RF Rs(Hrf), w oparciu o obserwowane charakterystyki, w celu dokładnego scharakteryzowania nieliniowości nadprzewodników w mikrofalach [6-11]. W niniejszym rozdziale 5 wszystkie trzy zależności mocy w zakresie fal radiowych (liniowe, kwadratowe, wykładnicze) oporu powierzchniowego od pola magnetycznego RF Rs(Hrf) są modelowane za pomocą równoważnych modeli obwodów elementów bryłowych w celu przeprowadzenia pełniejszych badań. Przeprowadza się również analizę porównawczą wszystkich trzech zależności funkcjonalnych, takich jak liniowe, kwadratowe i wykładnicze zależności oporu powierzchniowego, RS i indukcyjności powierzchniowej, LSS i LSn, od zastosowanej mocy mikrofalowej, RS(P), i LSS (P), LSn(P), z późniejszym wyborem najbardziej optymalnej zależności. W rozdziale 5 opisano również jedno z możliwych podejść do rozszerzenia zaawansowanego modelu ekwiwalentnego elementu grudkowego rezonatora dielektrycznego nadprzewodzącego o efekty nieliniowe w szerokim zakresie poziomu mocy RF. Co najważniejsze, zaawansowany model układu elementów grudkowych Ledenyowa oraz zmodyfikowany przez Ledenyowa zaawansowany model układu elementów grudkowych proponuje się w celu dokładnego scharakteryzowania efektów nieliniowych w nadprzewodnikowym rezonatorze dielektrycznym przy wysokich poziomach mocy mikrofalowej, wraz z pełną identyfikacją wybranych parametrów równoważnych modeli układów grudkowych w ramach teorii układów elektronicznych [12, 13].

5.2. Podstawowe modele układów równoważnych elementów wielkotemperaturowych nadprzewodnika w rezonatorze dielektrycznym w mikrofalach

W teorii układów elektronicznych [12, 13] do modelowania odpowiedzi sygnału elektromagnetycznego rezonatora mikrofalowego można wykorzystać dwa podstawowe układy równoważne z elementami bryłowymi RLC. Rezonatory mikrofalowe, w tym dielektryczny rezonator Hakki-Coleman, mogą być reprezentowane jako: równoległa sieć RLC lub szeregowa sieć RLC, gdzie L jest indukcyjnością, a C pojemnością, a rezystancja, R, ma reprezentować straty energii, związane ze ścianami wnęki, dielektrykiem (jeśli istnieje), oraz górne/dolne płyty, przy tłumieniu sygnału mikrofalowego w rezonatorze.

Parallel and Series Lumped Elements Equivalent Circuits of Dielectric Resonator

a) Parallel Lumped Elements Equivalent Circuit of Dielectric Resonator

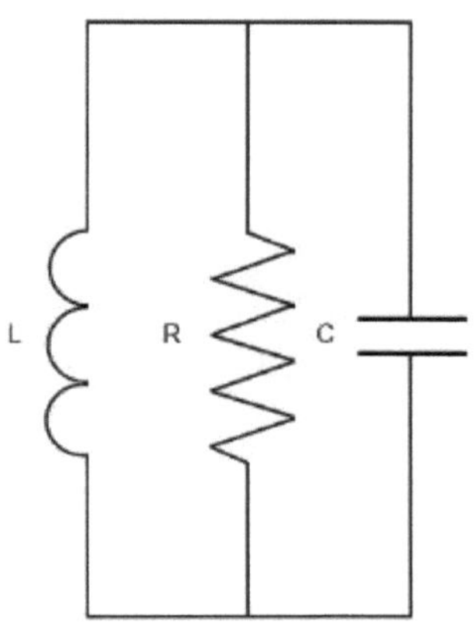

b) Series Lumped Elements Equivalent Circuit of Dielectric Resonator

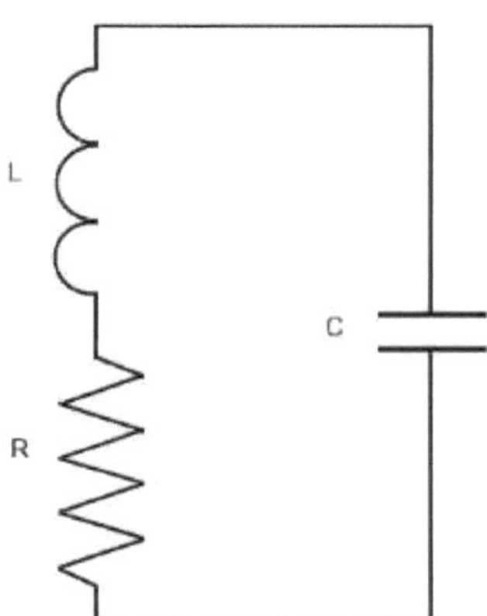

Rys. 51. Obwody równoległe (a) i szeregowe (b) elementów bryłowych równoważnych rezonatora dielektrycznego [4].

Obwód serii RLC został wybrany do badań w tej książce, więc spadek rezystancji, R, rezonatora mikrofalowego odpowiada wzrostowi współczynnika jakości, Q, dla trybu TE011 fali elektromagnetycznej w rezonatorze dielektrycznym w mikrofalach.

Równanie różniczkowe opisujące oscylacje ładunku elektrycznego w czasie ***q(t)*** w rezonatorze mikrofalowym, reprezentowanym przez układ równoważny szeregowi elementów grudkowych, znajduje się w (5.1)

$$L\frac{dq(t)}{dt}+R\frac{dq(t)}{d(t)}+\frac{q(t)}{C}=0, \tag{5.1}$$

wówczas w (5.2) można wpisać następujące formuły

$$Q_{0(ser)}=\frac{\omega_0 L}{R}=\frac{\omega_0}{2\beta},\ \omega_0=\frac{1}{\sqrt{LC}},\ \beta=\frac{R}{2L},$$

(5.2)

gdzie $Q0_{(ser)}$ jest współczynnikiem jakości układu równoważnego z szeregiem elementów grudkowych, ω_0 jest cykliczną częstotliwością rezonansową i jest βwspółczynnikiem tłumienia.

Współczynnik jakości, Q, rezonatora dielektrycznego Hakki-Coleman z płytami HTS, użytego w tych badaniach, jest określony przez opór powierzchniowy płyt nadprzewodzących, Rs, opór powierzchniowy ścianek metalowych, Rmet, oraz styczną stratną dielektryka, tanδ, jak w (5.3)

$$\frac{1}{Q_0} = \frac{R_S}{A_S} + \frac{1}{Q_{met}} + \frac{\tan\delta}{A_{diel}}$$

(5.3)

gdzie opaleniznaδ jest bardzo mała dla wysokiej jakości dielektryków, zwykle opaleniznaδ < 105 - 106 dla temperatury, T < 77K.

Jak omówiono w rozdziale 4, nadprzewodnik w mikrofalach może być dokładnie opisany przez teoretyczny model dwupłytkowy Gortera-Casimira [3], który może być reprezentowany przez podstawowy, równoległy obwód równoważny z równoległym połączeniem induktora i rezystora: 1) część indukcyjna ma modelować przepływ elektronów nadprzewodzących, oraz 2) część rezystancyjna ma modelować normalny przepływ elektronów w materiałach HTS w czasie, jak pokazano na rys. 52.

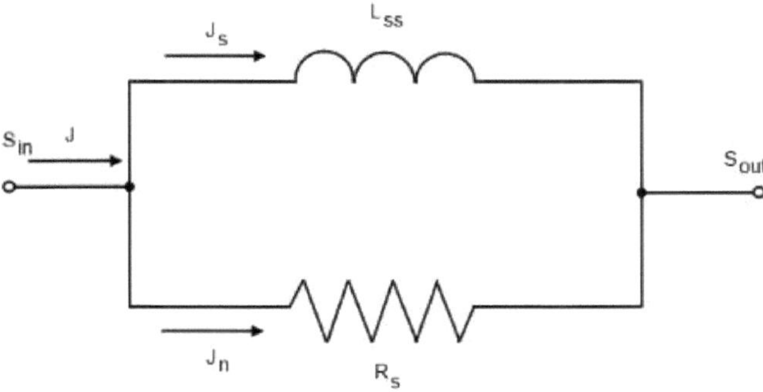

Rys. 52. Typowy model układu równoważnego z elementami grudkowymi LR nadprzewodnika zgodny z teorią dwupłynności Gortera-Casimira.

Jednak ten zgrubny układ równoważników elementów (Rys. 52) ma szereg wad, np. przy temperaturach bliskich zeru absolutnego straty energii sygnału elektromagnetycznego w nadprzewodniku są bardzo małe, a rezystancja normalnych elektronów, RS, jest bliska zeru, stąd reaktancja,ω LSS, może być zwarta przez rezystancję powierzchniową, RS. Należy również wspomnieć, że układ ekwiwalentny elementów bryłowych na Rys. 52 modeluje normalną ścieżkę przepływu prądu jako nierozpraszającą (niezależną od częstotliwości).

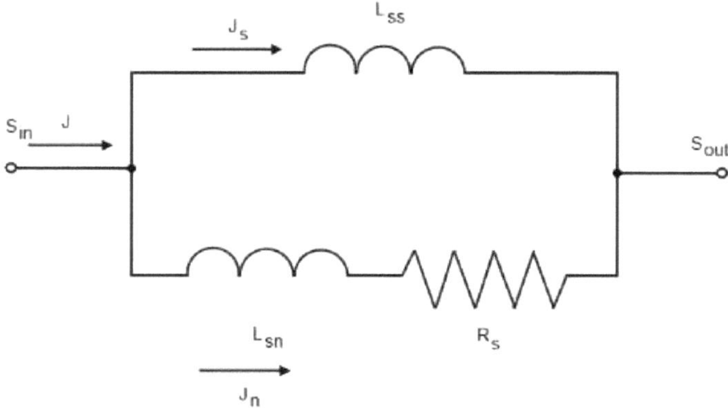

Rys. 53. Ledenyov zaawansowany lumped elements równoważny model obwodu nadprzewodnika: Seria L - L||R.

Aby rozwiązać te problemy, nadprzewodnik musi być modelowany za pomocą dodatkowej induktancji charakteryzującej strumień magnetyczny pochodzący od pola magnetycznego w nadprzewodniku (patrz podrozdział 4). Proponujemy dodanie w serii dodatkowego elementu $_{\text{LSn}}$ do kombinacji równoległej LSS i $_{\text{RS}}$, jak na Rys. 53, dodatkowy element indukcyjny Lsn może być wbudowany w kombinację równoległą Lss i Rs, jak na Rys. 34 (patrz Rozdz. 4) [5], a następnie przerysowany z niewielkimi modyfikacjami w indeksie, jak na Rys. 53.

Na Rys. 53 pokazano zaawansowany model Ledenyowa z elementami bryłowymi, ścieżkę prądu nadprzewodnikowego bez rezystancji modeluje induktancja, Lss, a normalną ścieżkę prądu modeluje impedancja z induktancją, Lsn, oraz rezystancja, Rs. Parametr, $_{\text{LSn}}$, jest induktancją, opisującą normalne elektrony w nadprzewodniku.

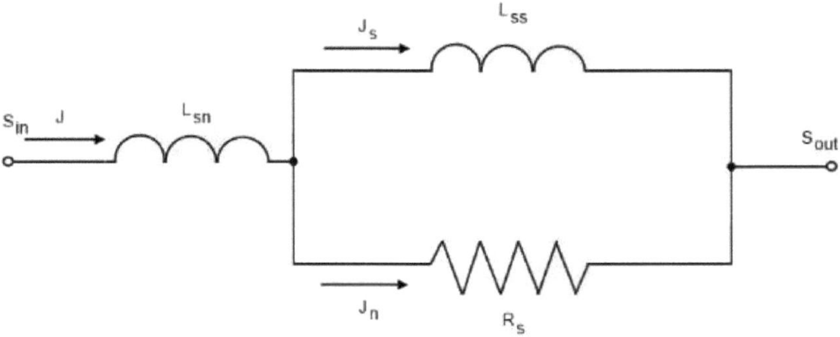

Rys. 54. Liedieniow zmodyfikował zaawansowany model obwodu złożonego z elementów grudkowych, będący odpowiednikiem układu nadprzewodnika: L równoległy - L-R.

Dodatkowo, z punktu widzenia możliwych koncepcyjnych wariantów obwodów, indukcyjność $_{LSn}$ może być umieszczona szeregowo w kombinacji równoległej LSS i $_{RS,}$ jak pokazano na Rys. 54. Jednakże to zryczałtowane odwzorowanie układu równoważnego z elementami musi być traktowane jako podejście do modelowania "czarnej skrzynki" ze względu na położenie obwodu elementu, $_{LSn}$.

5.3. Ledenyov Advanced Lumped Elements Equivalent Circuit Equivalent Models of High Temperature Superconductor in Dielectric Resonator at Microwaves.

Trzy zaawansowane modele układów równoważnych elementów grudkowych dla układu rezonatora dielektrycznego z nadprzewodnikiem zostały opracowane poprzez połączenie trzech modeli elementów grudkowych z materiałów HTS: podstawowego modelu dwupłynowego i dwóch proponowanych modyfikacji (odpowiednio rys. 52, 53, 54) szeregowo z modelem RLC rezonatora mikrofalowego (rys. 51b). Wszystkie trzy innowacyjne konfiguracje zostały przedstawione poniżej.

Na Rys. 55 pokazano zaawansowany model obwodu Liedenyowa - odpowiednik elementu grudkowego rezonatora dielektrycznego z nadprzewodnikiem, (Model (A)). Jest to najprostszy, zaawansowany technologicznie model układu równoważnego z elementami bryłowymi. Jest on zazwyczaj stosowany w przypadku, gdy rezonator dielektryczny, sam w sobie, jest reprezentowany przez sieć RLC serii z równoległą kombinacją induktancji, LSS, i oporu powierzchniowego, RS, do modelowania nadprzewodnika, przy użyciu teorii dwupłynności Gorter-Casimir.

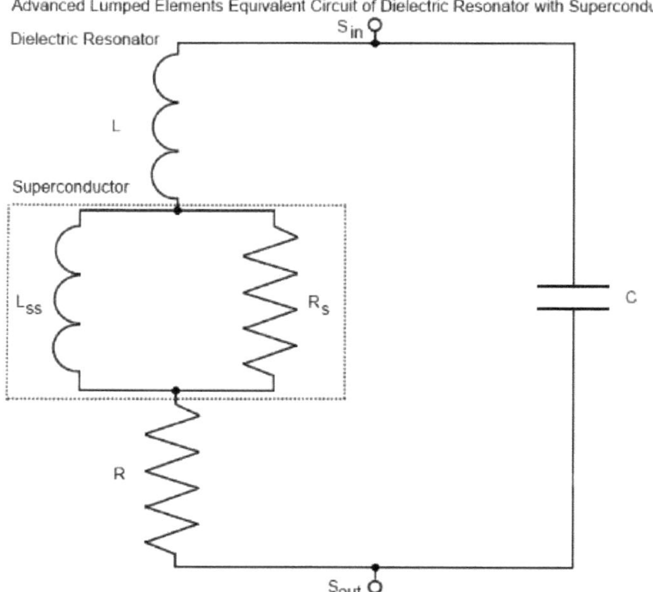

Rys. 55. Ledenyov zaawansowany układ równoważników elementów grudkowych rezonatora dielektrycznego z nadprzewodnikiem zgodnie z teorią dwupłynności Gortera-Casimira, (Model (A)).

Na rys. 56 przedstawiono zaawansowany model układu Ledenyova z elementami bryłowymi o indukcyjności, LSn, zintegrowany z siecią równoległą, LSS, oraz RS, elementów: L równoległy - model L-R, (Model (B)).

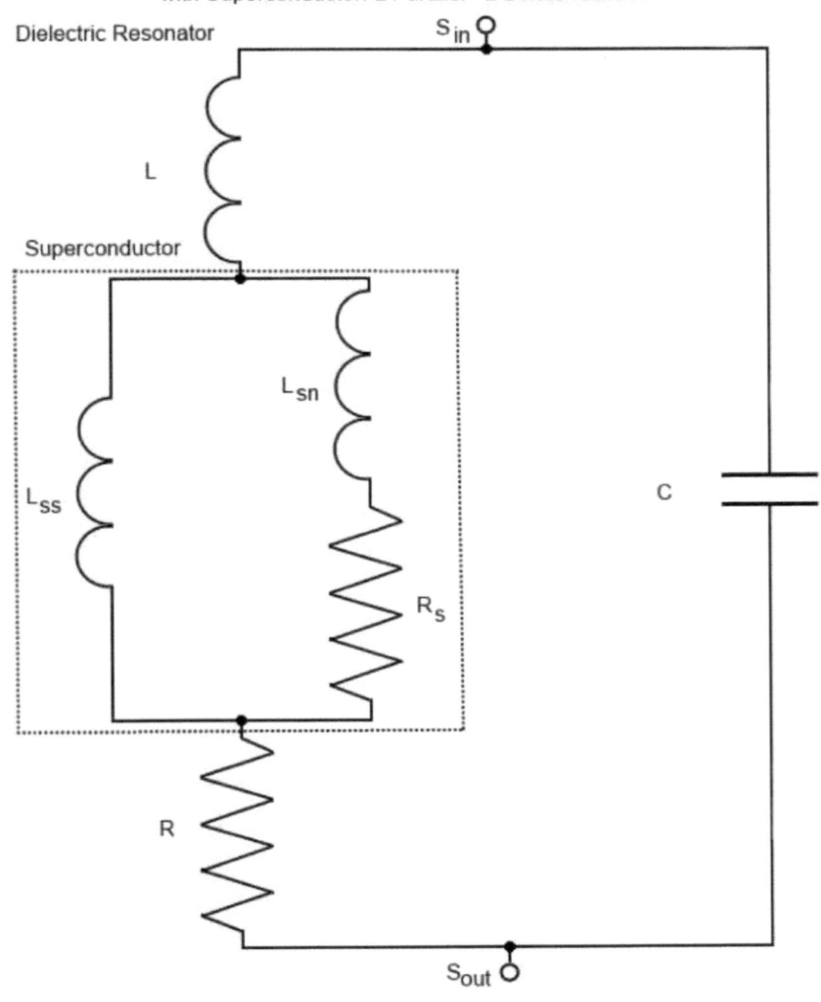

Rys. 56. Ledenyov zaawansowane elementy grudkowe równoważny obwód rezonatora dielektrycznego z nadprzewodnikiem: L równoległy - model L-R, (Model (B)).

Rys. 57 przedstawia zmodyfikowany przez Ledenyova zaawansowany model układu scalonego z induktancją, LSn, szeregowo do równoległej kombinacji induktancji, LSS, i oporu powierzchniowego, RS: seria L - model L||R, (Model(C)).

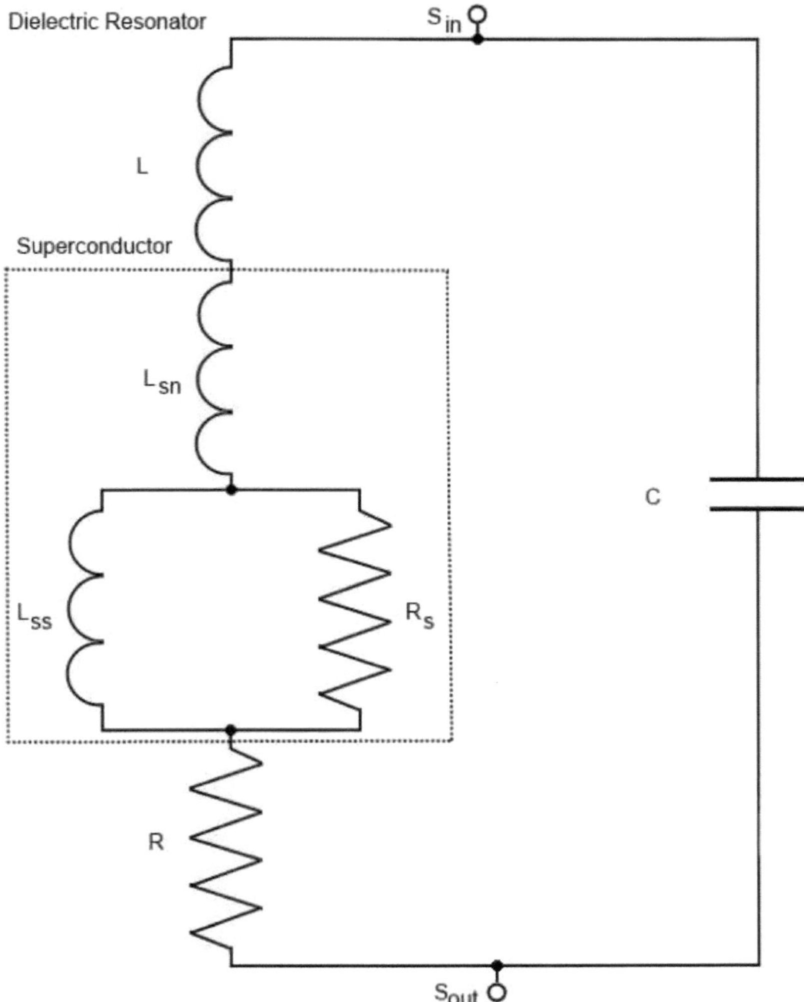

Rys. 57. Ledenyow zmodyfikował zaawansowany układ elementów grudkowych równoważnych obwodu rezonatora dielektrycznego z nadprzewodnikiem: Seria L - model L||R, (Model(C)).

Od tego momentu, dwa nadprzewodnikowe modele układów scalonych (B) i (C) są rozważane w tej książce tylko z powodu istniejących ograniczeń modelu (A).

Częstotliwość rezonansowa rezonatora dielektrycznego zależy głównie od indukcyjności, L, przy bardzo małym udziale induktancji, LSS i $_{LSn}$. Indukcyjność, $_{LSn}$ i LSS, mają stosunkowo małe rozmiary w porównaniu z indukcyjnością, L, rezonatora dielektrycznego, i modelują strumień magnetyczny, który przenika do nadprzewodnika przez elementy, LSS, i $_{LSn}$. Element ten, R, reprezentuje straty energii elektromagnetycznej (EM) w normalnych ściankach metalowych rezonatora dielektrycznego.

Wykorzystując teorię układów równoważnych pierwiastkom grudkowym [12, 13], wyprowadziliśmy wzory matematyczne na transmitowaną moc mikrofalową rezonatora dielektrycznego z nadprzewodnikiem w programie Maple [3].

Równanie matematyczne do wyrażenia transmitowanej mocy mikrofalowej dla zmodyfikowanego przez Ledenyowa zaawansowanego układu równoważników elementów grudkowych w modelu L równoległym - L-R (Model (B)) na Rys. 56 znajduje się w równaniu (5.4).

$$\begin{aligned}
\boldsymbol{P} = {} & \frac{1}{2}\omega^2 \boldsymbol{C}^2 \boldsymbol{V}^2 (\boldsymbol{L}_{SS}^2 \omega^2 \boldsymbol{R}_S + \boldsymbol{R}\boldsymbol{R}_S^2 + \boldsymbol{R}\omega^2 \boldsymbol{L}_{SS}^2 + 2\boldsymbol{R}\omega^2 \boldsymbol{L}_{SS}\boldsymbol{L}_{Sn} + \boldsymbol{R}\omega^2 \boldsymbol{L}_{Sn}^2) \\
& (2\omega^2 \boldsymbol{L}_{SS}\boldsymbol{L}_{Sn} + \boldsymbol{R}^2\omega^4\boldsymbol{C}^2\boldsymbol{L}_{SS}^2 + \boldsymbol{R}_S^2 + \omega^2\boldsymbol{L}_{SS} + \omega^2\boldsymbol{L}_{Sn} + 2\omega^6\boldsymbol{L}\boldsymbol{C}^2\boldsymbol{L}_{Sn}^2\boldsymbol{L}_{SS} \\
& +\omega^4\boldsymbol{L}_{SS}^2\boldsymbol{C}^2\boldsymbol{R}_S^2 + +2\omega^4\boldsymbol{L}\boldsymbol{C}^2\boldsymbol{R}_S^2\boldsymbol{L}_{SS} + 2\omega^6\boldsymbol{L}^2\boldsymbol{C}^2\boldsymbol{L}_{SS}\boldsymbol{L}_{Sn} + 2\omega^6\boldsymbol{L}\boldsymbol{C}^2\boldsymbol{L}_{SS}^2\boldsymbol{L}_{Sn} \\
& +2\boldsymbol{R}\omega^4\boldsymbol{C}^2\boldsymbol{L}_{SS}^2\boldsymbol{R}_S + \boldsymbol{R}^2\omega^4\boldsymbol{C}^2\boldsymbol{L}_{Sn}^2 + \omega^4\boldsymbol{L}^2\boldsymbol{C}^2\boldsymbol{R}_S^2 - 4\omega^4\boldsymbol{L}_{SS}\boldsymbol{L}_{Sn}\boldsymbol{C}\boldsymbol{L}_{Sn} \\
& +2\boldsymbol{R}^2\omega^4\boldsymbol{C}^2\boldsymbol{L}_{SS}\boldsymbol{L}_{Sn} - 2\omega^4\boldsymbol{L}_{SS}^2\boldsymbol{L}\boldsymbol{C} - 2\omega^4\boldsymbol{L}_{SS}^2\boldsymbol{C}\boldsymbol{L}_{Sn} - 2\omega^4\boldsymbol{L}_{Sn}^2\boldsymbol{L}\boldsymbol{C} \\
& +\omega^4\boldsymbol{L}^2\boldsymbol{C}^2\boldsymbol{R}_S^2 - 4\omega^4\boldsymbol{L}_{SS}\boldsymbol{L}_{Sn}\boldsymbol{C}\boldsymbol{L}_{Sn} + 2\boldsymbol{R}^2\omega^4\boldsymbol{C}^2\boldsymbol{L}_{SS}\boldsymbol{L}_{Sn} - 2\omega^4\boldsymbol{L}_{SS}^2\boldsymbol{L}\boldsymbol{C} \\
& -2\omega^4\boldsymbol{L}_{SS}^2\boldsymbol{C}\boldsymbol{L}_{Sn} - 2\omega^4\boldsymbol{L}_{Sn}^2\boldsymbol{L}\boldsymbol{C} - 2\omega^4\boldsymbol{L}_{Sn}^2\boldsymbol{L}_{SS}\boldsymbol{C} + \boldsymbol{R}^2\omega^2\boldsymbol{C}^2\boldsymbol{R}_S^2 \\
& +\omega^6\boldsymbol{L}^2\boldsymbol{C}^2\boldsymbol{L}_{SS}^2 + \omega^6\boldsymbol{L}^2\boldsymbol{C}^2\boldsymbol{L}_{Sn}^2 + \omega^6\boldsymbol{L}_{SS}^2\boldsymbol{C}^2\boldsymbol{L}_{Sn}^2 - 2\boldsymbol{R}_S^2\omega^2\boldsymbol{L}\boldsymbol{C} \\
& -2\boldsymbol{R}_S^2\omega^2\boldsymbol{L}_{SS}\boldsymbol{C})^{-1}
\end{aligned} \tag{5.4}$$

Wzór matematyczny na wyrażenie transmitowanej mocy mikrofalowej dla układu ekwiwalentnego zaawansowanych elementów grudkowych Ledenyowa w serii L - model L||R (Model (C)) na rys. 57 znajduje się w równaniu (5.5).

$$P = \frac{1}{2} V^2 \omega^2 C^2 (R\omega^2 L_{SS}^2 + RR_S^2 + L_{SS}^2 \omega^2 R_S)(R_S^2 - 2\omega^2 (L + L_{Sn}) CR_S^2$$
$$-2R_S^2 \omega^2 L_{SS} C + R^2 \omega^4 C^2 L_{SS}^2 + \omega^4 (L + L_{Sn})^2 C^2 R_S^2 + R_S^2 \omega^4 L_{SS}^2 C^2$$
$$-2\omega^4 L_{SS}^2 LC + \omega^2 L_{SS}^2 + 2R\omega^4 C^2 L_{SS}^2 R_S + R^2 \omega^2 C^2 R_S^2$$
$$+\omega^6 (L + L_{Sn})^2 C^2 L_{SS}^2 + 2\omega^4 (L + L_{Sn}) C^2 R_S^2 L_{SS})^{-1} ,$$

(5.5)

gdzie R, L, C są parametrami modelu rezonatora mikrofalowego; LSS, LSn, RS są parametrami modelu nadprzewodnikowego; ωjest częstotliwością kołową ($\omega=2\pi f=1/(LC)^{-1/2}$); a V jest napięciem w całym kondensatorze C, przyjmowanym w tym przypadku jako równe 1 (jeden), oraz innymi elementami opisanymi wcześniej.

W równaniach (5.4) i (5.5), opór powierzchniowy, R, jest niezależny od pola magnetycznego, Hrf, i jest stałą, nie mającą wpływu na nieliniowość. W rezonatorze dielektrycznym wartość oporu powierzchniowego, Rs, jest mała, odpowiadająca Rs metalowych ścianek bocznych.

Uzyskaliśmy rozwiązania np. (5.4) i (5.5), które są stabilne w szerokim zakresie granic odchylenia parametrów Rs, LSS i LSn. Eq. (5.5) ma bardziej precyzyjne rozwiązanie w porównaniu z rozwiązaniem np. (5.4).

5.4. Modelowanie zależności modeli obwodów zastępczych elementów grudkowych Parametry pola magnetycznego, Hrf i mocy sygnału, P, w mikrofalach

W celu zamodelowania nieliniowego zachowania się rezonatorów mikrofalowych HTS, elementy obwodu, RSS, LSS i LSn, z elementów grudkowych, należy przedstawić jako funkcję pola magnetycznego RF, Hrf, lub mocy RF, P, gdzie P Hrf2∝.

Różne zależności do opisania zależności od pola magnetycznego w kategoriach liniowych, kwadratowych i wykładniczych reprezentacji zaproponowanych w [7-10]. W badaniach tych wszystkie trzy rodzaje zależności RF pola magnetycznego $_{RS}$, LSS i $_{LSn}$ są badane w równaniach (5.6 - 5.8).

Liniowa zależność parametrów obwodu równoważnych elementów bryłowych od pola magnetycznego RF, Hrf, opisująca straty energii spowodowane przez pary elektronów Coopera rozbijające się o normalne elektrony, wynosi np. (5.6)

$$\begin{aligned} R_S &= R_{S0}(1 + \rho H(i-1)); \\ L_{SS} &= L_{SS0}(1 + lH(i-1)); \\ L_{Sn} &= L_{Sn0}(1 + lH(i-1)); \end{aligned} \tag{5.6}$$

Kwadratowa zależność parametrów obwodu ekwiwalentnego elementów bryłowych od pola magnetycznego RF, Hrf, opisująca straty energii ze względu na słabe ogniwa przy niskich poziomach mocy, znajduje się np. w (5.7).

$$\begin{aligned} R_S &= R_{S0}(1 + \rho_1 H(i-1) + \rho_2 H^2(i-1)); \\ L_{SS} &= L_{SS0}(1 + l_1 H(i-1) + l_2 H^2(i-1)); \\ L_{Sn} &= L_{Sn0}(1 + l_1 H(i-1) + l_2 H^2(i-1)); \end{aligned} \tag{5.7}$$

Wykładnicza zależność parametrów obwodu ekwiwalentnego elementów bryłowych od pola magnetycznego RF, Hrf, opisująca straty energii spowodowane penetracją wirów magnetycznych Abricosova do ziaren HTS i ruchem fluksoidów, znajduje się np. w (5.8).

$$\begin{aligned} R_S &= R_{S0}(1 + a\exp(bH(i-1))); \\ L_{SS} &= L_{SS0}(1 + c\exp(dH(i-1))); \\ L_{Sn} &= L_{Sn0}(1 + c\exp(dH(i-1))); \end{aligned}$$

(5.8)

gdzie ρ, ρ_1, ρ_2, l, $l1$, $l2$, a, b, c, d są stałymi montażowymi, $_{RS0}$ jest wielkością oporu powierzchniowego bez wpływu pola magnetycznego, LSS0 jest wartością nadprzewodnikowej indukcyjności powierzchniowej bez pola magnetycznego, a $_{LSn0}$ jest wartością normalnej indukcyjności powierzchniowej metalu, gdy H=0.

Wyrażenia (5.6 - 5.8) zostały włączone do transmitowanych równań mocy RF, a mianowicie do równania. (5.4) i (5.5) do wykonania symulacji.

5.5. Mikrofalowa moc sygnału na częstotliwości Zależności nieliniowe sprawiają, że modelowanie z Ledenyovem Zaawansowane Modele Obwodów Równoważnych z Elementami Bryłowymi o Wysokiej Temperaturze Nadprzewodnika w Rezonatorze Dielektrycznym

Symulacje zależności transmitowanych mocy mikrofalowych od częstotliwości, P(f), w rezonatorze dielektrycznym Hakki-Coleman z cienką warstwą HTS zostały przeprowadzone w Matlabie, przy użyciu zaawansowanych modeli układów równoważnych elementów grudkowych Ledenyowa (Model (B) i (Model (C)) na rysunkach 56 i 57, przy użyciu pochodnych i rozwiązanych równań mocy (5.4) i (5.5) w Maple. Do uzyskania zależności P(f) zastosowano iteracyjną metodę obliczeniową. W każdym punkcie częstotliwości,ω_i, obliczono wartości indukcyjności złożonej, L, oraz rezystancji, R, wykorzystując moc mikrofalową, P, przyjętą w poprzednim punkcie częstotliwości, $P(\omega_{i-1})$.

Aby opracować najlepszy model obliczeniowy do symulacji fizycznego zachowania się materiału/urządzenia/systemu elektronicznego, parametry modelu komputerowego muszą być precyzyjnie określone w celu dokładnej charakterystyki materiału elektronicznego w wybranych dziedzinach pomiarowych w czasie.

1. **Nadprzewodnik**: $YBa2Cu3O7_{-\delta}$ HTS z λ=*1,4×*$^{10-7m}$, ***Rso=5****×10-4Ω*. Stąd ***Lss0=Lsn0=1****,8×10-13H* (***Lss=Lsn0=*$\mu_0\lambda\mu$** $_{0=1}$*,8×10-13H/m)*. Wielkości współczynników dopasowania ***r, r1, r2, l, l1, l2, a, b, c*** i ***d zostały dobrane w taki*** sposób, aby pasowały do danych zmierzonych zależności P(f) cienkich warstw YBCO przy częstotliwości 10GHz, stosując metodę modelowania "czarnej skrzynki": ρ=*1.6 10-2*, ***l=1****,1×10-3*, $\rho_{1=4,}$*1×10-2*, ***l1=1****,8×10-3*, $\rho_{2=3,}$*2×10* $^{-7}$, ***l2=2****×*$^{10-8}$, ***a=9****,5×10-1*, ***b=2****×10-2*, ***c=3****,2×10-2*, ***d=2****,5×10-2*, ***f0=10GHz***.
2. **Rezonator**: Rezonator dielektryczny Hakki-Coleman sapphire o częstotliwości środkowej 10GHz, oporności powierzchniowej ścian rezonatora, ***R=3****×10-4Ω*, pojemności, ***C=10-12F***, i indukcyjności, ***L=2****.5×10-10H*.

Na rysunkach 58 i 59 przedstawiono wyniki symulacji dla "Modele B i C" dla wszystkich typów nieliniowych zależności P(f) z wybranymi parametrami dopasowania. Krzywa idealna odpowiada przypadkowi, gdy elementy Rs, Lss i Lsn nie zależą od mocy mikrofalowej, P.

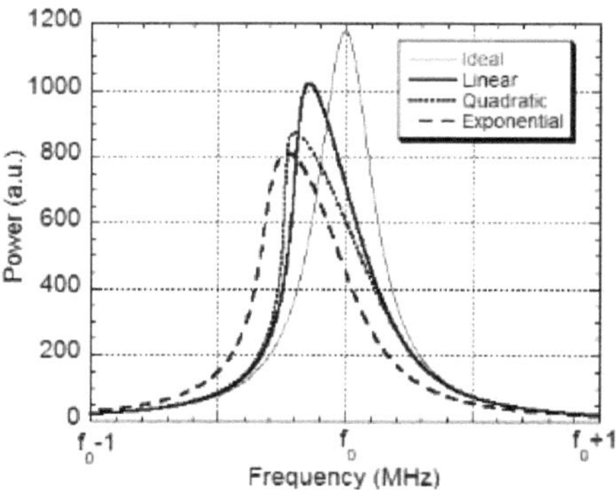

Rys. 58. Symulowana zależność mocy mikrofalowej od częstotliwości, P(f), dla różnych parametrów dopasowania, *ρ, l, a, b, c, d,* dla ***idealnej***, ***liniowej, kwadratowej, wykładniczej*** zależności oporu powierzchniowego nadprzewodnika, $_{RS}$ i indukcyjności, LSS i $_{LSn}$, od mocy mikrofalowej dla

układów równoważnych elementów w kształcie bryłek w modelu L równoległym - L-R, (Model(B)). (f0 = 10 GHz) na Rys. 56.

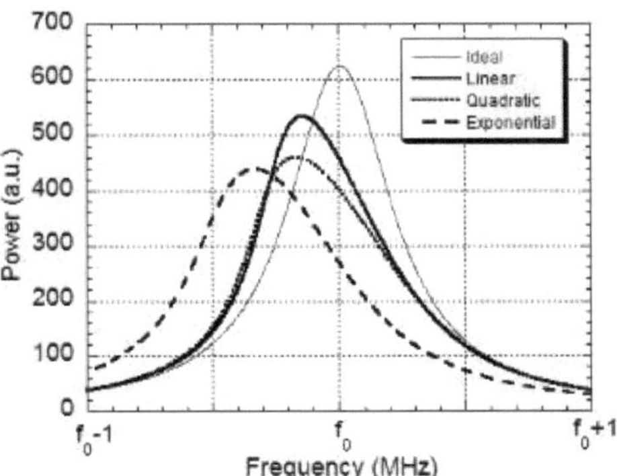

Rys. 59. Symulowana zależność mocy mikrofalowej od częstotliwości, P(f), dla różnych parametrów dopasowania ρ, *l, a, b, c, d,* dla ***idealnej***, ***liniowej***, ***kwadratowej***, ***wykładniczej*** zależności oporu powierzchniowego nadprzewodnika, RS i indukcyjności, LSS i LSn, od mocy mikrofalowej dla układów równoważnych elementów grudkowych serii L - model L||R, (Model(C)). (f0 = 10GHz) na Rys. 57.

Jak wynika z rys. 58 i 59, funkcja liniowa ma najmniejszy wpływ na właściwości nieliniowe w obu modelach, natomiast funkcja wykładnicza ma najsilniejsze efekty nieliniowe w obu modelach (Modele (B) i (C)).

Najwyższy współczynnik jakości, Q, uzyskuje się w modelu równoległym L - L-R, (Model (B)), na Rys. 56, ponieważ dodatkowa indukcyjność jest umieszczona w układzie równoległym i ma mniejszy wpływ na całkowitą indukcyjność, L, układu rezonansowego w mikrofalach. Idealny przypadek dla wszystkich przedstawionych wyników symulacji odzwierciedla niezakłóconą funkcję, gdy nie występują nieliniowe zależności.

W celu zweryfikowania parametrów dopasowaniaρ , ρ_1, ρ_2, *l*, *l1*, *l2*, *a*, *b*, *c*, *d*, modeli (Modele (B) i (C)) pod względem ich statystycznej korelacji z symulowanymi odpowiedziami oraz w celu zbadania ich wpływu na uzyskane wyniki przeprowadzono symulacje komputerowe o zmiennych wartościach parametrów dopasowania , $\rho \rho_1$, ρ_2, *l*, *l1*, *l2*, *a*, *b*, *c*, *d*, dla obu modeli (Modele (B) i (C)) na rysunkach 60-65. Należy pamiętać, że każdy parametr dopasowania,ρ , ρ_1, ρ_2, *l*, *l1*, *l2*, *a*, *b*, *c*, *d*, był zmieniany w czasie dla liniowych, kwadratowych i wykładniczych złożonych zależności P(f).

Wyniki symulacji komputerowej dla zależności mocy mikrofalowej od częstotliwości, P(f), dla zmiennych parametrów dopasowania dla ***liniowego*** (np. (4.5))**,** ***kwadratowego*** (np. (4.5)) i ***wykładniczego*** (np. (4.5) zależności oporu powierzchniowego nadprzewodnika, $_{RS}$, i indukcyjności, LSS i $_{LSn}$, dla układu równoważnego elementów bryłowych w modelu L równoległym - L-R, (Model(B), na rys. 56 przedstawiono na rys. 60-62.

Na rys. 60 pokazano symulowane zależności mocy mikrofalowej od częstotliwości, P(f), dla różnych parametrów dopasowania, (ρa) i (b), dla *liniowej* zależności powierzchniowej rezystancji nadprzewodnika, $_{RS}$, i indukcyjności, LSS i $_{LSn}$, od mocy mikrofalowej dla ekwiwalentnego obwodu elementów bryłowych w modelu L równoległym - L-R, (Model(B), na rys. 56).

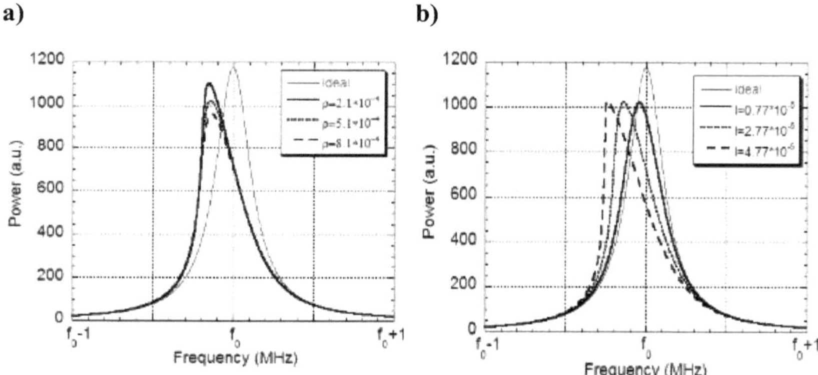

Rys. 60. Symulowana zależność mocy mikrofalowej od częstotliwości, P(f), dla różnych parametrów dopasowania, (ρa) i (b), dla ***liniowej*** zależności powierzchniowej rezystancji nadprzewodnika, $_{RS}$, i indukcyjności, LSS i $_{LSn}$,

od mocy mikrofalowej dla ekwiwalentnego układu elementów grudkowych w L równolegle - model L-R, (Model(B)), na Rys. 56.

Zmiana parametru,ρ wpływa na wielkość krzywych rezonansowych na rys. 60 (a), podczas gdy zmiana parametru, *l*, związana z induktancjami nadprzewodnika, przechyla odpowiedzi rezonansowe w kierunku form nieliniowych o zwiększonych wartościach *l* na rys. 60 (b).

Rys. 61 przedstawia symulowane zależności mocy mikrofalowej od częstotliwości, P(f), dla zmiennych parametrów dopasowania dla *kwadratowej* zależności oporności powierzchniowej nadprzewodnika, $_{RS}$, oraz indukcyjności, LSS i $_{LSn}$, dla układu równoważnego elementów bryłowych w modelu L równoległym - L-R (Model(B)) na Rys. 56.

Na Rys. 61 modelowane odpowiedzi, P(f), odzwierciedlają wpływ zmian parametrów armatury, (ρa) i (*l*), w zakresie nieliniowych elementów *kwadratowych*, $_{RS}$, LSS i $_{LSn}$. Parametry złączy,ρ_1 i ρ_2, są związane z rezystancją powierzchniową, Rs, a parametry złączy, *l1* i *l2*, są związane z induktancjami, LSS i $_{LSn}$.

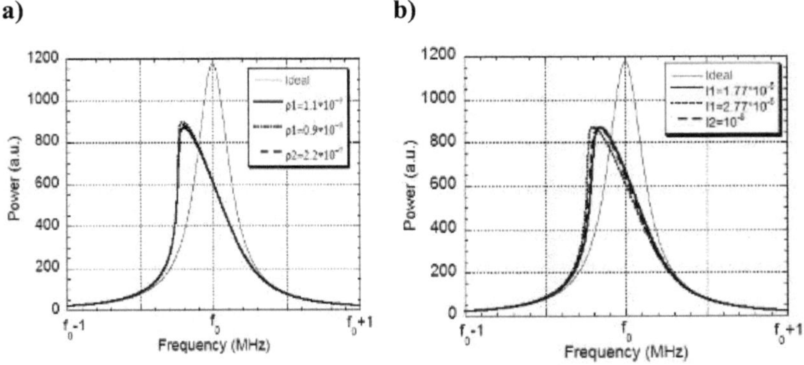

Rys. 61. Symulowana zależność mocy mikrofalowej od częstotliwości, P(f), dla różnych parametrów dopasowania, (ρa) i (b), dla ***kwadratowej*** zależności powierzchniowej oporności nadprzewodnika, $_{RS}$, i indukcyjności, LSS i $_{LSn}$,

od mocy mikrofalowej dla ekwiwalentnego układu elementów grudkowych w L równolegle - model L-R, (Model(B)), na Rys. 56.

Wyniki dla kwadratowej zależności dla obu przypadków, RS jak i LSS i LSn, pokazują podobne zachowanie charakterystyczne do wcześniej obserwowanych wyników dla liniowej zależności tego samego układu. Oba wykresy na Rys. 61 (a) i (b) to ilustrują: a) parametry dopasowania oporności powierzchniowej wpływają tylko na wielkość krzywej rezonansowej, przy czym współczynnik Q pozostaje względnie taki sam; oraz b) parametry dopasowania indukcyjności wpływają na nieliniowość z przesunięciem częstotliwości rezonansowej.

Na rys. 62 pokazano symulowane zależności mocy mikrofalowej od częstotliwości, P(f), dla różnych parametrów dopasowania dla ***wykładniczej*** zależności powierzchniowej rezystancji nadprzewodnika, RS, i indukcyjności, LSS i LSn, dla układu równoważnego elementów w układzie równoległym L - L-R, (Model(B), na rys. 56.

Na Rys. 62 symulacje ***wykładniczej*** nieliniowej zależności dla układu równoważnego elementów bryłowych w modelu L równoległym - L-R, ponownie obejmują dwie pary parametrów dopasowania, takie jak *a*, *b* i *c*, *d*, które są związane z opornością powierzchniową, RS i indukcyjnością, odpowiednio LSS i LSn.

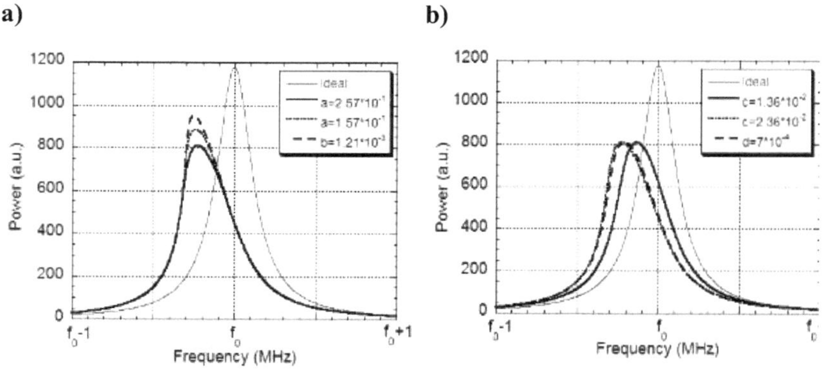

Rys. 62. Symulowana zależność mocy mikrofalowej od częstotliwości, P(f), dla różnych parametrów dopasowania, a, b (a) i c, d (b) dla ***wykładniczej*** zależności powierzchniowej oporności nadprzewodnika, $_{RS}$, i indukcyjności, LSS i $_{LSn}$, od mocy mikrofalowej dla ekwiwalentnych elementów w układzie L równoległym - model L-R, (Model(B), na Rys. 56.

Podobne zachowanie charakterystyczne w zakresie zmiany amplitudy rezonansowej (Rys. 62 (a)) oraz zmiany częstotliwości rezonansowej (Rys. 62 (b)) obserwuje się tutaj.

Wyniki symulacji komputerowej dla zależności mocy mikrofalowej od częstotliwości, P(f), dla zmiennych parametrów dopasowania dla układów ***liniowych*** (np. (4.5)), ***kwadratowych*** (np. (4.5)) i ***wykładniczych*** (np. (4.5)) zależności oporu powierzchniowego nadprzewodnika, $_{RS}$, i indukcyjności, LSS i $_{LSn}$, dla układów równoważnych elementów bryłowych w serii L - model L||R, (Model(C)), na rys. 57 przedstawiono na rys. 63-65.

Na rys. 63 pokazano symulowane zależności mocy mikrofalowej od częstotliwości, P(f), dla różnych parametrów dopasowania (ρa) i l (b) dla ***liniowej*** zależności powierzchniowej rezystancji nadprzewodnika, $_{RS}$, i indukcyjności, LSS i $_{LSn}$, od mocy mikrofalowej dla ekwiwalentnego układu elementów grudkowych w serii L - model L||R, (Model(C)), na rys. 57.

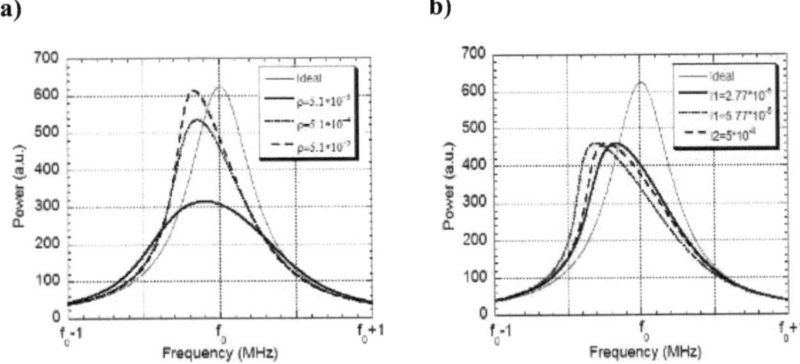

Rys. 63. Symulowane zależności mocy mikrofalowej od częstotliwości, P(f), dla różnych parametrów dopasowania, (ρa) i (b), dla ***liniowej*** zależności

powierzchniowej rezystancji nadprzewodnika, $_{RS}$, i indukcyjności, LSS i $_{LSn}$, od mocy mikrofalowej dla układów równoważnych elementów grudkowych w serii L - model L||R, (Model(C)), na Rys. 57.

Jak widać na Rys. 63 (a), parametr dopasowania,ρ odnoszący się do oporu powierzchniowego, $_{RS}$, wpływa na wielkość mocy krzywej; funkcja odpowiedzi staje się mniejsza i szersza, minimalizując wartości Q rezonatora w przypadku wyższych wartości parametru dopasowania,ρ . Można również zauważyć, że efekt wzrasta nieproporcjonalnie wraz z wyższymi wartościami parametru dopasowania, ρwykazując większy spadek funkcji odpowiedzi pomiędzy krzywymi 5,1x10-3 i 5,1x10-4 niż pomiędzy krzywymi 5,1x10-4 i 5,1x10-5. Wartość parametru dopasowania, *l,* dla wyników przedstawionych na rys. 63 (a) wyniosła *l=2*,77 x 10-5.

Rys. 63 (b) przedstawia przypadek zmiany parametru dopasowania, *l*, związanego z obiema induktancjami, LSS i $_{LSn}$. Wartość parametru dopasowania,ρ w tym przypadku wynosiłaρ =5,1x10-4. Jak widać, parametr dopasowania, *l*, wpływa tylko na zmianę częstotliwości krzywych rezonansowych, wykazując, że wyższe wartości *l* powodują większe efekty nieliniowe. Porównując dwa wykresy i wartości zmieniających się parametrów na rys. 63 (a) i (b), można zauważyć, że parametr dopasowania, *l*, ma większą czułość niż parametr dopasowania,ρ .

Rys. 64 przedstawia symulowaną zależność mocy mikrofalowej od częstotliwości, P(f), dla różnych parametrów dopasowania (ρa) i *l* (b) dla ***kwadratowej*** zależności powierzchniowej oporności nadprzewodnika, $_{RS}$, i indukcyjności, LSS i $_{LSn}$, od mocy mikrofalowej dla ekwiwalentnych elementów bryłowych w serii L - model L||R, (Model(C)), na Rys. 57.

a) **b)**

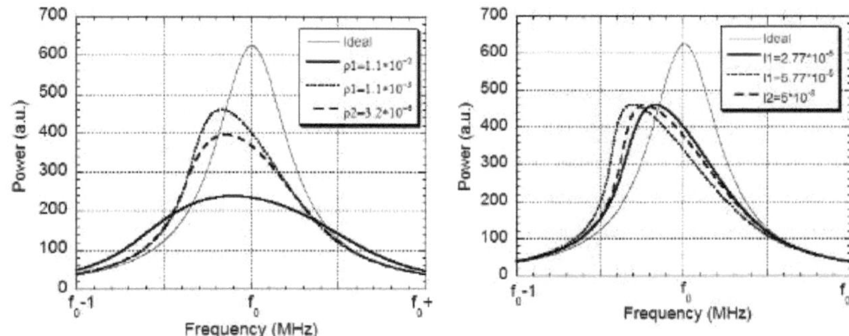

Rys. 64. Symulowana zależność mocy mikrofalowej od częstotliwości, P(f), dla różnych parametrów dopasowania, (ρa) i (b), dla ***kwadratowej*** zależności powierzchniowej oporności nadprzewodnika, RS, i indukcyjności, LSS i LSn, od mocy mikrofalowej dla układów równoważnych elementów grudkowych w serii L - model L||R, (Model(C)), na Rys. 57.

Rys. 64 (a) odzwierciedla przypadek, w którym zmieniono parametry ρ_1 i ρ_2 *odnoszące się do* oporu powierzchniowego złożonego, RS, w przypadku kwadratowym. Wyniki wskazują na podobne zachowanie się zmian parametrów dopasowania, ρ_1 i ρ_2, jak w przypadku zależności liniowej, z główną różnicą, występującą w drugim parametrze dopasowania, ρ_2, który odnosi się do terminu kwadratowego. Parametr dopasowania, ρ_2, wykazuje wysoką czułość nawet przy małych zmianach wartości.

Induktancje nieliniowe, LSS i LSn, są modelowane przez parametry montażowe, *l1* i *l2*, na Rys. 64 (b). Wyniki pokazują porównywalne zachowanie się współczynników dopasowania z obudową liniową, gdzie częstotliwość rezonansowa jest tylko uderzona. Współczynnik dopasowania, *l2*, odnoszący się do terminu kwadratowego, również wykazuje wyższą czułość, co oznacza, że kwadratowa zależność może być bardziej wrażliwa na nieliniowe oddziaływania niż zależność liniowa.

Na rys. 65 pokazano symulowaną zależność mocy mikrofalowej od częstotliwości, P(f), dla różnych parametrów dopasowania, a, b (a) i c, d (b) dla ***wykładniczej*** zależności powierzchniowej oporności nadprzewodnika, RS, oraz induktancji, LSS i LSn, od mocy mikrofalowej dla układu równoważnego elementów grudkowych serii L - model L||R, (Model(C)), na rys. 57.

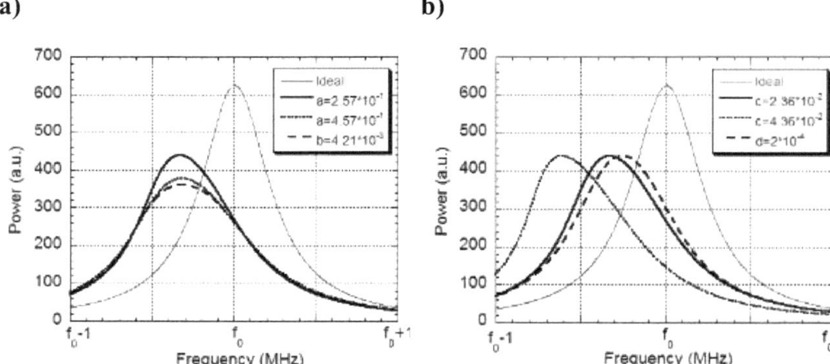

Rys. 65. Symulowana zależność mocy mikrofalowej od częstotliwości, P(f), dla różnych parametrów dopasowania, a, b (a) i c, d (b) dla ***wykładniczej*** zależności powierzchniowej oporności nadprzewodnika, RS, i indukcyjności, LSS i LSn, od mocy mikrofalowej dla układów równoważnych elementów grudkowych w serii L - model L||R, (Model(C)), na Rys. 57.

Jak widać na rys. 65 (a), zmienność parametrów montażu, *a* i *b*, nieliniowego oporu powierzchniowego, Rs, również wpływa na wielkość krzywej rezonansowej, podobnie jak w dwóch poprzednich przypadkach zależności liniowych i kwadratowych. Na zmianę wpływa zmiana parametru *a*, jednak, jak widać, parametr dopasowania wykładniczego, *b*, wykazuje znacznie większą czułość.

Rys. 65 (b) ilustruje zmianę parametrów montażowych, *c* i *d*, związanych z nieliniowymi elementami indukcyjnymi nadprzewodnika, LSS i LSn. Zgodnie z oczekiwaniami, uzyskane wyniki pokazują, że zmiana parametrów, *c* i *d*, przechyla krzywe rezonansowe w kierunku wyższych lub niższych częstotliwości. Parametr dopasowania, *d*, wprowadzony bezpośrednio w zależność wykładniczą, wykazuje wyższą czułość nawet przy jego małych wahaniach.

Podsumowując, uzyskane wyniki badań wskazują, że zmiany parametrów dopasowania, $\rho\rho_1$, ρ_2, *a, b, związane z* opornością powierzchniową, Rs, w większości przypadków wpływają na amplitudę odpowiedzi rezonansowych, zgodnie z oczekiwaniami; natomiast zmiany parametrów dopasowania, *l, l1, l2, c, d*, związane z indukcyjnością, LSS i $_{LSn}$, przechylają krzywe rezonansowe w kierunku wyższych lub niższych częstotliwości, X(P)=ωL(P). Uzyskane zachowania fizyczne przez proponowane badane elementy bryłowe równoważnych modeli obwodów, które mogą być sterowane zmiennością parametrów dopasowania, ρ, ρ_1, ρ_2, *l, l1, l2, a, b, c, d*, potwierdzają fakt wyboru właściwego podejścia fizycznego do symulacji zachowań fizycznych nadprzewodników wysokotemperaturowych i wysokotemperaturowych rezonatorów nadprzewodnikowych w mikrofalach.

Wszystkie wartości liczbowe współczynników dopasowania, ρ, ρ_1, ρ_2, *l, l1, l2, a, b, c, d*, zostały dobrane w sposób umożliwiający obserwację zmian kształtu krzywych rezonansowych przy częstotliwości rezonansowej, f0, 10GHz przy granicach odchylenia częstotliwości ±1MHz. Należy wspomnieć, że silny wzrost wielkości współczynników dopasowania,ρ , ρ_1, ρ_2, *l, l1, l2, a, b, c, d*, w równaniach (5.5 - 5.7) może prowadzić do "przeciążonych" symulowanych odpowiedzi systemowych, gdy można zaobserwować wysoce niestabilne zachowanie zależności P(f).

W zakresie identyfikacji parametrów dopasowania, parametrami dopasowania modelu, stosowanymi w obliczeniach, są stałe zależne od temperatury i częstotliwości. Aby określić parametry dopasowania,ρ , ρ_1, ρ_2, *l, l1, l2, a, b, c, d, po* pierwsze, rezonator mikrofalowy z nadprzewodnikiem musi być dokładnie scharakteryzowany poprzez pomiary przy niskich poziomach mocy mikrofalowej, gdy wielkości parametrów dopasowania są znikome. Pozwala to na identyfikację wartości oporu powierzchniowego, $_{RS0}$, oraz indukcyjności, LSS0 i $_{LSn0}$. Tak więc z równań (5.5 - 5.7), wielkości parametrów dopasowania można zidentyfikować dla wszystkich trzech nieliniowych zależności.

Podsumowując, jak wiemy, *liniową* zależność elementów układu nadprzewodnikowego, RS, LSS i $_{LSn}$, można przypisać efektom nagrzewania mikrofalowego i stratom na słabym ogniwie przy niskich poziomach mocy mikrofalowej. *Kwadratowa* nieliniowa zależność składowych układu nadprzewodnikowego, $_{RS}$, LSS i $_{LSn}$, może opisać słabo sprzężony model ziarna z penetracją pola magnetycznego na granicach ziaren oraz częściową penetrację wirową do słabych ogniw w próbce. *Wykładnicza nieliniowa* zależność elementów obwodu nadprzewodzącego, $_{RS}$, LSS i $_{LSn}$, może być związana z penetracją wiru magnetycznego Abricosova do ziaren nadprzewodzących i ruchem strumienia magnetycznego Abricosova jako potencjalnie dominującym czynnikiem, wywołującym efekt nieliniowy [6]. W trakcie badań stwierdzono, że wykładnicza nieliniowa zależność elementów układu nadprzewodnikowego, $_{RS}$, LSS i $_{LSn}$ generuje najsilniejszy symulowany efekt nieliniowy.

Uważamy więc, że zaawansowane modele obwodów z elementami bryłowymi (Model(B) i Model(C)), przedstawione na rysunkach 56 i 57, mogą być wykorzystane do symulacji nieliniowych efektów filmów HTS w strukturach rezonansowych w szerokim zakresie mocy sygnału mikrofalowego. Uważa się, że zaawansowane modele Ledenyowa z elementami grudkowymi mogą również przyczynić się do rozwoju dedykowanych narzędzi Computer Aided Design (CAD) do analizy i projektowania układów elektronicznych w mikrofalach. Po omówieniu potencjałów zaawansowanych modeli układów scalonych Liedenyowa, należy również wspomnieć, że główny problem z precyzyjnym modelowaniem efektów nieliniowych w nadprzewodnikach przy podwyższonych poziomach mocy polega na tym, że zjawiska fizyczne w nadprzewodnikach nie zawsze mogą być ściśle przybliżone przez liniowe, kwadratowe, a nawet wykładnicze zależności składników układu nadprzewodnikowego, RS, LSS i LSn, w procesie symulacji, ponieważ natura nieliniowości nie jest jeszcze jasno określona i może wymagać dalszych badań. Jednakże, jak pokazano w rozdziale 5, zaawansowane modele obwodów pełnowymiarowych Ledenyowa mogą symulować nieliniowe efekty w nadprzewodnikach przy podwyższonych poziomach mocy w temperaturach roboczych z dobrym, akceptowalnym stopniem dokładności.

Referencje

[1] W. Lyons i R. Withers, "Passive microwave device applications of high Tc superconducting thin films", Microwave Journal, Nov., 1990.

[2] D. Ledenyow, J. Mazierska, G. Allen, M. Jacob, "Simulations of Nonlinear Properties of HTS Materials in a Dielectric Resonator Using Lumped Element Models", Proc. ISEC2003, Sydney, Australia, 2003.

[3] C. Gorter i H. Casimir, "O nadprzewodnictwie I", Physica 1, nie. 4, str. 306-320, 1934.

[4] M. Lancaster, "Fundamental Consideration of Superconductors at Microwave Frequencies", Microwave Superconductivity, Edited by H. Weinstock, M. Nisenoff, Kluwer Academ. Press, v. 375, str. 1-20, 2001.

[5] D. Oates, "Microwave measurements of fundamental properties of superconductors", 100 Yeas of Supercond, ed. H. Rogalla, P. Kes, 2011.

[6] J. Halbritter, RF residual losses, surface impedance, and granularity in superconducting cuprates, Appl. Phys., v. 68, s. 6315, 1990.

[7] P. Nguyen et al., "Nonlinear Surface Impedance for YBa2Cu3O7-x Thin Films", Phys. Rev. B., v. 48, s. 6400, 1993.

[8] S. Sridhar, Nonlinear microwave impedance of superconductors and ac response of the critical state, Appl. Phys. Lett., **65**(8), pp. 1054-1056, 1994.

[9] D. Oates et al., "Nonlinear surface impedance of YBCO thin films: Measurements, Modeling, and Effects in devices", J. of Supercond., v. 8., no. 6, p. 725, 1995.

[10] P. Nguyen et. al., "Microwave hysteretic losses in YBCO and NbN thin films", Phys. Rev. B, v. 50, s. 6686, 1995.

[11] C. Desoer, "Podstawowa teoria obwodów", McGraw-Hill, 1969.

[12] D. Pozar, "Inżynieria mikrofalowa", rozdział 6, wydanie [4], Wiley, 2012.

[13] D. O. Liedenyow, "P(f) Soft", oprogramowanie klonowe, www.maplesoft.com .

[14] D. O. Liedenyov, , "P(f) Soft", Matlab software, www.mathsoft.com .

Rozdział 6

Badanie eksperymentalne $YBa_2Cu_3O_{7-\delta}$ i $NdBa_2Cu_3O_{7-\delta}$ Cienkie filmy na podłożach MgO w rezonatorze dielektrycznym w mikrofalach

6.1. Podejście badawcze do dokładnej charakterystyki $YBa_2Cu_3O_{7-\delta}$ i $NdBa_2Cu_3O_{7-\delta}$ Cienkie filmy w rezonatorze dielektrycznym w mikrofalach

Jak wiemy, pierwszym głównym celem naszych innowacyjnych badań jest stworzenie zaawansowanych modeli układów scalonych równoważnych układom $YBa_2Cu_3O_{7-\delta}$ (YBCO) i $NdBa_2Cu_3O_{7-\delta}$ (NdBCO) na mikrofalach, aby lepiej zaprojektować układy mikrofalowe HTS. Drugim głównym celem naszych zaawansowanych badań jest doświadczalne zbadanie właściwości mikrofalowych $YBa_2Cu_3O_{7-\delta}$ (YBCO) i $NdBa_2Cu_3O_{7-\delta}$ (NdBCO) zarówno w rezonatorach dielektrycznych, jak i w rezonatorach mikropaskowych, w celu wykrycia HTS, które wykazują mniejsze efekty nieliniowe niż te występujące w nadprzewodniku YBCO przy zwiększonych poziomach mocy sygnału mikrofalowego w temperaturach roboczych.

Rzeczywiście, nadprzewodniki YBCO wykazują znacznie niższą oporność powierzchniową niż konwencjonalne zwykłe metalowe przewodniki o ultra wysokich częstotliwościach, a ta właściwość pozwoliła nadprzewodnikom YBCO zdominować komercyjny rynek nadprzewodnikowych urządzeń mikrofalowych. Jednakże, jak pokazano w rozdziale 3, materiały YBCO są podatne na nieliniowe efekty przy podwyższonych poziomach mocy sygnału mikrofalowego w temperaturach roboczych. Tak więc, nadprzewodnik NdBCO został uznany za najbardziej prawdopodobny materiał do wyboru i najlepszy kandydat HTS do naszych badań w celu określenia, czy możliwe jest uzyskanie mniejszej oporności powierzchniowej, Rs, i mniejszej nieliniowości niż w przypadku YBCO przy wyższych poziomach mocy sygnału mikrofalowego w temperaturach roboczych. Kupidyny $NdBa2Cu3O7-_{\delta}$ wykazały kilka kluczowych korzyści w porównaniu z kupidynami YBa2Cu3O7-, a_{δ} mianowicie mają wyższą temperaturę krytyczną, $_{TC}$ 94K, oraz wyższą gęstość krytyczną prądu, JC, przy maksymalnych wartościach 106A/cm2 [1-15]. Oporność powierzchniowa, $_{RS}$, cienkich warstw NdBCO na podłożu MgO została podana jako 230μOhm w temperaturze 77K przy częstotliwości 10GHz [11], stąd jest ona niższa niż oporność powierzchniowa, $_{RS}$, materiału YBCO, która wynosi około 300-400μOhm w temperaturze 77K przy częstotliwości 10GHz [5]. We wcześniejszej pracy badawczej autorów (współautorstwo z innymi) [15], folie NdBCO o różnych grubościach 50nm i 700/800nm, osadzone na podłożach MgO bez i z 25nm warstwą buforową YBCO, wykazywały doskonałe wielkości oporu samoistnego powierzchniowego, $_{RSint}$, rzędu 0.52mOhm i 4,48mOhm w temperaturze roboczej 19K przy częstotliwości 25GHz; przy krytycznych gęstościach prądu, JC, wynoszących około 0,75MA/cm2 i 5,8MA/cm2 w temperaturze 77K, przy krytycznych temperaturach, $_{TC}$, odpowiednio 88K i 93,9K. Jednak folie NdBCO 700/800nm [5] wykazywały efektywną mierzoną oporność powierzchniową, $_{RS}$, 750μOhm przy częstotliwości 10GHz, czyli prawie dwukrotnie większą od wartości Rs folii komercyjnych o jakości morfologicznej równoważnej YBCO, co czyniło te próbki nieodpowiednimi do zastosowań mikrofalowych. Niemniej jednak, badania nad mikrofalowymi właściwościami materiału NdBCO były prowadzone w bardzo ograniczonym zakresie [6, 11, 12, 13, 14, 15]. W związku z tym nieliniowe właściwości mikrofal NdBCO nie zostały szczegółowo zbadane, co doprowadziło do powstania luki w wiedzy na temat potencjału zastosowań mikrofal NdBCO.

Przedstawiono porównanie właściwości mikrofalowych cienkich warstw $YBa2Cu3O7-_{\delta}$ (YBCO, Tc=77K) i $NdBa2Cu3O7-_{\delta}$ (NdBCO,

Tc=96K) na podłożach MgO. Pomiary zależności Rs(T) i Rs(P) cienkich warstw HTS wykonano techniką pomiaru rezonansu wnęki cylindrycznej z zastosowaniem 25 GHz rezonatora dielektrycznego Hakki-Coleman Sapphire w zakresie temperatur roboczych/częstotliwości [15, 16]. Cienkie warstwy YBCO i NdBCO osadzano na podłożach MgO o grubości 0,5 mm, stosując technikę ko-evaparowania termicznego [15]. Wymiary folii YBCO i NdBCO wynosiły 10x10mm. Grubość YBCO wynosiła 700nm, a NdBCO 600nm. Folie NdBCO miały warstwy buforowe YBCO o długości 25nm, osadzone na podłożu MgO. Dokładne parametry techniczne folii HTS firmy Ceraco, Niemcy [23] są następujące:

YBa2Cu3O7-$_{\delta}$: 10x10mm, 700nm YBCO cienka warstwa, 0,5mm MgO podłoża, $_{TC}$ = 87,4K; JC = 2,6 MA/cm2,

NdBa2Cu3O7-$_{\delta}$: 10x10mm, 600nm NdBCO cienka powłoka z 25nm warstwą buforową YBCO, 0,5mm MgO podłoża, $_{TC}$ = 93,8K; JC = 5,8 MA/cm2.

6.2. Eksperymentalny zestaw pomiarowy do dokładnej charakterystyki YBa2Cu3O7-$_{\delta}$ i NdBa2Cu3O7-$_{\delta}$ Cienkie filmy w rezonatorze dielektrycznym w mikrofalach

Do pomiaru oporu powierzchniowego, $_{RS}$, cienkich warstw YBCO i NdBCO użyto rezonatora szafirowego Hakki-Coleman Silver, pracującego w trybie TE011 przy częstotliwości 25GHz [15, 16, 21]. Szafirowe pręciki zostały wycięte z szafirowego pojedynczego kryształu o bardzo wysokiej czystości i stratach (tanδ) poniżej wartości 5×10-8. Schemat rezonatora dielektrycznego Hakki-Colemana pokazano na rycinie 66 [15, 16]. Posiada on następujące parametry techniczne: Średnica pręta szafiru = 3,98 mm, wysokość = 3,975 mm, średnica wgłębienia = 9,25 mm, wysokość wgłębienia = 4 mm, współczynniki geometryczne $_{AS=}$ 561,3, $_{Amet}$ = 12,162,3, pd = 0,9464, opór powierzchniowy bocznej ściany miedzianej Rm = 25 mΩ, dopuszczalność szafiru, $\varepsilon_{r\perp}$ = 9,38. Rezonator H-C został zaprojektowany z myślą o wysokiej koncentracji energii EM w górnej i dolnej płycie HTS i został wykonany z dużą precyzją (tolerancja 0,1m). W technice rezonansu Hakki-Colemana do badań niezbędne są dwie warstwy HTS, a średni opór powierzchniowy dwóch warstw oblicza się z równania strat (3.20), wprowadzonego w rozdziale 3.

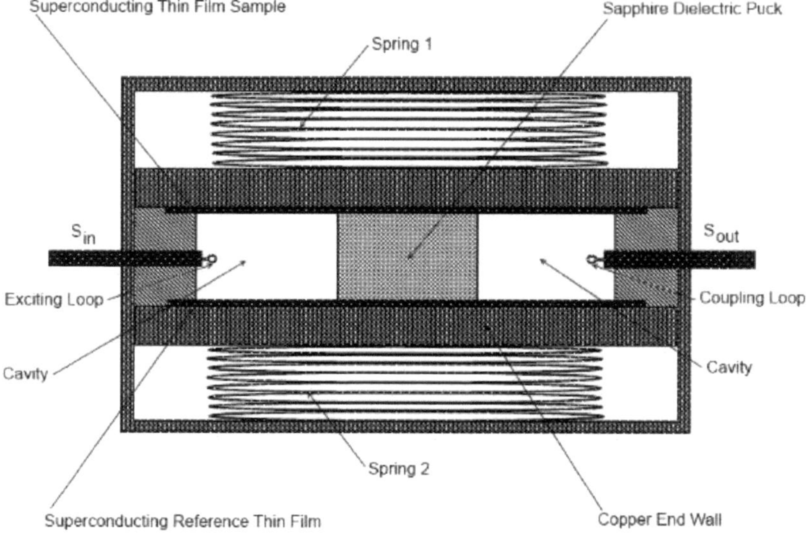

Rys. 66. Schemat rezonatora dielektrycznego Hakki-Coleman do charakteryzacji HTS z techniką pomiaru rezonansu wnęki cylindrycznej.

Rys. 67 przedstawia wewnętrzną budowę rezonatora dielektrycznego Hakki-Coleman [15, 16].

Rys. 67. Wewnętrzna struktura rezonatora dielektrycznego Hakki-Coleman 25GHz z usuniętą jedną z płyt końcowych.

Rezonator dielektryczny Hakki-Coleman z foliami HTS poddanymi testom został wprowadzony do dewaru na Rys. 68. Rezonator został przymocowany na stałe do platformy mosiężnej za pomocą sztywnej taśmy mosiężnej i śrub mocujących.

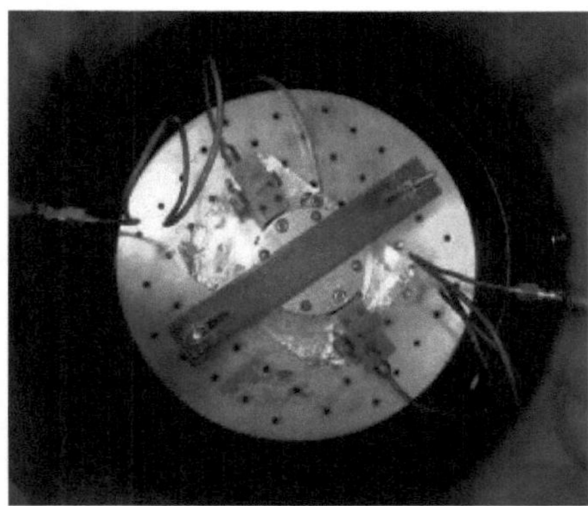

Rys. 68. 25GHz rezonator dielektryczny Hakki-Coleman wewnątrz próżniowego dewaru.

W skład zestawu pomiarowego wchodziły: rezonator mikrofalowy, dewar próżniowy, dwustopniowy cykl zamknięty kriokomórki Stirlinga, grzałka, Agilent PNA E8364B z generatorem sygnału, regulator temperatury LCT-10, IBM-PC oraz oprogramowanie do rejestracji danych / regulacji temperatury LabView firmy National Instruments na Rys. 69 [15].

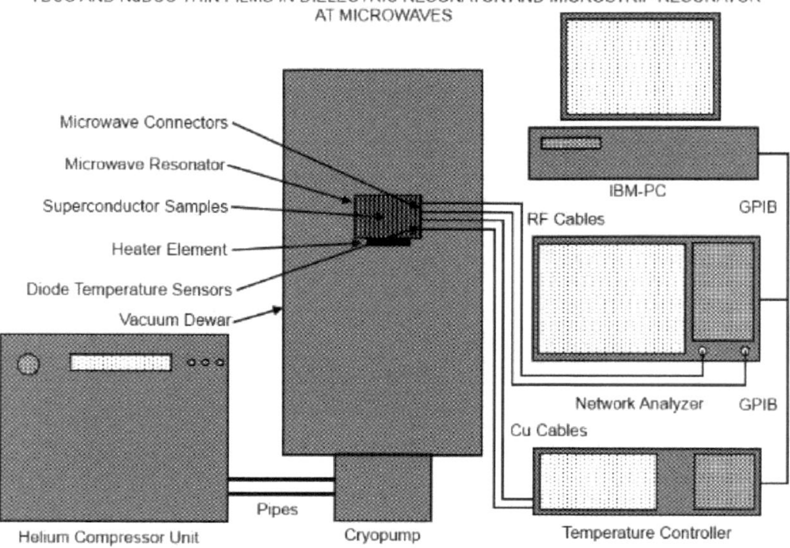

Rys. 69. Konfiguracja systemu pomiaru mikrofal kriogenicznych [8].

6.3. Techniki pomiarów doświadczalnych i wyniki dokładnej charakterystyki YBa2Cu3O7-δ i NdBa2Cu3O7-δ Cienkie filmy na podłożach MgO w rezonatorze dielektrycznym w mikrofalach

Aby uzyskać najwyższą możliwą dokładność obliczonych wartości, obciążony współczynnik QL oraz współczynniki sprzężeń β_1 i β_2 rezonatora uzyskano z pomiarów wieloczęstotliwościowych parametrów S21, S11 i S22, mierzonych wokół rezonansu techniką Transmission Mode Quality Factor (TMQF). Metoda TMQF pozwala na uzyskanie dokładnych wartości Rs, uwzględniających takie czynniki jak hałas, opóźnienia spowodowane nieskompensowanymi liniami przesyłowymi oraz krzyżowe, występujące podczas pomiarów. Współczynnik Q0- w stanie nieobciążonym został obliczony na podstawie dokładnego równania $Q_0 = Q_L(1+\beta_1+\beta_2)$, przy użyciu metody TMQF dla wszystkich temperatur. Dla każdej temperatury zarejestrowano 1601 punktów S21, S11 i S22 parametrów wokół rezonansu, a zmierzone wartości dopasowano do okręgów na złożonej płaszczyźnie w celu obliczenia współczynników sprzężenia, obciążonego QL i nieobciążonego Q0.

Rezonator dielektryczny Hakki-Coleman z próbkami nadprzewodnikowymi, zamontowany wewnątrz rezonatora mikrofalowego w dewarze próżniowym, został schłodzony do około 18K, a parametry S zostały zmierzone przy częstotliwości rezonansowej do T=89 K dla YBCO i T=95K dla NdBCO. $_{Prf=0}$ dBm dla pomiarów nie zależnych od mocy. $_{RS}$ cienkich warstw YBCO i NdBCO na podłożach MgO obliczono przy pomocy równania (3.20) w programie SUPER [22]. Tak więc, pomiary cienkich warstw YBCO i NdBCO zostały przeprowadzone w zakresie temperatur 18K - 89K dla YBCO i 18K - 95K dla NdBCO. Temperatury krytyczne wynosiły YBCO: $_{TC}$ = 87,4K; NdBCO: $_{TC}$ = 93,8K. Moc mikrofalowa została ustawiona na 0dBm dla wszystkich pomiarów nie zależnych od mocy. Obliczone wartości współczynnika jakości, Q0, uzyskano z wartości obciążonego Q, a współczynniki sprzężenia obliczono z parametrów S21, S11 i S22 w funkcji temperatury, jak na rysunkach 70 - 71.

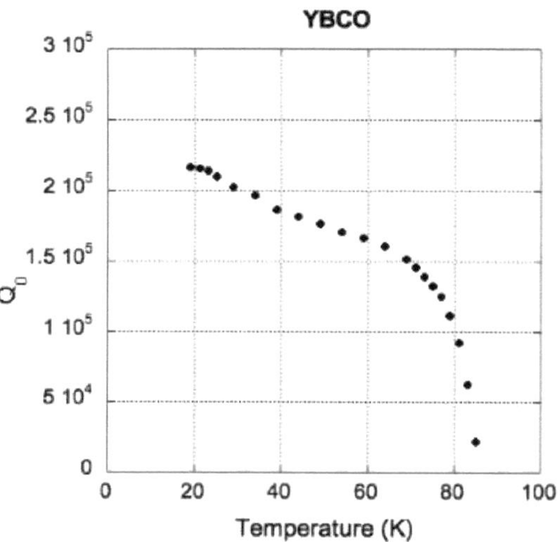

Rys. 70. Zależność nieobciążonego współczynnika jakości od temperatury, Q(T), $YBa2Cu3O7\text{-}_{\delta}$ cienkie warstwy (1-2) o częstotliwości 25GHz przy mocy sygnału 0dBm.

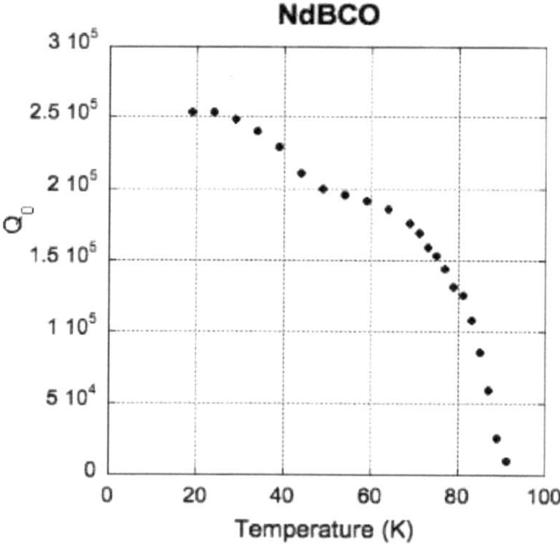

Rys. 71. Zależność nieobciążonego współczynnika jakości od temperatury, Q(T), $NdBa2Cu3O7\text{-}_{\delta}$ cienkie warstwy (1-2) o częstotliwości 25GHz przy mocy sygnału 0dBm.

Jak wynika z rys. 70 i 71, folie NdBCO wykazują wyższy współczynnik Q0 i wyższą temperaturę krytyczną niż folie YBCO, jak oczekiwano.

Na rysunkach 72 i 73 przedstawiono zależności oporu powierzchniowego od temperatury, RS(T), YBCO (filmy 1-2) i NdBCO (filmy 1-2), mierzonego przy mocy wejściowej RF 0 dBm przy częstotliwości 25GHz.

W tym konkretnym przypadku, badane próbki folii nadprzewodzących nie były objęte ochroną normalnej metalowej warstwy Au, jak to się zwykle robi w przypadkach, gdy konieczne jest zabezpieczenie folii nadprzewodzących przed utlenianiem i późniejszą degradacją w powietrzu. Dlatego też, wyniki pomiarów oporu powierzchniowego, Rs, YBCO i NdBCO są uważane za bardzo dokładne.

Podsumowując, zmierzone zależności oporu powierzchniowego od temperatury dla folii NdBCO z warstwą buforową YBCO w teście wykazywały podobną zależność jak dostępne w handlu folie YBCO, z wyjątkiem zmiany temperatury spowodowanej wyższą temperaturą krytyczną TC, jak oczekiwano. Uzyskane wyniki pomiarów dla oporu powierzchniowego folii YBCO i NdBCO (rysunki 72 i 73) pokazują, że w niższych temperaturach YBCO miało nieco mniejszy opór powierzchniowy, RS, na przykład w temperaturze 24K, wynosił 1,15 m dlaΩ folii YBCO i 1,32 mΩ dla folii NdBCO. W temperaturze 77K opory powierzchniowe, Rs, były prawie równe wartościom 2,6 m dlaΩ próbek YBCO i 2,7 mΩ dla próbek NdBCO. Główna różnica wystąpiła jednak przy wysokich temperaturach zbliżonych do temperatury krytycznej YBCO, gdzie w temperaturze 83K opór powierzchniowy, Rs, YBCO wynosił 7,3 mΩ, a NdBCO 3,9 mΩ.

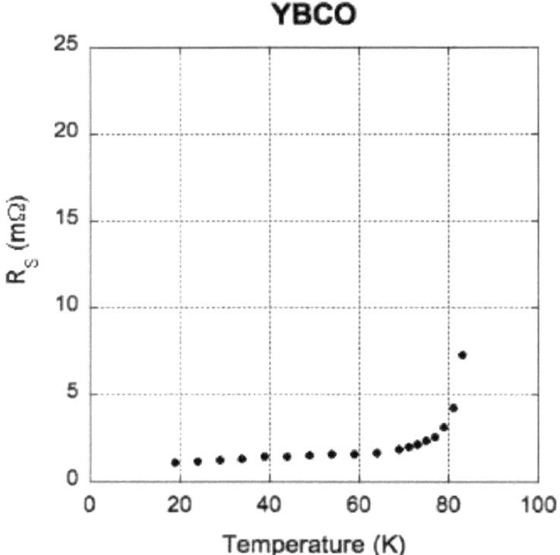

Rys. 72. Zależność oporu powierzchniowego od temperatury, RS(T), YBa2Cu3O7-δ cienkie warstwy (1-2) na podłożu MgO o częstotliwości 25GHz przy mocy sygnału 0 dBm.

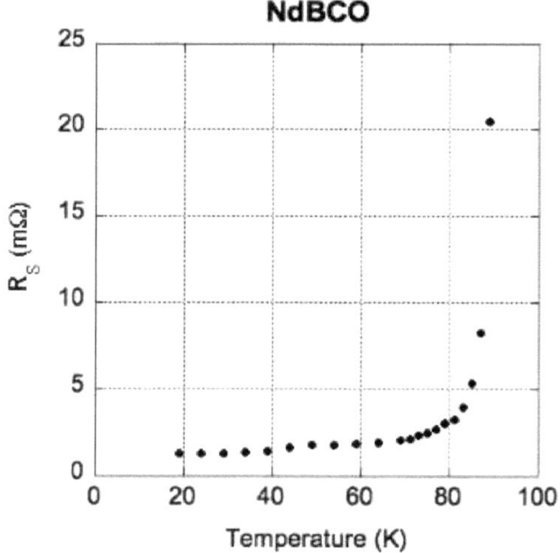

Rys. 73. Zależność oporu powierzchniowego od temperatury, RS(T), NdBa2Cu3O7-δ cienkie warstwy (1-2) na podłożu MgO z YBa2Cu3O7-δ warstwą buforową o częstotliwości 25GHz przy mocy sygnału 0dBm.

Rys. 74 pokazuje zależność oporu powierzchniowego od temperatury w różnych zakresach temperatur: a) 15-50K i b) 50-90K.

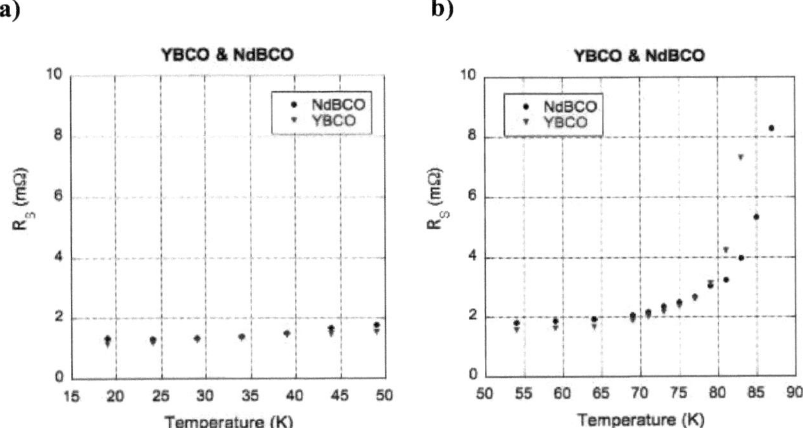

Rys. 74. Zależność oporu powierzchniowego od temperatury, RS(T), $YBa_2Cu_3O_{7-\delta}$ (filmy 1-2) i $NdBa_2Cu_3O_{7-\delta}$ (filmy 1-2) przy częstotliwości 25GHz przy mocy sygnału 0 dBm w temperaturach a) 15-50K, b) 50-90K.

Analizę błędów w wynikach pomiarów oporu powierzchniowego, R_S, można przeprowadzić znając dokładność nieobciążonego współczynnika Q, jak również niepewność pozostałych stałych w równaniu (3.20) [17-20]. Tak więc najbardziej prawdopodobne błędy względne w mierzonych wartościach oporu powierzchniowego, R_S, w rezonatorze dielektrycznym Hakki-Coleman 25 GHz obliczono jako [17].

$$\Delta_r R_S = \left|\frac{\Delta R_S}{R_S}\right| = \left\{\left(1 + \frac{R_m A_S}{R_S A_m} + \frac{A_S}{R_S Q_d}\right)^2 \left|\frac{\Delta Q_o}{Q_o}\right|^2 + \left(\frac{R_m A_S}{R_S A_m}\right)\left|\frac{\Delta R_m}{R_m}\right|^2 + \left|\frac{\Delta A_S}{A_S}\right|^2 + \left(\frac{A_S}{R_S Q_d}\right)^2 \left|\frac{\Delta Q_d}{Q_d}\right|^2 + \left(\frac{R_m A_S}{R_S A_m}\right)^2 \left|\frac{\Delta A_m}{A_m}\right|^2\right\}^{0.5}, \quad (6.1)$$

gdzie $1/Q_d = p d \tan\delta$, a wartości poszczególnych błędów w (6.1) wynoszą (6.2)

$$\left|\frac{\Delta Q_o}{Q_o}\right|^2 = \pm 2\%,\ \frac{\Delta A}{A} = \pm 0.5\%,\ \frac{\Delta R_m}{R_m} = \pm 2\%. \quad (6.2)$$

Błędy względne współczynnika Q0-, współczynnika geometrycznego A oraz oporu powierzchniowego ścian rezonatora dielektrycznego H-C, Rs, oceniono w [17], biorąc pod uwagę dokładność wykonania rezonatora dielektrycznego H-C oraz nieobciążone obliczenia współczynnika Q. Błędy w pomiarach RS zostały obliczone na podstawie danych z folii NdBCO jak na pasku po prawej stronie na Rys. 75. Obliczone najbardziej prawdopodobne błędy w pomiarach NdBCO RS(T) (6.1) mieszczą się w zakresie od 2% do 3.8% dla rezonatora dielektrycznego H-C 25GHz. Prawdopodobny zakres błędu dla danych cienkowarstwowych YBCO jest podobny.

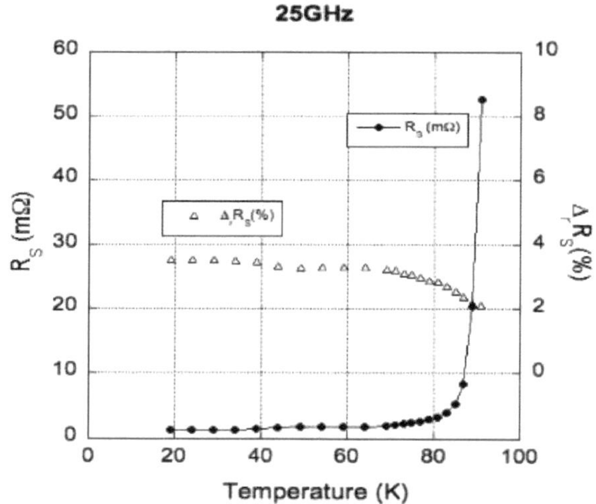

Rys. 75. Zależność oporu powierzchniowego od temperatury, RS(T), folii NdBa2Cu3O7-δ (1-2) i najbardziej prawdopodobnego błędu przy częstotliwości 25GHz.

6.4. Wyniki pomiarów doświadczalnych dotyczących dokładnej charakterystyki YBa2Cu3O7-δ i NdBa2Cu3O7-δ Cienkie filmy na

podłożach MgO w rezonatorze dielektrycznym przy różnych poziomach mocy sygnału mikrofalowego

W celu zbadania właściwości mikrofalowych folii YBCO i NdBCO przy różnych PRF, pomiędzy VNA a rezonatorem 25 GHz umieszczono wzmacniacz mikrofalowy 20 dB. Moc zmieniała się od -5 dBm do +30 dBm z krokiem 5 dBm. W tej konfiguracji tłumik nie jest potrzebny ze względu na możliwości VNA o dużej mocy do +40 dBm. Przy tej konfiguracji nie było możliwe dokonanie pomiaru parametru S11 na wejściu rezonatora, dlatego też obliczenia RS zostały przeprowadzone przy użyciu konwencjonalnej metody 3dB.

Na rysunkach 76 i 77 przedstawiono zależności oporu powierzchniowego od mocy mikrofalowej, RS(PRF), folii YBCO i NdBCO przy mocy mikrofalowej, PRF, od -5dBm do +25dBm w różnych temperaturach, T.

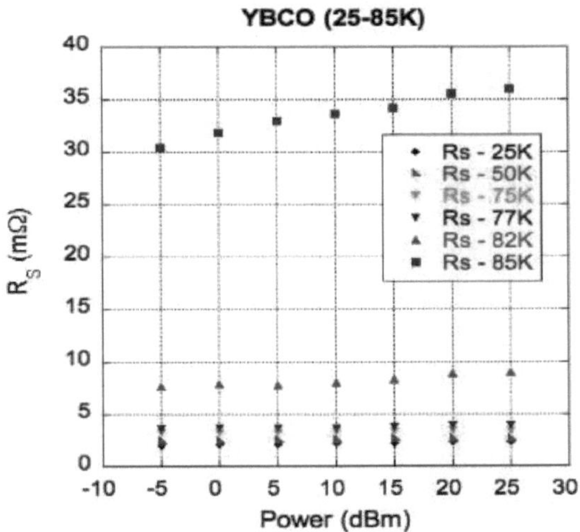

Rys. 76. Zależność oporności powierzchniowej od mocy mikrofalowej, RS(PRF), folii YBa2Cu3O7-δ (1-2) przy częstotliwości 25GHz w różnych temperaturach.

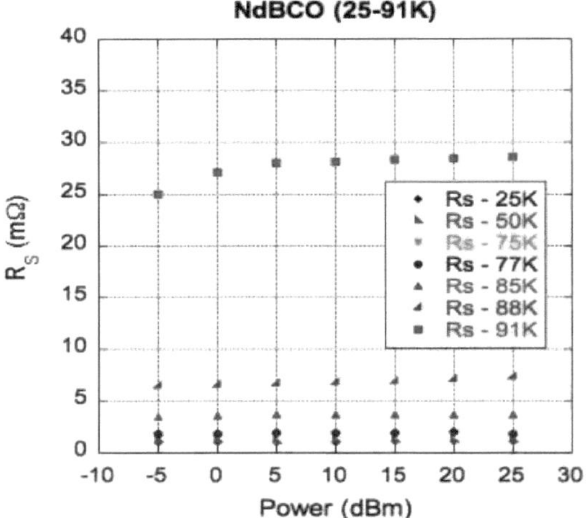

Rys. 77. Zależność oporności powierzchniowej od mocy mikrofalowej, $R_S(P_{RF})$, dla $NdBa_2Cu_3O_{7-\delta}$ folii (1-2) przy częstotliwości 25GHz w różnych temperaturach.

Na rysunkach 76 i 77 wyraźnie widać, że wzrost R_S dla folii YBCO zaczyna się około 82K, a wzrost dla folii NdBCO zaczyna się tylko około 88K.

W celu określenia początku wystąpienia efektów nieliniowych w foliach YBCO i NdBCO, wykonano dwa segmenty fragmentaryczne liniowe przybliżenie wyników pomiarów. Zmiany oporu powierzchniowego na temperaturze, $R_S(T)$, dla 30dBm wzrostu mocy wejściowej RF, znormalizowanej do R_S, w temperaturze 77K i mocy 0 dBm odpowiednio dla folii YBCO i NdBCO pokazano na rysunkach 78 i 79. $\Delta_P R_S$ został obliczony jako (6.3)

$$\Delta_P R_S = \frac{R_S(25dBm)\text{-}R_S(\text{-}5dBm)|_{T=Konst}}{R_S(0dBm)|_{T=77K}} \qquad (6.3)$$

Średnie wartości regresji liniowej $\Delta_P R_S$ poniżej T=80K dla folii YBCO wynosił 6,7% (rys. 78), a dla folii NdBCO 3,2% (rys. 79).

Stosując dwa segmenty fragmentarycznie liniowej aproksymacji wyników pomiarów, można określić wystąpienie efektów nieliniowych w foliach YBCO w temperaturze około 84K i w foliach NdBCO w temperaturze około 88K. Jeśli chodzi o dokładność techniki montażu liniowego w dwóch segmentach, to zależy ona od ilości uzyskanych punktów. Jak widać na rysunkach 78 i 79, dla wyższych temperatur dostępna jest tylko niewielka liczba punktów, dlatego też dokładność wyników nie jest pewna przy wyższych temperaturach.

Podsumowując, można założyć, że folie NdBCO wykazują lepsze możliwości obsługi mocy mikrofalowej niż folie YBCO. Innymi słowy, mniejsze nieliniowe efekty filmów NdBCO mogą dać im przewagę nad filmami YBCO w zastosowaniach mikrofalowych. Według najlepszej wiedzy autorów, po raz pierwszy prezentowane jest takie porównanie nieliniowych efektów filmów YBCO i NdBCO. W celu dalszego zbadania tego naukowego wniosku, rezonatory mikropaskowe YBCO i NdBCO zostały zbadane w następnym rozdziale 7.

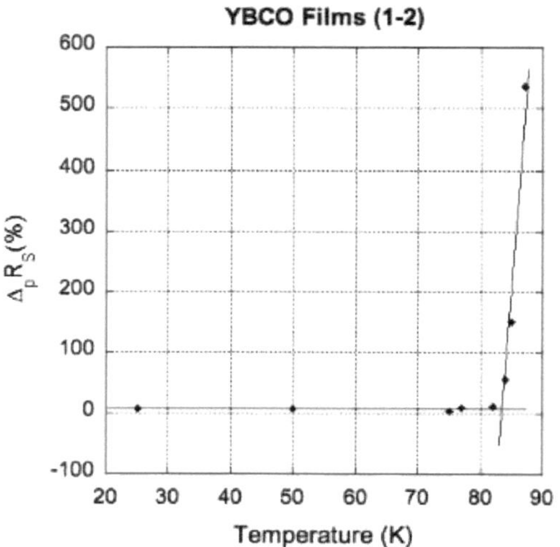

Rys. 78. Zależność zmiany oporu powierzchniowego od temperatury, ΔRS(T), folii YBa2Cu3O7-$_\delta$ (1-2) dla ΔPRF od -5dBm do +25 dBm przy częstotliwości 25GHz.

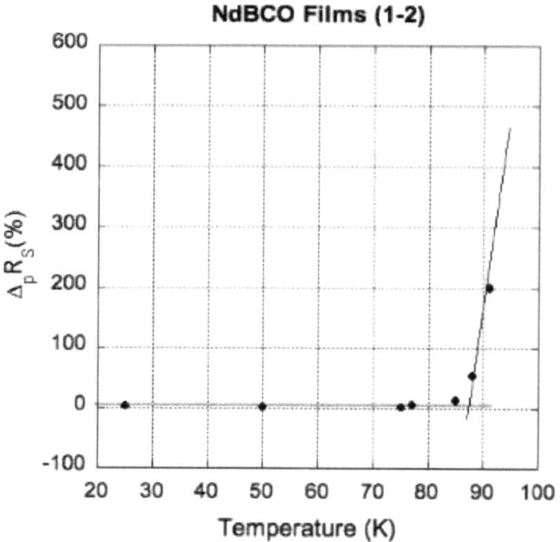

Rys. 79. Zależność zmiany oporu powierzchniowego od temperatury, ΔRS(T), NdBa2Cu3O7-$_\delta$ folii (1-2) dla ΔPRF od -5dBm do +25dBm przy częstotliwości 25GHz.

Referencje

[1] H. Shaked, B.W. Veal, J. Faber Jr., et al., "Structural and superconducting properties of oxygen-deficient NdBa2Cu3O7-δ", Phys. Rev. B, v.41, no. 7, pp. 4173-4180, 1990.

[2] T. Krekels, H. Zou, G. Van Tendeloo et al., "Ortho II structure in ABa2Cu3O7-δ compounds (A = Er, Nd, Pr, Sm, Yb)", Physica C, v. 196, s. 363-368, 1992.

[3] S. I. Yoo, N. Sakai, H. Takaichi, T. Higuchi i M. Murakami, "Przetwarzanie stopu w celu uzyskania nadprzewodników NdBa2Cu3Oy z wysokim Tc i dużym Jc", Applied Physics Letters v. 65, iss. 5, s. 633-635, 1994.

[4] M. Badaye et al., "Superior properties of NdBCO over YBCO thin films", Supercond. Science and Technol., v. 10, str. 825-830, 1997.

[5] B. Utz et al., "Deposition of YBCO and NBCO films on areas of 9 inches in diameter", IEEE Trans. Appl. Supercond., v. 7, nr 2, s. 1272-1277, 1997.

[6] K. Muranaka, "Właściwości mikrofalowe folii Nd-Ba-Cu-O charakteryzującej się rezonatorem dielektrycznym", Advances in Supercond. X, Springer, str. 1061-1064, 1998.

[7] C. Cantoni et al., "Structural and transport properties of epitaxial NdBCO thin films on single crystal and Ni metal substrates", Physica C, v. 324, s. 177, 1999.

[8] I. Monot, F. Tancret, P. Laffez et al., "Microstructure and properties of oxygen controlled melt textured NdBaCuO superconductive ceramics", Materials Science and Engineering, B65, str. 26-34, 1999.

[9] Z. Mori et al., "In-situ annealing effect of sputter-deposited NdBCO thin films", Thin Solid Films, v. 354, pp. 195-200, 1999.

[10] M. Salluzo et.al., "Superconducting properties of YBaCuO and NdBaCuO thin films deposited by dc sputtering", IEEE Trans. on Applied Superconductivity, v. 11, pp. 3201-3204, 2001.

[11] Semerad et al., "RE-123 thin films for microwave applications", Physica C, v. 378, str. 1414-1418, 2002.

[12] M. Boffa et al., "Realization of highly epitaxial (Y, Nd, Sm) Ba2Cu3O7 films for microwave applications", Physica C: Superconductivity, v. 384, pp. 419-424, 2003.

[13] N. Zuchowski, "Microwave properties of NdBaCuO HTS films", B.Eng. thesis, James Cook University, Townsville, Australia, 2014.

[14] A. Rains, "Microwave characterization of NdBaCuO HTS thin films and comparison of measurement techniques in terms of uncertainty in quality factor and surface resistance", B.Eng thesis, James Cook University, Townsville, Australia, 2014.

[15] J. Mazierska, K. Leong, D. Ledenyov, A. Rains, N. Zuchowski, J. Krupka, "Mikrofalowe pomiary oporów powierzchniowych i przewodnictwa kompleksowego filmów NdBaCuO", Postępy w nauce i technice, w. 95, s. 162-168, 2014.

[16] B. W. Hakki, P. D. Coleman, "A dielectric resonator method of measuring inductive capacities in the millimetre range", IRE Trans. Teoria mikrofalowa Tech. , 8, str. 402-410, 1960.

[17] J. Mazierska, "Rezonator dielektryczny jako możliwy standard do charakteryzacji wysokotemperaturowych folii nadprzewodzących do zastosowań mikrofalowych", J. Supercond., v. 10, nr 2, s. 73-85, 1997.

[18] D. Kajfez et al., "Uncertainty Analysis of the Transmission-Type Measurement of Q-Factor", IEEE Trans. on Micro. Theory and Techn., v. 47, s. 367, 1999.

[19] J. Mazierska i C. Wilker, "Accuracy issues in surface resistance measurements of high temperature superconductors using dielectric resonators", IEEE Trans Appl. Supercond.,v. 11, pp. 4140-4147, 2001.

[20] K. Leong i J. Mazierska, "Precyzyjne pomiary współczynnika Q rezonatorów dielektrycznych w trybie transmisji: Accounting for Noise, Crosstalk, Uncalibrated Lines, Coupling Loss and Coupling Reactance", IEEE Trans. MTT, 50 stron. 2115-2127, 2002.

[21] N. Pompeo, K. Torokhtii i E. Silva, "Rezonatory dielektryczne do pomiarów impedancji powierzchniowej folii nadprzewodzących, Measurement Science Review," v. 14, no. 3,164-170, 2014.

[22] J. Krupka, "SUPER" miękki. , Politechnika Warszawska, Warszawa, Polska, 2002.

[23] Ceraco, Niemcy, http://www.ceraco.de .

Rozdział 7

Badania eksperymentalne $YBa_2Cu_3O_{7-\delta}$ i $NdBa_2Cu_3O_{7-\delta}$ Cienkie filmy na podłożach MgO w rezonatorach mikropaskowych w mikrofalach

7.1. Podejście badawcze do dokładnej charakterystyki $YBa_2Cu_3O_{7-\delta}$ i $NdBa_2Cu_3O_{7-\delta}$ Cienkie filmy w rezonatorach mikropaskowych w mikrofalach

Rezonatory mikropaskowe HTS znajdują liczne zastosowania techniczne w komunikacji bezprzewodowej i radarach, wykazując znacznie lepsze właściwości mikrofalowe niż zwykłe metalowe rezonatory mikropaskowe. NdBCO jest nadprzewodnikiem wysokotemperaturowym [1-15]. W rozdziale 6 odkryliśmy, że cienkie folie NdBCO wykazują lepsze możliwości obsługi mocy mikrofalowej niż cienkie folie YBCO pod względem nieliniowości przy wysokich poziomach mocy sygnału mikrofalowego. Mniejsze nieliniowe efekty w cienkich warstwach NdBCO dają im pewną przewagę nad cienkimi warstwami YBCO w urządzeniach mikrofalowych. Aby lepiej potwierdzić powyższe wyniki badań, rezonatory mikropaskowe YBCO i NdBCO zostały zaprojektowane, opracowane i dalej badane. Ponadto dokonano porównania rezonatorów mikropaskowych NdBCO i YBCO na wejściu sygnału mikrofalowego o mocy P, od -5dBm do +25dBm.

Bardziej szczegółowo zbadano trzy rezonatory mikropaskowe NdBCO (R1N, R2N, R3N) i trzy YBCO (R1Y, R2Y, R3Y). Produkcja cienkich folii YBCO i NdBCO została wykonana przez firmę Ceraco, Niemcy. Projekt geometrii układu rezonatorów mikropaskowych został zaproponowany, obliczony, symulowany i prototypowany przez Dimitriego O. Ledenyova na Uniwersytecie Jamesa Cooka w Australii. Rezonatory/filtry mikropaskowe

YBCO i NdBCO zostały opracowane w ścisłej współpracy z laboratorium badań mikrofalowych, kierowanym przez prof. Bin Wei, na Uniwersytecie Tsinghua w Pekinie, P. R. Chiny.

7.2. $YBa_2Cu_3O_{7-\delta}$ i $NdBa_2Cu_3O_{7-\delta}$ Obliczanie geometrii układu rezonatorów mikropaskowych, symulacja reakcji na sygnał, optymalizacja projektu i opracowanie prototypu

Cienkie warstwy YBCO i NdBCO na podłożach MgO zostały wyprodukowane przez Ceraco, Niemcy, przy użyciu techniki ko-evaparowania termicznego [11, 16]. Cienkie warstwy YBCO i NdBCO były dwustronne (pokryte obustronną warstwą nadprzewodzącą), stąd proces osadzania warstw nadprzewodzących był stosowany dwukrotnie. Dodatkowa warstwa Aurum (Au) o grubości 200nm została osadzona na stykach. Folie NdBCO miały również 25 nm warstwę buforową YBCO. Charakterystyka cienkich warstw YBCO i NdBCO na podłożach MgO była taka sama:

1. Folie YBCO: 10x10mm, 500nm YBCO dwustronnie cienkie folie z 200nm okładkami Au, 0,5mm MgO podłoża, obie strony są polerowane.

2. Folie NdBCO: 10x10 mm, 600nm NdBCO dwustronne cienkie folie z 25nm warstwami buforowymi YBCO z 200nm nakładkami Au, 0,5mm MgO podłoża, obie strony są polerowane.

Na rysunkach 80 i 81 przedstawiono cienkie folie YBCO i NdBCO firmy Ceraco, Niemcy. Rezonatory mikropaskowe HTS zostały zaprojektowane przez Dimitriego O. Ledenyova w JCU w Australii i wykonane w laboratorium badań mikrofalowych pod kierownictwem prof. Bin Wei, na Uniwersytecie Tsinghua w Pekinie, P.R. Chiny.

a) **b)**

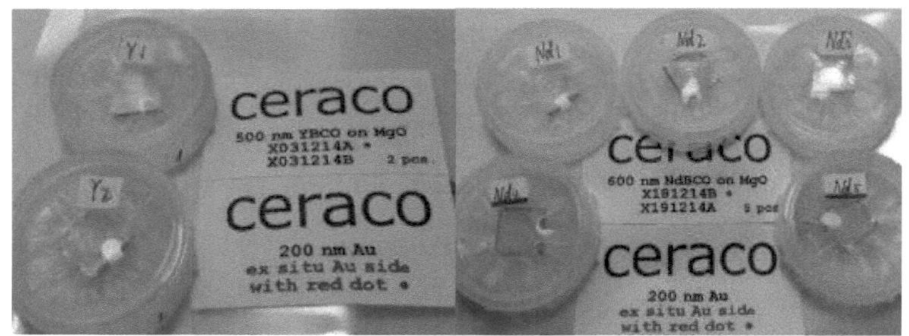

Rys. 80. a) YBa2Cu3O7-$_{\delta}$ oraz b) NdBa2Cu3O7- cienkie$_{\delta}$ powłoki nadprzewodnikowe wysokiej jakości, produkowane w Ceraco, Niemcy.

Rezonatory mikropaskowe 2GHz YBa2Cu3O7-$_{\delta}$ i NdBa2Cu3O7-$_{\delta}$ zaprojektowano i wykonano na rys. 81 (a, b). Precyzyjna technika wytrawiania została zastosowana w procesie rozwoju rezonatorów mikropaskowych. Częstotliwość środkowa każdego rezonatora mikropaskowego wynosi 2,171GHz. Obciążony współczynnik Q każdego rezonatora mikropaskowego wynosi 1552,7, a nieobciążony współczynnik Q każdego rezonatora mikropaskowego oblicza się zgodnie ze znanym równaniem (3.22) z rozdziału 3. Założono, że S11 = S22 = -39,9 dB, stąd obliczony nieobciążony współczynnik Q każdego rezonatora mikropaskowego wynosi 1,53·[105].

Na Rys. 80, (a) pokazano geometrie układu rezonatorów 2GHz YBa2Cu3O7-$_{\delta}$ i NdBa2Cu3O7-$_{\delta}$ oraz (b) pokazano elementy opakowania rezonatorów 2GHz YBa2Cu3O7-$_{\delta}$ i NdBa2Cu3O7-$_{\delta}$.

a) **b)**

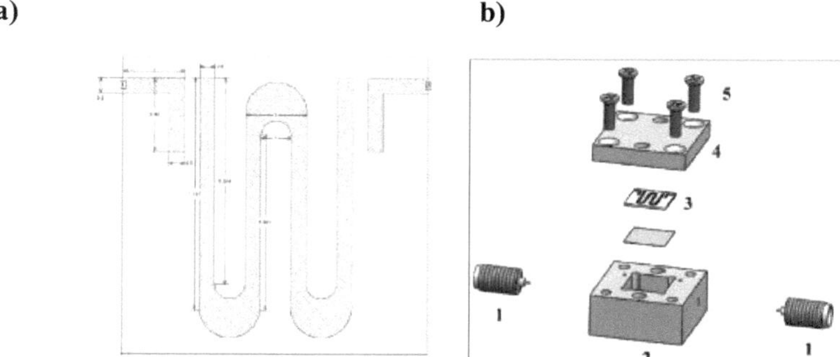

Rys. 81. a) 2GHz YBa2Cu3O7-$_{\delta}$ i NdBa2Cu3O7-$_{\delta}$ geometria układu rezonatorów mikropaskowych; oraz b) 2GHz YBa2Cu3O7-$_{\delta}$ i NdBa2Cu3O7-$_{\delta}$ elementy opakowania rezonatorów mikropaskowych.

Rysunek 81 (b) przedstawia różne elementy opakowania rezonatora mikropaskowego:

1. Para złączy SMA;
2. Główny korpus pakietu z powłoką Au, w tym płyta dolna i ściany osłonowe rezonatora mikropaskowego HTS;
3. Rezonator mikropaskowy HTS;
4. Pokryta powłoką Au płyta pokrywy rezonatora mikropaskowego HTS;
5. Śruby.

Widok z góry na rezonator mikropaskowy HTS pokazano na Rys. 82 (a), a rzeczywiste zdjęcia wykonanych rezonatorów mikropaskowych HTS pokazano na Rys. 82 (b).

a) **b)**

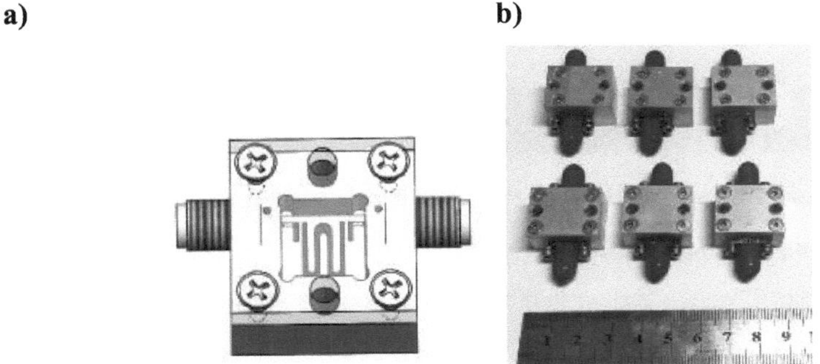

Rys. 82. (a) 2GHz YBa2Cu3O7-$_{\delta}$ i NdBa2Cu3O7-$_{\delta}$ opakowania rezonatora mikropaskowego; (b) 2GHz YBa2Cu3O7-$_{\delta}$ i NdBa2Cu3O7-$_{\delta}$ rezonatory mikropaskowe, wyprodukowane przez Dimitri O. Ledenyova, JCU i Bin Wei, Uniwersytet Tsinghua.

Symulowana reakcja sygnału elektromagnetycznego rezonatora mikropaskowego HTS o częstotliwości rezonansowej 1963,5 MHz pokazana jest na rysunku 83.

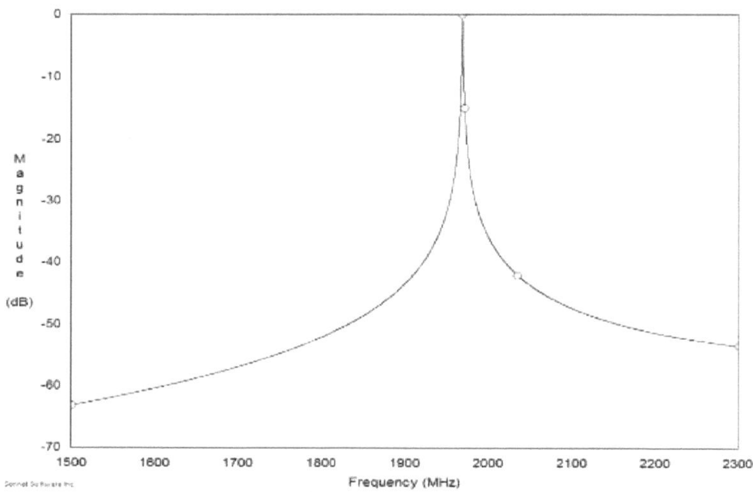

Rys. 83. Symulowana odpowiedź sygnału, S21(f), YBa2Cu3O7-δ i NdBa2Cu3O7-δ rezonatorów mikropaskowych o wybranej geometrii układu o częstotliwości rezonansowej 1963,5MHz w temperaturze pracy w sieci Sonnet (oś Y): S21 (dB)).

7.3. Zmierzone zależności współczynnika transmisji od częstotliwości, S21(f), YBa2Cu3O7-δ i NdBa2Cu3O7-δ Cienkie filmy w rezonatorach mikropaskowych przy różnych poziomach mocy sygnału mikrofalowego przy wybranych temperaturach w mikrofalach

W celu lepszego zrozumienia zależności oporu powierzchniowego od mocy sygnału mikrofalowego, Rs(P), w rezonatorach 2GHz YBa2Cu3O7-δ i NdBa2Cu3O7-δ przeprowadzono pomiary eksperymentalne. Zmierzono zależności S21(f) dla rezonatorów 2GHz YBa2Cu3O7-δ i NdBa2Cu3O7-δ w temperaturach 25K, 77K i 87K (YBCO) i 90K (NdBCO) przy różnych poziomach mocy sygnału mikrofalowego, P, od -5dBm do +30dBm z 5dBm przyrostem krokowym. Ustawienie eksperymentalne było takie, jak opisano w rozdziale 6. Na rysunkach 84 i 85 przedstawiono zależności współczynnika transmisji od częstotliwości, S21(f), rezonatorów mikropaskowych YBCO

(R3Y) i NdBCO (R1N) przy różnych poziomach mocy RF w zakresie częstotliwości 2,23GHz w temperaturze 25K.

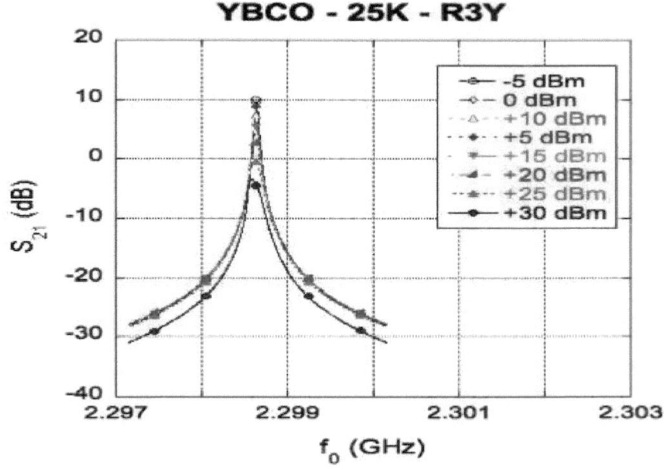

Rys. 84. Zależność współczynnika transmisji od częstotliwości, S21(f), rezonatora YBa2Cu3O7-δ mikropaskowego, R3Y, przy różnych poziomach mocy sygnału mikrofalowego w temperaturze 25K.

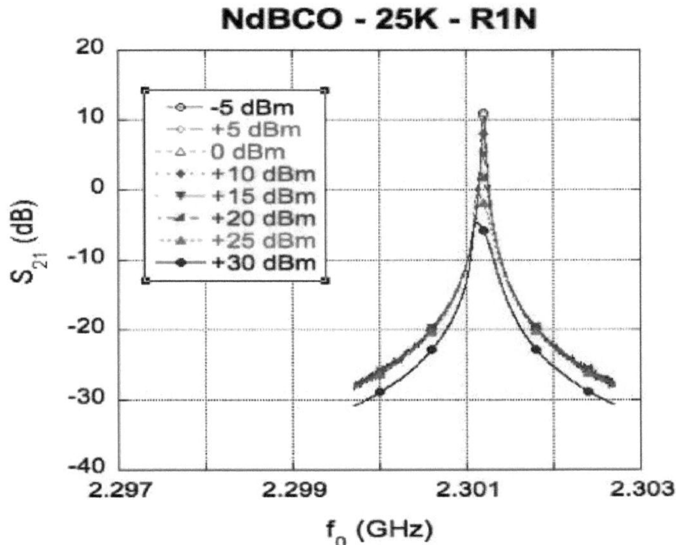

Rys. 85. Zależność współczynnika transmisji od częstotliwości, S21(f), rezonatora$_\delta$ NdBa2Cu3O7- mikropaskowego, R1N, przy różnych poziomach mocy sygnału mikrofalowego w temperaturze 25K.

Należy napisać jedno małe dodatkowe wyjaśnienie, wyjaśniające, że na obu wykresach na rys. 84 i 85 zastosowano tę samą skalę częstotliwości.

Z rys. 84 i 85 wynika, że siła sygnału mikrofalowego ma stosunkowo niewielki wpływ na wielkość współczynnika transmisji *S21* przy niższych poziomach mocy sygnału mikrofalowego w przypadku obu rezonatorów mikropaskowych, przy czym niektóre słabe efekty nieliniowe pojawiają się przy poziomie mocy sygnału mikrofalowego +15dBm i wyższym, a najsilniejsze efekty nieliniowe wykrywane są przy poziomie mocy sygnału mikrofalowego +30dBm, jak oczekiwano.

Powiedzmy, że pozostałe mierzone rezonatory mikropaskowe, NdBCO (R2N, R3N) i YBCO (R1Y, R2Y), wykazywały podobne zachowania fizyczne, dlatego nie są one omówione w niniejszym rozdziale 7 w sposób zwięzły.

Na rysunkach 86 i 87 przedstawiono zależności S21(f) rezonatorów mikropaskowych YBCO (R3Y) i NdBCO (R1N) przy różnych mocach RF przy T = 77K.

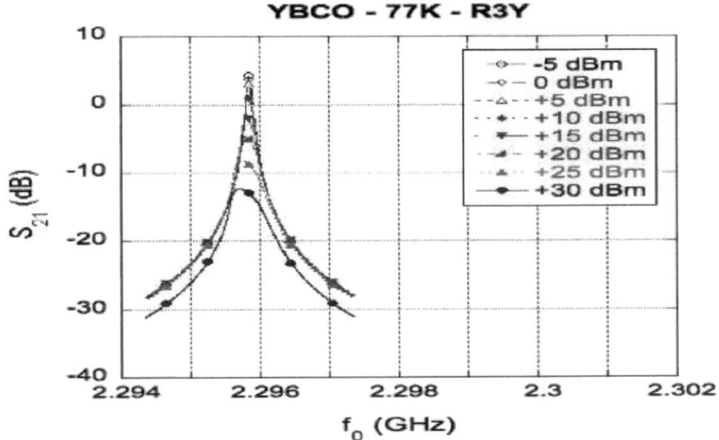

Rys. 86. Zależność współczynnika transmisji od częstotliwości, S21(f), rezonatora YBa2Cu3O7-δ mikropaskowego, R3Y, przy różnych poziomach mocy sygnału mikrofalowego w temperaturze 77K.

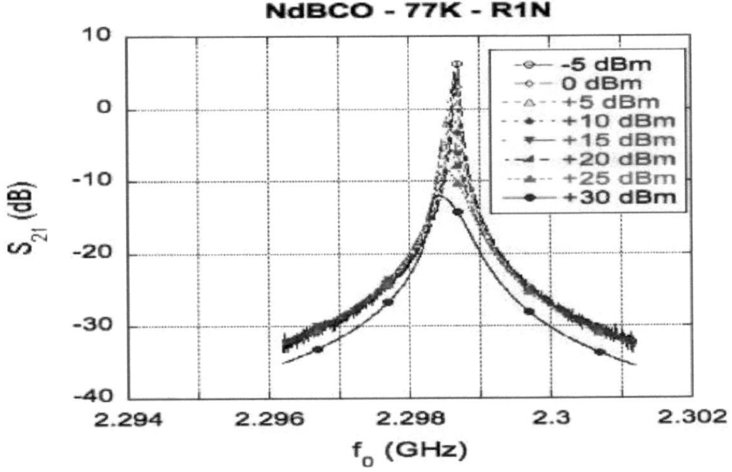

Rys. 87. Zależność współczynnika transmisji od częstotliwości, S21(f), rezonatoraδ NdBa2Cu3O7- mikropaskowego, R1N, przy różnych poziomach mocy sygnału mikrofalowego w temperaturze 77K.

Jeszcze raz zwróćmy uwagę na fakt, że na obu wykresach zastosowano tę samą skalę częstotliwości.

Wyniki przedstawione na rysunkach 86 i 87 pokazują widoczne efekty nieliniowe przy poziomie mocy sygnału mikrofalowego +30dBm dla obu rezonatorów mikropaskowych. Począwszy od +15 dBm i więcej, filmy YBCO ilustrują bardziej widoczny efekt poszerzenia krzywych rezonansowych, co oznacza odpowiedni wpływ na współczynnik Q. Jak widać, rezonator mikropaskowy NdBCO utrzymuje wzrost mocy mikrofalowej przy wyższych poziomach mocy sygnału mikrofalowego nieco lepiej, jednak przy P=+30 dBm nieliniowość jest wyraźnie widoczna.

Na rysunkach 88 i 89 przedstawiono zależności S21(f) rezonatorów mikropaskowych YBCO (R3Y) i NdBCO (R1N) bliższe ich temperaturom krytycznym, Tc. Wyniki pomiarów przedstawiono dla rezonatora mikropaskowego YBCO (R3Y) w temperaturze 87K oraz rezonatora mikropaskowego NdBCO (R1N) w temperaturze 90K.

Jeszcze raz pragniemy zwrócić uwagę naszych badań na fakt, że na obu wykresach zastosowano tę samą skalę częstotliwości.

Widoczne poszerzenie i niewielkie przesunięcie krzywej zależności S21(f) rezonatora mikropaskowego YBCO (R3Y) przy mocy mikrofalowej +30dBm w temperaturze 87K wskazuje na obecność efektów nieliniowych. Rezonator mikropaskowy NdBCO (R1N) wykazuje większą stabilność krzywych, co oznacza wyższe współczynniki Q i mniej widoczne nieliniowości w temperaturze 90K, niż w przypadku rezonatora mikropaskowego YBCO (R3Y) w temperaturze 87K. Oczywiście, efekt wysokiej mocy sygnału mikrofalowego +30dBm jest nadal obecny, przesuwając wierzchołek krzywej w kierunku niskich częstotliwości. Przesunięcie krzywych rezonansowych staje się zauważalne dla poziomów mocy sygnału mikrofalowego od +15dBm i wyższych do +30dBm.

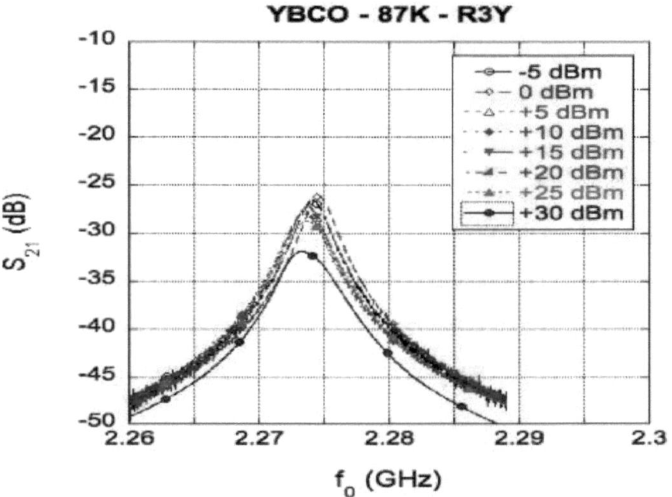

Rys. 88. Zależność współczynnika transmisji od częstotliwości, S21(f), rezonatora YBa2Cu3O7-δ mikropaskowego, R3Y, przy różnych poziomach mocy sygnału mikrofalowego w temperaturze 87K.

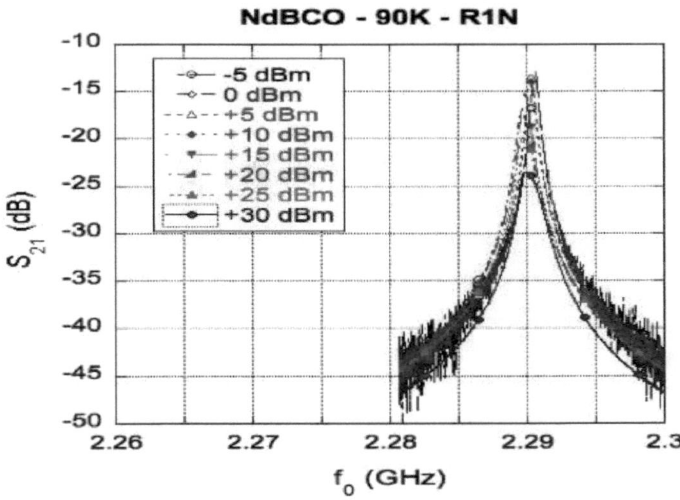

Rys. 89. Zależność współczynnika transmisji od częstotliwości, S21(f), rezonatoraδ NdBa2Cu3O7- mikropaskowego, R1N, przy różnych poziomach mocy sygnału mikrofalowego w temperaturze 90K.

7.4. Obliczona zależność współczynnika jakości od temperatury, Q0(T), oraz oporności powierzchniowej od mocy sygnału mikrofalowego, RS(P), oraz zmiany oporności powierzchniowej od temperatury, RS (T), YBa2Cu3O7-δ i NdBa2Cu3O7-δ Rezonatory mikropaskowe przy różnych poziomach mocy sygnału mikrofalowego przy wybranych temperaturach w mikrofalach

Do przetwarzania danych zastosowano technikę współczynnika jakości trybu transmisyjnego (TMQF), aby uzyskać współczynnik jakości nieobciążonego Q0. Dla każdej temperatury zarejestrowano 1601 punktów parametrów S21, S11 i S22 wokół rezonansu, a zmierzone wartości dopasowano do okręgów na płaszczyźnie złożonej w celu obliczenia współczynników sprzężenia, obciążonego QL i nieobciążonego Q0. Technika TMQF umożliwiła wyeliminowanie lub zmniejszenie szumu, niedopasowania impedancji i opóźnienia fazy w mierzonych wynikach.

Rys. 90 przedstawia porównanie zależności współczynnika jakości nieobciążonego rezonatora od temperatury dla rezonatorów mikropaskowych NdBCO (R1N i R2N) (obliczonych jako wartość średnia) i YBCO (R3Y), przy P=0dBm przy frezach.

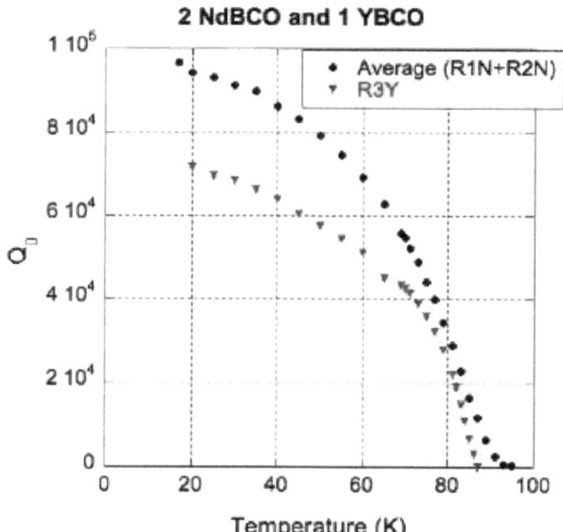

Rys. 90. Zależność nieobciążonego czynnika jakości od temperatury, Q(T), rezonatora $NdBa_2Cu_3O_{7-\delta}$ dwa rezonatory mikropaskowe, R1N i R2N, (liczone jako wartość średnia); oraz rezonatora $YBa_2Cu_3O_{7-\delta}$ mikropaskowego, R3Y, przy mocy sygnału mikrofalowego 0dBm przy częstotliwości rezonansowej.

Na Rys. 90 rezonator mikropaskowy NdBCO ma znacznie wyższy współczynnik jakości, Q0, niż rezonator YBCO w niższych temperaturach, mający różnicę prawie 30% w temperaturze 20K: 1) NdBCO Q0 z 92198 i 2) YBCO Q0 z 71600. Różnica ta zmniejsza się bliżej temperatury 80K (NdBCO Q0 z 28965 przy 81K, YBCO Q0 z 21946 przy 81K), przy czym zachowanie fizyczne staje się bardziej spójne z temperaturą krytyczną, T_C, odpowiednich nadprzewodników.

Jeśli chodzi o niepewność wyników pomiarów, może ona być spowodowana przez następujące czynniki [17]:

1. Oczekiwane ograniczenia dotyczące instrumentów;

2. Możliwe nierównomierne sprzężenie;

3. Istniejące straty w sprzężeniu.

W naszych pomiarach dopuszczono, że ograniczenia instrumentu były mniejsze niż 1%, biorąc pod uwagę technikę TMQF do przetwarzania danych, która zmniejsza hałas, niedopasowanie impedancji i opóźnienie fazy. Założono, że sprzężenie jest równe, a straty wynikające ze sprzężenia są znikome i niewielkie.

Rys. 91 ilustruje zależność oporu powierzchniowego, obliczonego jak np. (3.21), od mocy mikrofalowej, Rs(P), rezonatora $YBa_2Cu_3O_{7-\delta}$ mikropaskowego, R3Y, przy częstotliwości rezonansowej, fres, przy różnych temperaturach, T. Jak widać, wartości oporu powierzchniowego, R_S, stają się wyższe wraz ze wzrostem temperatury, z największym wzrostem, wykrytym w zakresie temperatur od 86K do 87K, w pobliżu temperatury krytycznej, Tc. Opór powierzchniowy podnosi również wyższe poziomy mocy sygnału mikrofalowego, Rs(P), zwiększając się bardziej stromo w zakresie mocy RF: +15 dBm do +30dBm.

Podobne badania oporności powierzchniowej w stosunku do mocy mikrofalowej, RS(P), przeprowadzono w przypadku rezonatorów paskowych NdBCO, przy czym wyniki przedstawione dla rezonatora paskowego NdBCO R1N przedstawiono na rys. 92, a dla rezonatora paskowego NdBCO R2N na rys. 93.

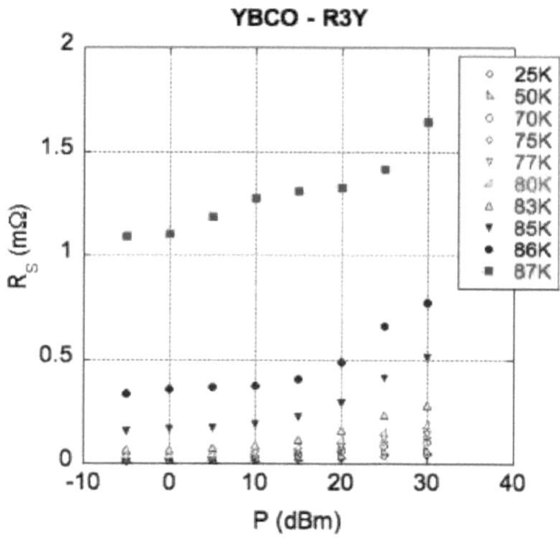

Rys. 91. Zależność oporu powierzchniowego od mocy sygnału mikrofalowego, Rs(P), rezonatora$_\delta$ YBa2Cu3O7- mikropaskowego, R3Y, przy częstotliwości rezonansowej, frezach, w różnych temperaturach.

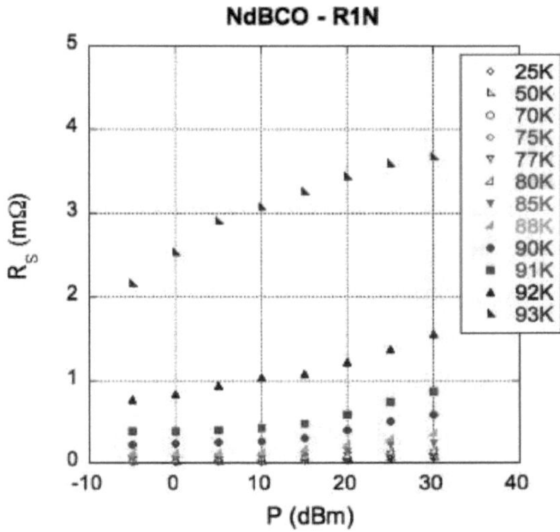

Rys. 92. Zależność oporu powierzchniowego od mocy sygnału mikrofalowego, Rs(P), rezonatora δNdBa2Cu3O7- mikropaskowego, R1N, przy częstotliwości rezonansowej, frezach, w różnych temperaturach.

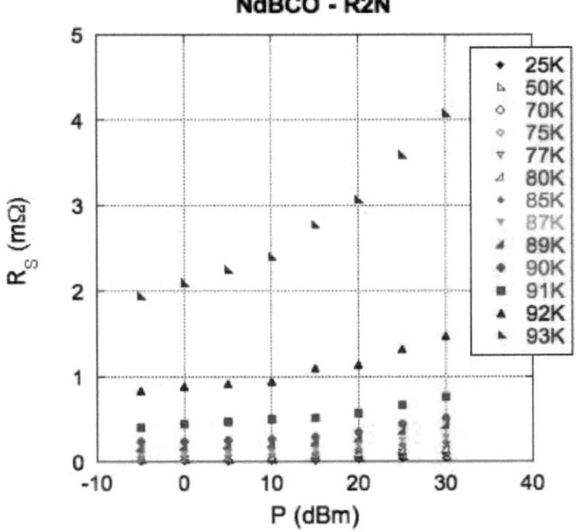

Rys. 93. Zależność oporu powierzchniowego od mocy sygnału mikrofalowego, Rs(P), rezonatora$_\delta$ NdBa2Cu3O7- mikropaskowego, R2N, przy częstotliwości rezonansowej, frezach, w różnych temperaturach.

Jak wynika z rysunków 92 i 93, oba rezonatory paskowe NdBCO (R1N i R2N) wykazują podobne zachowania fizyczne oporności powierzchniowej przy różnych poziomach mocy sygnału mikrofalowego, $_{RS}$(P), z jedyną widoczną różnicą w temperaturze 93K, gdzie $_{RS}$(P) jest wyższy dla rezonatora paskowego NdBCO R1N przy średniej mocy mikrofalowej waha się od +5 dBm do +20 dBm, natomiast przy +30 dBm wykazuje nieco mniejszą wielkość. Ogólnie rzecz biorąc, fizyczne zachowanie się zależności $_{RS}$(P) mieści się w oczekiwanym wzorcu, gdy opór powierzchniowy, $_{RS}$, wzrasta wraz ze wzrostem przyłożonej mocy mikrofalowej, P.

Porównując dwa typy rezonatorów mikropaskowych, YBCO i NdBCO, widać, że oba rezonatory mikropaskowe wykazują podobny wzrost oporów powierzchniowych, RS, przy zwiększonej mocy mikrofalowej, P, ale rezonatory mikropaskowe NdBCO mają wyższe temperatury krytyczne, Tc, a co za tym idzie, niższe opory powierzchniowe, $_{RS}$, na przykład w odpowiednich temperaturach:

Rezonator YBCO R3Y przy **77K**: $_{RS}$ = 0,144 mΩ;

Rezonator NdBCO R1N przy **77K**: $_{RS}$ = 0,119 mΩ;

Rezonator NdBCO R2N przy **77K**: $_{RS}$ = 0,12 mΩ;

Bliżej temperatury krytycznej materiałów odpowiadających HTS wykryto następujące wielkości oporu powierzchniowego, $_{RS}$:

Rezonator YBCO R3Y przy **87K**: $_{RS}$ = 1,64 mΩ;

Rezonator NdBCO R1N przy **93K**: $_{RS}$ = 3,66 mΩ;

Rezonator NdBCO R2N przy **93K**: $_{RS}$ = 4,06 mΩ;

W przypadku rezonatora mikropaskowego YBCO o najwyższej temperaturze 87K oporność powierzchniowa wynosiła $_{RS}$ = 1,64 mΩ. W przypadku rezonatora mikropaskowego NdBCO R1N o najwyższej temperaturze przy 88K rezystancja powierzchniowa wynosiła R_S = 0,359 mΩ; a w przypadku rezonatora mikropaskowego NdBCO R2N o najwyższej temperaturze przy 87K rezystancja powierzchniowa wynosiła R_S = 0,282 mΩ.

Rezonator YBCO R3Y przy **87K**: R_S = 0,144 mΩ;

Rezonator NdBCO R1N przy **88K**: R_S = 0,359 mΩ;

Rezonator NdBCO R2N przy **87K**: R_S = 0,282 mΩ.

Jak widać i oczekiwano, rezonatory paskowe NdBCO mają mniejsze wartości oporu powierzchniowego, Rs, przy podwyższonych poziomach mocy sygnału mikrofalowego, P, przy odpowiednich temperaturach, T, w porównaniu z rezonatorami paskowymi YBCO. Możliwości rezonatorów mikropaskowych NdBCO w zakresie obsługi mocy mikrofalowej rozszerzyły się również na wyższe temperatury, T, ze względu na wyższą temperaturę krytyczną, T_C, materiału nadprzewodnika NdBCO.

W celu zidentyfikowania efektów nieliniowych z początkami nieliniowości w rezonatorach mikropaskowych YBCO i NdBCO, przeprowadzono dwie częściowe przybliżenia liniowe, jak w rozdziale 6.
Na rysunkach 94 i 95 przedstawiono zmiany oporów powierzchniowych na temperatury, Rs(T), rezonatorów mikropaskowych YBCO i NdBCO przy częstotliwościach rezonansowych przy mocy sygnału mikrofalowego wzrasta od -5dBm do 35dBm z mikrofalową mocą wejściową, znormalizowaną do R_S przy T=77K i P=0dBm. Zostały one obliczone jak w równaniu (7.1)

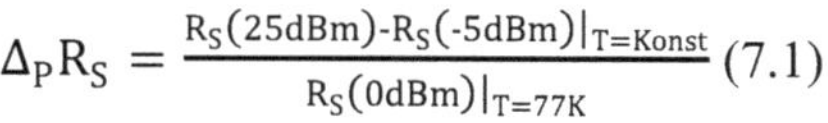

$$\Delta_P R_S = \frac{R_S(25dBm)\text{-}R_S(\text{-}5dBm)|_{T=Konst}}{R_S(0dBm)|_{T=77K}} \quad (7.1)$$

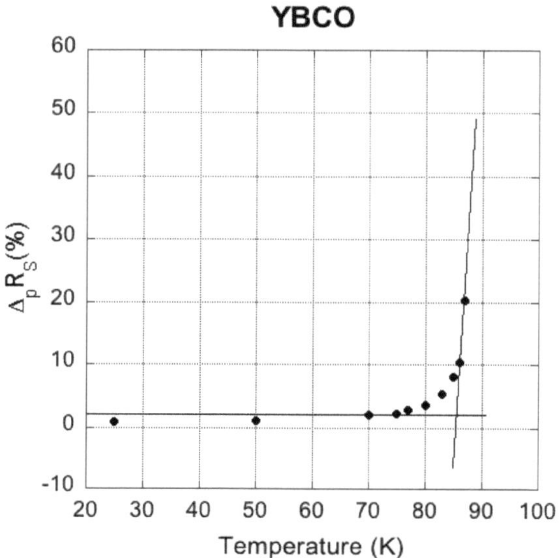

Rys. 94. Obliczona zależność zmiany rezystancji powierzchni od temperatury, RS (T) rezonatora YBa2Cu3O7-δ mikropaskowego, R3Y, przy częstotliwości rezonansowej ΔPRF od -5dBm do 30dBm.

Jak widać, początek nieliniowości w rezonatorze mikropaskowym YBCO R3Y przy częstotliwości rezonansowej przy wzrastających poziomach mocy wejściowej sygnału mikrofalowego od -5dBm do +30dBm zaczyna występować w temperaturze około 85K.

Takie samo podejście badawcze zastosowano do określenia początku nieliniowości w obliczonej zależności zmiany rezystancji powierzchniowej od temperatury, RS (T), rezonatora mikropaskowego NdBCO R1N przy częstotliwości rezonansowej dla różnych poziomów mocy sygnału mikrofalowego od -5dBm do +30dBm, przy czym uzyskane wyniki przedstawiono na rys. 95.

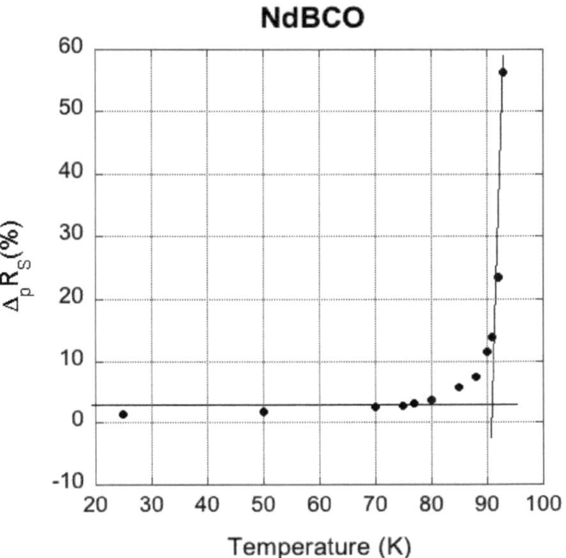

Rys. 95. Obliczona zależność zmiany rezystancji powierzchniowej od temperatury, RS (T), rezonatora $NdBa2Cu3O7-_{\delta}$ mikropaskowego, R1N, przy częstotliwości rezonansowej ΔPRF od -5dBm do +30dBm.

Jak widać na rys. 95, wystąpienie nieliniowości w rezonatorze mikropaskowym NdBCO R1N przy częstotliwości rezonansowej przy wzrastających poziomach mocy wejściowej sygnału mikrofalowego od -5dBm do +30dBm następuje przy temperaturze około 91K.

Ogólnie rzecz biorąc, możemy dokonać podsumowania badań stwierdzając, że początek nieliniowości w rezonatorach mikropaskowych NdBCO przy częstotliwości rezonansowej przy wzrastających poziomach mocy wejściowej sygnału mikrofalowego od -5dBm do +30dBm występuje w temperaturze około 91K; natomiast początek nieliniowości w rezonatorach mikropaskowych YBCO przy częstotliwości rezonansowej przy wzrastających poziomach mocy wejściowej sygnału mikrofalowego od -5dBm do +30dBm zaczyna występować w temperaturze około 85K.

Dlatego też, cienkie warstwy NdBCO i rezonatory paskowe NdBCO wykazały znacznie lepsze możliwości obsługi mocy mikrofalowej niż rezonatory paskowe YBCO w podobnych warunkach pomiarowych. Mniejsze efekty nieliniowe w rezonatorach mikropaskowych NdBCO mogą dać im pewną przewagę techniczną nad ich odpowiednikami YBCO w filtrach mikrofalowych w transceiverach w komunikacji bezprzewodowej oraz w radarach w aplikacjach zdalnego wykrywania/wykrywania/śledzenia/naprowadzania.

Kontynuując dyskusję, zwróćmy uwagę na fakt, że rezonatory nadprzewodnikowe YBCO i NdBCO zostały pokryte zwykłą metalową warstwą ochronną Au. Grubość warstwy ochronnej Au wynosiła od 1/25 w stosunku do grubości cienkiej warstwy nadprzewodzącej YBCO, a od 1/30 w stosunku do grubości cienkiej warstwy nadprzewodzącej NdBCO.

W przypadku propagacji sygnału mikrofalowego w rezonatorach nadprzewodnikowych YBCO i NdBCO przy wysokich temperaturach bliskich 90K głębokość penetracji efektu skórnego przez nałożony sygnał mikrofalowy do normalnego metalu wynosi λ_m 600-700nm$\approx$, przewyższając wielokrotnie grubość warstwy ochronnej Au, dm = 20nm, stąd warstwa ochronna Au nie osłania pola elektromagnetycznego, wnosząc stosunkowo niewielki wkład w absorpcję sygnału mikrofalowego z prędkością 2-3%.

Jednak w przypadku propagacji sygnału mikrofalowego w rezonatorach nadprzewodnikowych YBCO i NdBCO przy niskich temperaturach poniżej 90K głębokość penetracji efektu skórnego przez zastosowany sygnał mikrofalowy do normalnego metalu wynosi $\lambda_S \approx$ 146 nm, czyli jest znacznie mniejsza niż jego wielkość w wysokich temperaturach, Można zatem przyjąć, że w tym konkretnym przypadku grubość warstwy ochronnej Au wynosząca 20nm miała pewien wpływ na wielkość współczynnika Q, zmniejszając go do ok. 10-12% w porównaniu do przypadku nadprzewodnikowych rezonatorów taśmowych YBCO i NdBCO bez pokrycia warstwą ochronną Au. Należy jednak pamiętać, że zastosowanie warstwy ochronnej Au pomaga chronić nadprzewodzące rezonatory taśmowe YBCO i NdBCO przed ewentualnym utlenianiem i wynikającą z niego degradacją strukturalną i/lub uszkodzeniem materiału w czasie.

Warto zauważyć, że w przypadku propagacji sygnału mikrofalowego w rezonatorach nadprzewodnikowych YBCO i NdBCO przy niskich temperaturach poniżej 90K, absorpcja sygnału mikrofalowego w normalnej warstwie metalu może być zmniejszona ze względu na efekt bliskości [18]. Efekt bliskości [18] reprezentuje fizyczne zjawisko przenikania par elektronów nadprzewodzących do normalnego metalu, który znajduje się w bliskim kontakcie z nadprzewodnikiem, powodując powstanie stanu nadprzewodzącego wewnątrz normalnego metalu w niskich temperaturach. Efekt bliskości można zaobserwować w układach stykowych pomiędzy niskotemperaturowym nadprzewodnikiem a normalnym metalem [19]; a także w układach stykowych pomiędzy wysokotemperaturowym nadprzewodnikiem a normalnym metalem [20, 21, 22], stąd może on również pochodzić od układu stykowego NdBCO/Au i/lub YBCO/Au. W tym przypadku można założyć, że absorpcja sygnału mikrofalowego w cienkiej normalnej warstwie metalu będzie niewielka, bez wpływu na parametry rezonatora mikropaskowego.

Dlatego też autorzy uważają, że rezonatory YBa2Cu3O7-δ i NdBa2Cu3O7-δ mikropaskowe, w tym innowacyjne metody badawcze, z pewnością mogą być wykorzystane do dokładnej charakterystyki materiałów HTS w mikrofalach. Ponadto, autorzy chcieliby przedstawić techniczną propozycję Liedenyowa, że YBa2Cu3O7-δ, NdBa2Cu3O7-δ i inne rezonatory mikropaskowe HTS wraz z zaawansowanymi metodami badawczymi z pewnością mogą być uważane za możliwy standard dla dokładnej charakterystyki cienkich warstw HTS w mikrofalach, podobnie jak rezonator dielektryczny w mikrofalach [23].

Referencje

[1] H. Shaked, B.W. Veal, J. Faber Jr., et al., "Structural and superconducting properties of oxygen-deficient NdBa2Cu3O7-δ", Phys. Rev. B, v.41, no. 7, pp. 4173-4180, 1990.

[2] T. Krekels, H. Zou, G. Van Tendeloo et al., "Ortho II structure in ABa2Cu3O7-δ compounds (A = Er, Nd, Pr, Sm, Yb)", Physica C, v. 196, str. 363-368, 1992.

[3] S. I. Yoo, N. Sakai, H. Takaichi, T. Higuchi i M. Murakami, "Przetwarzanie stopu w celu uzyskania nadprzewodników NdBa2Cu3Oy z wysokim Tc i dużym Jc", Applied Physics Letters v. 65, iss. 5, s. 633-635, 1994.

[4] M. Badaye et al., "Superior properties of NdBCO over YBCO thin films", Superc. Science and Technol., v. 10, str. 825-830, 1997.

[5] B. Utz et al., "Deposition of YBCO and NBCO films on areas of 9 inches in diameter", IEEE Trans. Appl. Supercond., v. 7, nr 2, s. 1272-1277, 1997.

[6] K. Muranaka, "Właściwości mikrofalowe folii Nd-Ba-Cu-O charakteryzującej się rezonatorem dielektrycznym", Advances in Supercond. X, Springer, str. 1061-1064, 1998.

[7] C. Cantoni et al., "Structural and transport properties of epitaxial NdBCO thin films on single crystal and Ni metal substrates", Physica C, v. 324, s. 177, 1999.

[8] I. Monot, F. Tancret, P. Laffez et al., "Microstructure and properties of oxygen controlled melt textured NdBaCuO superconductive ceramics", Materials Science and Engineering, B65, str. 26-34, 1999.

[9] Z. Mori et al., "In-situ annealing effect of sputter-deposited NdBCO thin films", Thin Solid Films, v. 354, pp. 195-200, 1999.

[10] M. Salluzo et.al., "Superconducting properties of YBaCuO and NdBaCuO thin films deposited by dc sputtering", IEEE Trans. on Applied Superconductivity, v. 11, pp. 3201-3204, 2001.

[11] Semerad et al., "RE-123 thin films for microwave applications", Physica C, v. 378, str. 1414-1418, 2002.

[12] M. Boffa et al., "Realization of highly epitazial (Y, Nd, Sm) Ba2Cu3O7 films for microwave applications", Physica C: Superconductivity, v. 384, pp. 419-424, 2003.

[13] N. Zuchowski, "Microwave properties of NdBaCuO HTS films", B.Eng. thesis, James Cook University, Townsville, Australia, 2014.

[14] A. Rains, "Microwave characterization of NdBaCuO HTS thin films and comparison of measurement techniques in terms of uncertainty in quality factor and surface resistance", B.Eng thesis, James Cook University, Townsville, Australia, 2014.

[15] J. Mazierska, K. Leong, D. Ledenyov, A. Rains, N. Zuchowski, J. Krupka, "Mikrofalowe pomiary oporów powierzchniowych i przewodnictwa kompleksowego filmów NdBaCuO", Postępy w nauce i technice, w. 95, s. 162-168, 2014.

[16] M. Hein, "High-superconductor thin films at microwave frequencies", Springer, 2010.

[17] D. Kajfez et al., "Uncertainty Analysis of the Transmission-Type Measurement of Q-Factor", IEEE Trans. on Microwave Theory and Tech., v. 47, s. 367, 1999.

[18] J. Clarke, "The proximity effect between superconducting and normal thin films in zero field", Journal de Physique Colloques, 29 (C2), pp.C2-3-16, 1968.

[19] V. O. Ledenyow, D. O. Ledenyow, O. P. Ledenyow, M. A. Tichonowski, "Ultrasonic Investigation of Superconductivity of Copper in Cu-Nb Composite at Low Temperatures", Problems of Atomic Science and

Technology, v. 16, no. 4, s. 66-72, Narodowe Centrum Naukowe Charkowski Instytut Fizyki i Technologii, Charków, Ukraina, ISSN 1562-6016, 2007; Cornell University, NY, USA, www.arxiv.org, 1204.3837v1.pdf .

[20] M.R. Beasley, "Tunneling and proximity effect studies of the high-temperature superconductors", Physica C, v. 185-189, pp. 227-233, 1991.

[21] G. Deutscher i R. W. Simon, "On the proximity effect between normal metals and cuprate superconductors", Journal of Applied Physics, v. 69, pp. 4137-4139, 1991.

[22] P. K. Rout, R. K. Rakshit i R. C. Budhani, "Proximity effect in cuprate based superconductor-normal metal-superconductor junction", Solid State Physics, AIP Conf. Proc. 1591, s. 1523-1525, 2014.

[23] J. Mazierska, "Rezonator dielektryczny jako możliwy standard do charakteryzacji wysokotemperaturowych folii nadprzewodzących do zastosowań mikrofalowych", J. Supercond., v. 10, nr 2, s. 73-85, 1997.

Rozdział 8

Charakterystyka i mechanizmy fizyczne nieliniowości w $YBa_2Cu_3O_{7-\delta}$ i $NdBa_2Cu_3O_{7-\delta}$ Nadprzewodniki wysokotemperaturowe w mikrofalach

8.1. Zrozumienie natury i fizycznych mechanizmów nieliniowości w $YBa_2Cu_3O_{7-\delta}$ i $NdBa_2Cu_3O_{7-\delta}$ Nadprzewodniki wysokotemperaturowe w mikrofalach

Nadprzewodnikowe efekty nieliniowe mogą powstawać i być obserwowane w kryształach HTS, cienkich warstwach i grubych warstwach przy podwyższonym poziomie mocy w mikrofalach w temperaturze roboczej. Te nadprzewodnikowe efekty nieliniowe w materiałach HTS przy podwyższonych poziomach mocy mikrofal w temperaturach roboczych muszą być szczegółowo zbadane z następujących ważnych powodów:

1. Efekty nieliniowe mogą ograniczyć znakomitą charakterystykę techniczną obsługi mocy mikrofalowej pasywnych urządzeń mikrofalowych HTS, takich jak rezonatory mikrofalowe i filtry mikrofalowe przy podwyższonym poziomie mocy sygnału elektromagnetycznego w mikrofalach przy temperaturach pracy;

2. Efekty nieliniowe mogą prowadzić do możliwego rozwoju nowych aktywnych/pasywnych mikrofalowych urządzeń elektronicznych i fotonicznych HTS, takich jak nowe tranzystory mikrofalowe, bolometry, elektroniczne/fotoniczne układy scalone, w mikrofalach w temperaturach roboczych.

Mówiąc naukowo, nieliniowe zjawiska w nowych typach związków HTS w mikrofalach w określonych temperaturach nadal nie są w pełni zarejestrowane, całkowicie zrozumiałe i wyczerpująco opisane w istniejącej literaturze naukowej i/lub technicznej na ten temat.

Obecnie wzrost strat mocy mikrofalowej w materiałach HTS przy podwyższonych poziomach mocy mikrofalowej w określonych temperaturach można przypisać szeregowi zjawisk fizycznych, występujących w związkach HTS przy podwyższonych poziomach mocy mikrofalowej w określonych zakresach temperatur. Na przykład, zdecydowanie można powiedzieć, że nieliniowość w badanych HTS cienkich warstw przy podwyższonych poziomach mocy mikrofalowej w określonych temperaturach może wynikać z następujących efektów [1-11]:

1. Tworzenie słabych ogniw w cienkich filmach HTS;
2. Mikrofalowe globalne/lokalne efekty grzewcze w cienkich warstwach HTS;
3. Generacja wirów magnetycznych Abricosova/Josephsona, penetracja, przypinanie i ruch w cienkich warstwach HTS [15].

Oczywiście, jasne zrozumienie pełnego zakresu możliwych oddziaływań przez tak ważne czynniki, jak właściwości materiału HTS, parametry techniczne HTS, zastosowane przez HTS dokładne ustawienia/techniki/metody pomiaru charakterystyki oraz niektóre inne zewnętrzne/wewnętrzne czynniki oddziaływania mogą być z pewnością przydatne [1-14]. Oczywiście, dokładne scharakteryzowanie nieliniowości może skutkować znaczną przewagą techniczną w przypadku zaawansowanych projektów urządzeń mikrofalowych realizowanych przez inżynierów w ośrodkach badawczo-rozwojowych.

Obecnie na światowym rynku oprogramowania istnieje duża liczba programów do projektowania wspomaganego komputerowo (CAD), które są opracowywane i sprzedawane. Pewna liczba narzędzi programowych CAD jest opracowana do normalnego projektowania sprzętu metalowego, optymalizacji, testowania w licznych aplikacjach mikrofalowych. Standardowe modele materiałów/urządzeń mikrofalowych opracowane w programach CAD nie uwzględniają jednak możliwych nadprzewodnikowych efektów nieliniowych w pasywnych/aktywnych materiałach/urządzeniach mikrofalowych HTS, takich jak rezonatory i filtry RF/mikrofalowe. W związku z tym istnieje pilna potrzeba naukowego i technicznego wypełnienia luki w wiedzy w dziedzinie mikrofalowej inżynierii elektronicznej w zakresie projektowania aktywnych/pasywnych urządzeń elektronicznych/fotonicznych HTS za pomocą programów CAD.

Ponadto uważamy, że nowoczesne programy CAD z nowatorskimi modelami cienkowarstwowymi i grubowarstwowymi HTS byłyby z pewnością bardzo przydatne w przypadku nowych komponentów, urządzeń, modułów i systemów mikrofalowych HTS, które projektują rozwój, ulepszenia i optymalizację w zakresie inżynierii mikrofalowej.

8.2. Główne wyniki precyzyjnego pomiaru nieliniowości w YBa2Cu3O7-δ i NdBa2Cu3O7-δ Nadprzewodniki wysokotemperaturowe w mikrofalach

Zaawansowane badania, opisane w tej książce, realizują dwa główne cele badawcze:

1. Przeprowadzenie teoretycznych badań nad właściwościami mikrofalowymi cienkich warstw YBa2Cu3O7 (YBCO) i NdBa2Cu3O7 (NdBCO) w celu stworzenia zaawansowanego modelu ekwiwalentnego obwodu elementów grudkowych nadprzewodnika wysokotemperaturowego i rezonatorów mikrofalowych HTS, aby uwzględnić efekty nieliniowe, dążąc do lepszego projektowania obwodów mikrofalowych HTS przy podwyższonych poziomach mocy mikrofalowej w temperaturach roboczych; oraz
2. Zakończenie badań eksperymentalnych nad właściwościami mikrofalowymi cienkich warstw YBa2Cu3O7 (YBCO) i NdBa2Cu3O7 (NdBCO) w rezonatorze dielektrycznym i rezonatorze mikropaskowym w celu znalezienia nadprzewodników wysokotemperaturowych, które wykazują mniejsze efekty nieliniowe niż te, które występują w

powszechnie stosowanych nadprzewodnikach YBCO, mając na uwadze ostateczny cel, jakim jest lepsze zaprojektowanie obwodów mikrofalowych HTS przy podwyższonych poziomach mocy mikrofalowej w temperaturach roboczych.

W tym kontekście, po raz kolejny, wspomnijmy krótko o uzyskanych wynikach badań teoretycznych i eksperymentalnych oraz o oryginalnym, innowacyjnym wkładzie badawczym autorów:

1. Ledenyov opracował nowe, zaawansowane modele układów równoważnych z elementami grudkowymi (LLEECM) w celu uwzględnienia efektów nieliniowych w nadprzewodniku oraz w rezonatorach dielektrycznych/mikrostkowych przy podwyższonym poziomie mocy mikrofalowej w temperaturach roboczych. Faktycznie, w procesie badań zaproponowano trzy nowatorskie, zaawansowane, grudkowe modele układów równoważnych (LLEECM), które dokładnie charakteryzują: 1) nadprzewodnik wysokotemperaturowy, 2) rezonator dielektryczny Hakki-Coleman z nadprzewodnikiem wysokotemperaturowym oraz 3) rezonator mikropaskowy z nadprzewodnikiem wysokotemperaturowym, wykorzystujący dwupłynny model Gortera-Casimira. Do nowatorskich, zaawansowanych modeli układów scalonych (LLEECM) Ledenyova należą m.in:

1) Liedieniow zmodyfikował zaawansowany model układu równoważnego z elementami grudkowymi nadprzewodnika: L równoległy - L-R (patrz strona 147);

2) Ledenyov zaawansowany lumped elements równoważny model obwodu rezonatora dielektrycznego z nadprzewodnikiem: L równoległy - model L-R, (Model (B)) (patrz Rys. 56 na stronie 149);

3) Ledenyow zmodyfikował zaawansowany model obwodu zastępczego dla elementów grudkowych rezonatora dielektrycznego z nadprzewodnikiem: Seria L - model L||R, (Model(C)) (patrz Rys. 57 na stronie 150).

Złożone równania matematyczne opisujące transmitowaną moc mikrofalową, P, w przypadku każdego z rozważanych przez Ledenyova nowatorskich zaawansowanych modeli układów równoważnych elementów grudkowych (LLEECM) zostały wyprowadzone i rozwiązane przez autorów, przy użyciu teorii układów mikrofalowych i złożonej matematyki.

2. Komputerowe modelowanie efektów nieliniowych w nadprzewodnikach zostało wykonane przy użyciu trzech możliwych zależności nieliniowych (zależności liniowych, kwadratowych i wykładniczych) poprzez zastosowanie ich do elementów nieliniowych (RS, LSS i LSn) w wyżej opisanych, nowatorskich zaawansowanych modelach układów równoważnych z elementami grudkowymi (LLEECM). Trzy możliwe nieliniowe zależności (zależności liniowe, kwadratowe i wykładnicze) w elementach nieliniowych (RS, LSS i LSn) w wyżej opisanych, nowatorskich zaawansowanych modelach układów równoważnych elementów grudkowych (LLEECM) Ledenyowa zostały zbadane przez autorów po raz pierwszy wspólnie. Analiza porównawcza wszystkich trzech liniowych, kwadratowych i wykładniczych zależności jest dość istotna, ponieważ zakładamy, że mogą one opisywać różne mechanizmy fizyczne odpowiedzialne za nieliniowości pojawiające się w związkach HTS przy podwyższonych poziomach mocy sygnału mikrofalowego w temperaturach pracy. Na przykład, ***liniową*** zależność można przypisać efektom ogrzewania mikrofalowego i stratom na słabym ogniwie w cienkich/grubych warstwach HTS przy niskich poziomach mocy mikrofalowej. ***Kwadratowa*** nieliniowa zależność może opisać słabo sprzężony model ziarna z penetracją pola magnetycznego na granicach ziaren, oraz częściową penetrację wiru magnetycznego w słabych ogniwach w HTS cienkich/grubych warstwach na niskich i nieco zwiększonych poziomach mocy mikrofalowej. Model

wykładniczy może być związany z penetracją wiru magnetycznego do ziaren nadprzewodzących i ruchem strumienia magnetycznego jako możliwe czynniki, przyczyniając się do nieliniowego powstawania efektu HTS w cienkich/grubych warstwach przy wysokich poziomach mocy mikrofal.

3. Przeprowadzono rozszerzone symulacje komputerowe wszystkich trzech możliwych nieliniowych zależności, przy użyciu oprogramowania Matlab i oprogramowania Maple. Szczegółowo zbadano zależności rezonansowe transmitowanej mocy mikrofalowej od częstotliwości dla szerokiego zakresu współczynników, P(f). Na podstawie wyników symulacji komputerowych, następujące modele wykładnicze zostały wybrane jako najbardziej zaawansowane, aby dokładnie scharakteryzować nieliniowe efekty przy wysokich poziomach mocy mikrofal do 30dBm:

1) Ledenyov wykładniczy zaawansowanych elementów grudkowych równoważny model obwodu rezonatora dielektrycznego z nadprzewodnikiem: L równoległy - model L-R, (Model (B)) (patrz Rys. 56 na stronie 149), oraz
2) Ledenyow wykładniczy zmodyfikowany zaawansowany, pełnowartościowy model obwodu zastępczego rezonatora dielektrycznego z nadprzewodnikiem: Seria L - model L||R, (Model(C)) (patrz Rys. 57 na stronie 150).

Autorzy uważają, że opracowane nowe modele układów równoważnych z elementami bryłowymi mogą być również włączone do programów CAD służących do analizy układów mikrofalowych; symulacji funkcji odpowiedzi sygnału mikrofalowego oraz projektowania układów mikrofalowych w inżynierii mikrofalowej.

4. Termicznie odparowane cienkie warstwy $NdBa2Cu3O7\text{-}_{\delta}$ (NdBCO) i rezonatory zostały zbadane w trakcie tych badań, aby dowiedzieć się, czy mogą one wykazywać mniejsze nieliniowe efekty niż te, które występują w cienkich warstwach $YBa2Cu3O7\text{-}_{\delta}$ (YBCO), osadzonych przy użyciu tej samej techniki syntezy cienkich warstw HTS. O ile wiadomo, że folie NdBCO mają wyższą temperaturę krytyczną, TC i prąd krytyczny, JC, niż folie YBCO, o tyle te ostatnie są prawie wyłącznie wykorzystywane w badaniach mikrofalowych HTS i zastosowaniach technicznych ze względu na dostępność wysokiej jakości procesów produkcji cienkich/grubych folii YBCO i ich stosunkowo niskie ceny produkcji. Ponadto, sensowne jest podkreślenie cennego czynnika, że wszystkie folie YBCO i NdBCO zostały zdeponowane w tym samym laboratorium w firmie Ceraco w Niemczech, przy użyciu tej samej techniki wytwarzania cienkich folii w procesie ko- parowania termicznego. Do badania właściwości mikrofalowych cienkich warstw YBCO i NdBCO wykorzystano rezonator dielektryczny Hakki-Coleman 25 GHz, pracujący w trybie TE011. Aby zapewnić najwyższą możliwą dokładność obliczonych parametrów technicznych, z pomiarów wieloczęstotliwościowych parametrów S21, S11 i S22, mierzonych wokół rezonansu z zastosowaniem techniki współczynnika jakości trybu transmisji (TMQF), jak w rozdziale 4, uzyskano obciążony współczynnik QL i współczynniki sprzężeńβ_1, iβ_2 rezonatora mikrofalowego. Współczynnik Q0- w stanie nieobciążonym został obliczony na podstawie dokładnego równania $Q_0 = Q_L(1+\beta_1+\beta_2)$, przy użyciu metody TMQF dla wszystkich temperatur. Dla każdej temperatury uzyskano 1601 punktów parametrów S21, S11 i S22 wokół rezonansu, a zmierzone wartości umieszczono w okręgach na płaszczyźnie zespolonej w celu obliczenia współczynników sprzężenia, współczynnika jakości obciążenia, QL, oraz współczynnika jakości nieobciążonego, Q0. Uzyskane wyniki eksperymentalne dla zależności oporów powierzchniowych od temperatury cienkich warstw YBCO i NdBCO ilustrują fakt, że cienkie warstwy NdBCO wykazują mniejszą zależność oporów powierzchniowych od temperatury niż dostępne w handlu folie YBCO. Największa różnica wystąpiła przy wyższych temperaturach zbliżonych do temperatury krytycznej YBCO, z RS YBCO: 26,06mOhm przy

85K i RS NdBCO: 6,55mOhm przy 85K. W temperaturze 81K, opór powierzchniowy YBCO wynosił 6.06mOhm, podczas gdy próbki NdBCO wykazywały 4.46mOhm; a w temperaturze 83K - folie YBCO wykazywały Rs=8.98mOhm, a folie NdBCO wykazywały Rs=5.18mOhm. Przy niższych temperaturach pomiędzy 19-79K, różnica RS pomiędzy foliami YBCO i NdBCO mieściła się w zakresie 0,3-0,6mOhm w całym podanym zakresie temperatur. Obliczone najbardziej prawdopodobne błędy oporu powierzchniowego, Rs, pomiary przy częstotliwości 25GHz (na podstawie np. (6.1)) mieściły się w zakresie od +3,2% do +3,8%.

5. Pomiary mocy mikrofalowych zostały przeprowadzone w zakresie mocy mikrofalowych od -5 dBm do +30 dBm, w celu zbadania wpływu zastosowanej mocy mikrofalowej na właściwości mikrofal cienkowarstwowych YBCO i NdBCO w wybranych częstotliwościach i wybranych zakresach temperatur. W celu zidentyfikowania początków efektów nieliniowych w cienkich warstwach nadprzewodnikowych YBCO i NdBCO wykonano fragmentaryczne, liniowe przybliżenie wyników pomiarów. Analizie poddano zmianę rezystancji powierzchniowej, RS, dla przyrostu mocy wejściowej mikrofalowej 30dBm, znormalizowanej do rezystancji powierzchniowej, RS, w temperaturze 77K i poziomu sygnału mikrofalowego 0dBm, obliczonego w (6.2). Według najlepszej wiedzy autorów po raz pierwszy przedstawiono takie porównanie początków efektów nieliniowych w cienkich warstwach YBCO i NdBCO przy zwiększonych poziomach mocy sygnału mikrofalowego w temperaturach roboczych. Uzyskane wyniki badań wykazały, że wystąpienie efektów nieliniowych można określić w cienkich warstwach YBCO w temperaturze około 84K oraz w cienkich warstwach NdBCO w temperaturze około 88K.

6. W celu dalszego badania nieliniowości materiałów YBCO i NdBCO dla możliwych zastosowań mikrofalowych, rezonatory i filtry mikropaskowe YBCO i NdBCO zostały zaprojektowane, opracowane i zbadane w ścisłej współpracy badawczej z laboratorium badań mikrofalowych, kierowanym przez prof. Bin Wei z Uniwersytetu Tsinghua w Pekinie, P. R. Chiny. Dokładniej mówiąc, przeprowadzono kompleksowe badanie mikrofalowe, a następnie porównano rezonatory YBCO i NdBCO pod kątem różnych poziomów mocy mikrofalowej od -5 dBm do +30 dBm w zakresie temperatur 20-98K. Częstotliwość środkowa rezonatorów mikropaskowych zaprojektowanych przez YBCO i NdBCO wynosiła 2,171 GHz. W przypadku rezonatorów YBCO i NdBCO, uzyskane wyniki badań dla zmierzonych zależności współczynnika jakości i oporu powierzchniowego od temperatury, Q0(T) i RS(T) oraz mocy sygnału mikrofalowego, Q0(P) i RS(P), wykazały, że rezonatory paskowe NdBCO miały znacznie wyższy współczynnik jakości, Q0, niż rezonatory paskowe YBCO w niższych temperaturach, z różnicą prawie 30% w temperaturze 20K: NdBCO Q0 z 92198, YBCO Q0 z 71600. Różnica pomiędzy współczynnikiem jakości rezonatora taśmowego NdBCO, Q0, a współczynnikiem jakości rezonatora taśmowego YBCO, Q0, zmniejsza się do 81K: NdBCO Q0 z 28965, YBCO Q0 z 21946, przy czym zachowanie fizyczne staje się bardziej spójne w pobliżu temperatury krytycznej, TC. Porównując rezonatory paskowe YBCO i NdBCO, zaobserwowano, że oba typy rezonatorów paskowych wykazywały podobny wzrost oporności powierzchniowej, RS, przy zwiększonym poziomie mocy mikrofalowej, P, w temperaturach roboczych, ale rezonatory paskowe NdBCO miały wyższą temperaturę krytyczną, TC, i niższą oporność powierzchniową, RS.

7. W celu identyfikacji efektów nieliniowych z początkiem nieliniowości w rezonatorach paskowych YBCO i NdBCO, zastosowano aproksymację liniową dwóch segmentów, jak pokazano na rys. 96. Dokładniej, na Rys. 96, przedstawiono zależności zmian oporów powierzchniowych od temperatury, RS(T), przy wzroście mocy mikrofal do 35dBm zarówno dla rezonatorów YBCO jak i NdBCO. Należy pamiętać, że w rozważanych przypadkach rezonatorów mikropaskowych YBCO i NdBCO, wejściowa moc mikrofalowa,

P, jest normalizowana do oporu powierzchniowego, RS, przy mocy mikrofalowej 0dBm w temperaturze 77K. Jak widać, wystąpienie efektów nieliniowych występuje w przybliżeniu w temperaturze 91K w przypadku rezonatora taśmowego NdBCO; a w przypadku rezonatora taśmowego YBCO ma miejsce w przybliżeniu w temperaturze 85K. Można zatem stwierdzić, że rezonatory mikropaskowe NdBCO wykazały znacznie lepsze możliwości obsługi mocy mikrofalowej w porównaniu z rezonatorami mikropaskowymi YBCO, w opisanych warunkach pomiarowych [11].

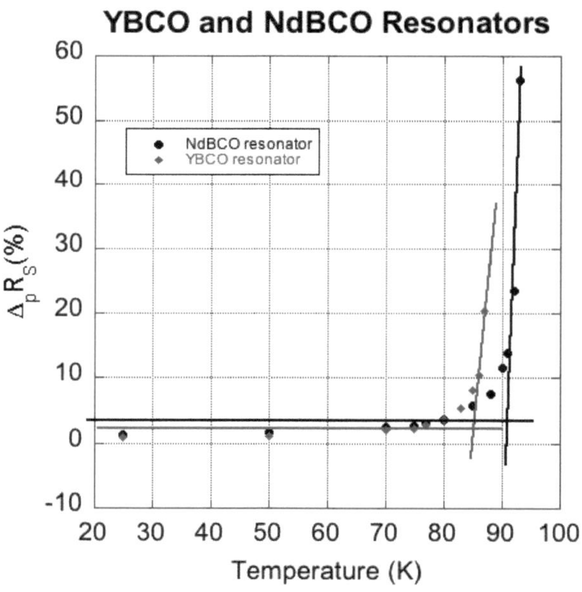

Rys. 96. Obliczone zależności zmian oporów powierzchniowych od temperatury, ΔRS(T), w przypadku YBa2Cu3O7-δ i NdBa2Cu3O7-δ rezonatorów mikropaskowych przy częstotliwościach rezonansowych, frezach, przy ΔPRFInp od -5dBm do +30dBm.

Referencje

[1] J. Mazierska, M. Jacob, K. Leong, D. Ledenyov, J. Krupka, "Microwave Characterization of HTS Thin Films using SrLaAlO4 and Sapphire Dielectric Resonators", Proceedings ^{7th} Symposium on High Temperature Superconductors in High Frequency Fields, Cape Cod, MA, USA, 2002.

[2] K. Leong, J. Mazierska, M. Jacob, D. Ledenyov, "Comparing Unloaded Q-factor of a High-Q Dielectric Resonator Measured Using the Transmission Mode and Reflection Mode Methods Involving S-Parameter Circle Fitting", Proceedings IEEE MTT-S International Symposium, Seattle, Washington, USA, v. 3, pp. 1665-1668, 2002.

[3] M. Jacob, J. Mazierska, D. Ledenyov, J. Krupka, "Microwave Characterization of CaF2 at Cryogenic Temperatures Using Dielectric Resonator Technique", Journal of European Ceramic Society, Elsevier, The Netherlands, vol. 23, no. 14, pp. 2617-2622, 2003.

[4] M. Jacob, J. Mazierska, K. Leong, D. Ledenyov, J. Krupka, "Surface Resistance Measurements of HTS Thin Films using SRLAO Dielectric Resonator", IEEE Transactions on Applied Superconductivity, v. 13, no. 2, pp. 2909-2912, 2003.

[5] D. Ledenyow, J. Mazierska, G. Allen, M. Jacob, "Simulations of Nonlinear Properties of HTS Materials in a Dielectric Resonator Using Lumped Element Models", Proceedings of International Superconductive Electronics Conference ISEC 2003, Sydney, Australia, 2003.

[6] D. Ledenyow, J. Mazierska, G. Allen, M. Jacob, "Lumped Element Modeling of Nonlinear Properties of High Temperature Superconductors in a Dielectric Resonator", Proceedings of the XV International Microwaves, Radar and Wireless Communications Conference MIKON 2004, Warsaw, Poland, v. 3, pp. 824-827, 2004.

[7] J. Mazierska, J. Krupka, M. Jacob, D. Ledenyov, "Complex Permittivity Measurements at Variable Temperatures of Low Loss Dielectric

Substrates Employing Split Post and Single Post Dielectric Resonators", Proceedings of IEEE MTT-S International Microwave Symposium, Fort Worth, Texas, USA, v. 3, pp. 1825 - 1828, 2004.

[8] J. Mazierska, D. Liedenyow, M. Jacob, J. Krupka, "Precyzyjna mikrofalowa charakterystyka substratów MgO dla układów HTS z nadprzewodnikowym rezonatorem dielektrycznym", Nauka i technika nadprzewodnikowa, v. 18, s. 18-23, 2005.

[9] D. O. Ledenyow, W. O. Ledenyow, "Nonlinearities in Microwave Superconductivity", Uniwersytet Cornell, NY, USA, s. 1-923, 20 czerwca 2012 r.
https://arxiv.org/abs/1206.4426v8.

[10] J. Mazierska, K. Leong, D. Ledenyov, A. Rains, N. Zuchowski, J. Krupka, "Mikrofalowe pomiary oporów powierzchniowych i przewodnictwa kompleksowego filmów NdBaCuO", Postępy w nauce i technice, w. 95, s. 162-168, 2014.

[11] D. O. Liedenyov, "Modelowanie i eksperymentalne badanie nieliniowych właściwości $YBa_2Cu_3O_{7-\delta}$ i $NdBa_2Cu_3O_{7-\delta}$ filmów nadprzewodzących i rezonatorów do zastosowań w obwodach mikrofalowych", Ph.Dissertation, James Cook University, Townsville, Australia, pp 1 - 180, 2018,
https://doi.org/10.25903/5b6cc378be158 ,
https://researchonline.jcu.edu.au/55990/ .

[12] V. O. Ledenyov, D. O. Ledenyov, O. P. Ledenyov, "Features of Oxygen and its vacancies diffusion in superconducting composition YBa2Cu3O7-δ near to magnetic quantum lines," *Problems of Atomic Science and Technology,* vol. **15,** no. 1, pp. 76-82, Ukraina, ISSN 1562-6016, 2006; Cornell University, NY, USA, www.arxiv.org, 1206.5635v1.pdf.

[13] V. O. Ledenyow, D. O. Ledenyow, O. P. Ledenyow, M. A. Tichonowski, "Ultrasonic Investigation of Superconductivity of Copper in Cu-Nb Composite at Low Temperatures", *Problems of Atomic Science and Technology*, v. 16, no. 4, s. 66-72, Narodowe Centrum Naukowe Charkowski Instytut Fizyki i Technologii, Charków, Ukraina, ISSN 1562-6016, 2007; Cornell University, NY, USA, www.arxiv.org, 1204.3837v1.pdf .

[14] D. O. Liedieniow, W. O. Liedieniow, O. P. Liedieniow, "Efekty elektryczne w płynnym hel. I. Thermoelectric effect in Einstein's capacitor", *Problems of Atomic Science and Technology, Series "Vacuum, pure materials, superconductors"*, no 1 (89), pp. 170 - 179, ISSN 1562-6016, 2014; Cornell University, NY, USA, www.arxiv.org, 1207.1226.pdf .

[15] Wai-Kwong Kwok, U. Welp, A. Glatzl, et al., "Vortices in high-performance high-temperature superconductors", Rep. Prog. Phys., 79, 116501, 2016.

Wniosek

Dyskusje końcowe, uwagi i perspektywy

Przedstawione badania teoretyczne i eksperymentalne nad dokładną charakterystyką efektów nieliniowych w nadprzewodnikowych cienkich warstwach $YBa2Cu3O7-_{\delta}$ (YBCO) i $NdBa2Cu3O7-_{\delta}$ (NdBCO) przy podwyższonych poziomach mocy sygnału mikrofalowego w zakresie określonych temperatur pracy zostały zakończone przy użyciu wysokiej jakości cienkich warstw YBCO i NdBCO, rezonatora dielektrycznego Hakki-Coleman, rezonatorów YBCO i NdBCO wraz z eksperymentalnym zestawem pomiarowym z nowoczesnym elektronicznym sprzętem pomiarowym.

Zwróćmy uwagę na niektóre kluczowe kwestie dotyczące ukończonych badań teoretycznych i eksperymentalnych, zwracając szczególną uwagę na nowatorstwo i innowacyjność uzyskanych wyników badań. Przedstawione badania teoretyczne i eksperymentalne są następujące:

1. Badanie nieliniowych właściwości mikrofalowych $YBa2Cu3O7-_{\delta}$ i $NdBa2Cu3O7-_{\delta}$ cienkiej warstwy nadprzewodnika wysokotemperaturowego (HTS) przy podwyższonych poziomach mocy sygnału mikrofalowego w zakresie określonych temperatur pracy dla ewentualnego zastosowania w urządzeniach mikrofalowych w elektronice;

2. Dokładnie charakteryzuje pochodzenie nieliniowości i ich właściwości fizyczne w $YBa2Cu3O7-_{\delta}$ i $NdBa2Cu3O7-_{\delta}$ cienkie warstwy nadprzewodnika wysokotemperaturowego (HTS) przy podwyższonych poziomach mocy sygnału mikrofalowego w zakresie określonych temperatur pracy dla celów optymalizacji i poprawy konstrukcji urządzeń mikrofalowych w elektronice;

3. Proponuje Ledenyov zaawansowany lumped elements równoważny model obwodu nadprzewodnika, w tym $YBa2Cu3O7-_{\delta}$ i $NdBa2Cu3O7-_{\delta}$ Nadprzewodniki wysokotemperaturowe (HTS), w mikrofalach, w celu poprawy oprogramowania Computer Aided Design (CAD) do lepszego projektowania układów mikrofalowych w elektronice;

4. Opracowuje Ledenyov zaawansowane elementy grudkowe równoważny model obwodu YBa2Cu3O7-$_{\delta}$ i NdBa2Cu3O7-$_{\delta}$ High Temperature Superconductor (HTS) cienkiej warstwy w rezonatorze dielektrycznym Hakki-Coleman w mikrofalach, aby przejść do programów komputerowych wspomagających projektowanie (CAD), aby lepiej zaprojektować układy mikrofalowe w elektronice;

5. Tworzy Ledenyov zaawansowany model obwodu z elementami grudkowymi odpowiednik YBa2Cu3O7-$_{\delta}$ i NdBa2Cu3O7-$_{\delta}$ Wysokotemperaturowe nadprzewodniki (HTS) w rezonatorach mikropaskowych w mikrofalach dla nowej generacji programów komputerowych wspomagających projektowanie (CAD), aby lepiej zaprojektować układy mikrofalowe w elektronice;

6. Wykonuje komputerowe modelowanie nieliniowych właściwości mikrofalowych YBa2Cu3O7-$_{\delta}$ i NdBa2Cu3O7-$_{\delta}$ nadprzewodników wysokotemperaturowych (HTS) w rezonatorze dielektrycznym Hakki-Coleman przy użyciu opracowanego przez Ledenyova zaawansowanego modelu równoważnych elementów grudkowych w mikrofalach w zakresie temperatur pracy;

7. Wykonuje komputerowe modelowanie nieliniowych właściwości mikrofalowych YBa2Cu3O7-$_{\delta}$ i NdBa2Cu3O7-$_{\delta}$ nadprzewodników wysokotemperaturowych (HTS) w rezonatorach mikropaskowych poprzez zastosowanie stworzonego przez Ledenyova zaawansowanego modelu równoważnych elementów grudkowych w mikrofalach w zakresie temperatur pracy;

8. Wykonuje badania eksperymentalne nadprzewodników wysokotemperaturowych YBa2Cu3O7-$_{\delta}$ i NdBa2Cu3O7-$_{\delta}$ na podłożach MgO w rezonatorze dielektrycznym Hakki-Coleman w mikrofalach w zakresie temperatur pracy;

9. Prowadzi badania eksperymentalne cienkich warstw $YBa2Cu3O7-_{\delta}$ i $NdBa2Cu3O7-_{\delta}$ nadprzewodnika wysokotemperaturowego (HTS) na podłożach MgO w rezonatorach mikropaskowych w mikrofalach w zakresie temperatur pracy;

10. Dokonuje analizy porównawczej uzyskanych wyników eksperymentalnych na nieliniowości w badanych przypadkach 1) cienkich warstw $YBa2Cu3O7-_{\delta}$ i $NdBa2Cu3O7-_{\delta}$ nadprzewodnika wysokotemperaturowego (HTS) na podłożach MgO w rezonatorze dielektrycznym Hakki-Coleman oraz 2) cienkich warstw $YBa2Cu3O7-_{\delta}$ i $NdBa2Cu3O7-_{\delta}$ nadprzewodnika wysokotemperaturowego (HTS) na podłożach MgO w rezonatorach mikropaskowych, na mikrofalach w zakresie temperatur pracy;

11. Porównuje dane modelowania komputerowego i wyniki pomiarów eksperymentalnych na nieliniowościach w badanych przypadkach 1) cienkich warstw $YBa2Cu3O7-_{\delta}$ i $NdBa2Cu3O7-_{\delta}$ nadprzewodnika wysokotemperaturowego (HTS) na podłożach MgO w rezonatorze dielektrycznym Hakki-Coleman oraz 2) cienkich warstw $YBa2Cu3O7-_{\delta}$ i $NdBa2Cu3O7-_{\delta}$ nadprzewodnika wysokotemperaturowego (HTS) na podłożach MgO w rezonatorach mikropaskowych, na mikrofalach w zakresie temperatur pracy;

12. Omówiono niektóre aspekty syntezy wysokotemperaturowych nadprzewodników $YBa2Cu3O7-_{\delta}$ i NdBa2Cu3O7- ($_{\delta}$HTS) w celu udoskonalenia technik syntezy nowych urządzeń mikrofalowych do projektowania przyszłych zastosowań w elektronice.

Przedstawmy kilka krótkich naukowych uwag na temat uzyskanych wyników badań, stwierdzając, że proponowane nowatorskie modele układów scalonych Ledenyov RLC z elementami grudkowymi do dokładnej charakterystyki parametrów nadprzewodnikowych cienkich/grubych warstw YBCO i NdBCO w mikrofalach w temperaturach roboczych można z pewnością uznać za znaczący krok naprzód w nauce o mikrofalach. Wniosek ten opiera się na porównaniu modeli układów scalonych Ledenyov RLC z innymi obecnie dostępnymi modelami układów scalonych RLC i LC układów scalonych nadprzewodnika na mikrofalach w inżynierii mikrofalowej.

Mówiąc o poszukiwaniu i identyfikacji źródeł nieliniowości oraz dokładnej charakterystyce nieliniowości w HTS w mikrofalach, stworzona teoria Liedieniowa o nieliniowości w HTS w mikrofalach, która opiera się na nieliniowej zależności wykładniczej, odpowiada za wiele obserwowanych zjawisk nieliniowych, które pochodzą głównie z penetracji wiru magnetycznego Abricosova w ziarnie nadprzewodzącym i z ruchu abricosovskich wirów magnetycznych wzdłuż ziarna nadprzewodzącego, opisując je jako dominujące przyczyny, powodujące wzrost strat mocy (energii) mikrofalowej w cienkich i grubych warstwach HTS przy wysokich poziomach mocy mikrofalowej w odpowiednich zakresach temperatur pracy.

Proponowana teoria Liedieniowa może być z pewnością poprawiona pod względem dokładności poprzez włączenie bardziej złożonych funkcji HRF, a nie tylko jednej funkcji. Należy wspomnieć, że głównym problemem związanym z precyzyjnym modelowaniem efektów nieliniowych przy podwyższonych poziomach mocy sygnału mikrofalowego jest to, że zjawiska fizyczne w wysokotemperaturowych nadprzewodnikach nie zawsze mogą być zbliżone do siebie za pomocą liniowych, kwadratowych, a nawet wykładniczych zależności matematycznych w procesie symulacji komputerowej, ze względu na fakt, że pełna natura badanych nieliniowości nie zawsze jest jasno i w pełni zrozumiała, dlatego też w niektórych przypadkach badawczych konieczne mogą okazać się przyszłe zaawansowane badania.

Aby dokładnie modelować właściwości mikrofalowe cienkich i grubych warstw HTS przy wysokich poziomach mocy sygnału mikrofalowego w wybranych temperaturach roboczych, bardzo ważne wydaje się stworzenie zaawansowanej teorii Liedenyowa, która włączy kilka terminów matematycznych do równań matematycznych, reprezentujących i modelujących różne możliwe mechanizmy zjawisk fizycznych, które mają pewien wkład w nieliniowości powstania i istnienia w HTS cienkich i grubych warstw przy podwyższonych poziomach mocy sygnału mikrofalowego w odpowiednich temperaturach roboczych. Jednakże takie naukowe podejście z pewnością wymagałoby znacznie lepszego zrozumienia charakteru nieliniowości najnowszych materiałów HTS w mikrofalach.

W odniesieniu do badania właściwości materiałów NdBCO i YBCO w mikrofalach, zmierzone właściwości mikrofalowe, w tym zależność oporu powierzchniowego od temperatury Rs(T), w przypadku cienkich warstw NdBCO, które były buforowane w warstwie cienkiej warstwy YBCO, na podłożach MgO, wykazywały znacznie większą zależność w porównaniu z dostępnymi na rynku foliami YBCO, ze względu na wyższą temperaturę krytyczną, $_{TC,}$ jak oczekiwano.

Obserwowane mniejsze efekty nieliniowe w rezonatorach taśmowych NdBCO mogą dać im pewną przewagę techniczną nad rezonatorami taśmowymi YBCO, co umożliwia ich ewentualne zastosowanie w rezonatorach mikrofalowych i filtrach w zastosowaniach technologii informacyjno-komunikacyjnych (ICT) w kanałach komunikacji bezprzewodowej, przewodowej i optycznej. Należy jednak zauważyć, że zarówno rygorystyczna kontrola parametrów procesu osadzania cienkich warstw HTS na wybranym podłożu, jak i odpowiedni, precyzyjny szablon są uważane za bezwzględnie konieczne wymagania dla wysokiej jakości syntezy materiałów HTS. W związku z tym, autorzy uważają, że zakończone teoretyczne i eksperymentalne badania właściwości materiałów nadprzewodzących NdBCO i YBCO w mikrofalach w temperaturach roboczych, które zostały zdeponowane przy zastosowaniu tej samej techniki ko-parowania w tym samym laboratorium Ceraco, również stanowią cenny wkład do ograniczonego zasobu wiedzy w tej szybko rozwijającej się naukowej dziedzinie inżynierii mikrofalowej.

Ogólnie rzecz biorąc, uważamy, że eksperymentalne badanie właściwości nieliniowych folii nadprzewodnikowych $YBa2Cu3O7-_{\delta}$ i $NdBa2Cu3O7-_{\delta}$ dla komponentów mikrofalowych, obwodów, urządzeń, modułów, systemów, aplikacji sieciowych w elektronice jest zakończone sukcesem. Folie nadprzewodzące $YBa2Cu3O7-_{\delta}$ i $NdBa2Cu3O7-_{\delta}$ są dokładnie scharakteryzowane, przy użyciu 1) rezonatorów dielektrycznych Hakki-Coleman i 2) rezonatorów mikropaskowych w mikrofalach w zakresie temperatur pracy. Dokładne dane do eksperymentalnej charakterystyki mikrofalowej uzyskano dla folii nadprzewodzących $YBa2Cu3O7-_{\delta}$ i $NdBa2Cu3O7-_{\delta}$ w przypadku rezonatorów dielektrycznych Hakki-Coleman i rezonatorów mikropaskowych przy różnych zastosowanych poziomach mocy sygnału mikrofalowego przy wybranych temperaturach pomiarowych.

Wyciągając wnioski można z pewnością stwierdzić, że rezonatory dielektryczne i mikropaskowe $YBa2Cu3O7-_{\delta}$ i $NdBa2Cu3O7-_{\delta}$ Hakki-Coleman wraz z eksperymentalną metodą badawczą i zestawem pomiarowym mogą być z pewnością stosowane do dokładnej charakterystyki materiałów HTS w mikrofalach. Co najważniejsze, chcielibyśmy podkreślić propozycję Ledenyowa, że rezonatory $YBa2Cu3O7-_{\delta}$ i $NdBa2Cu3O7-_{\delta}$ wraz z opracowaną metodą badań eksperymentalnych i zestawem pomiarowym mogą być wykorzystywane jako możliwy standard do dokładnej charakterystyki folii HTS w mikrofalach, podobnie jak w przypadku rezonatora dielektrycznego. W tym miejscu należy zauważyć, że natężenie pól elektromagnetycznych w rezonatorach mikropaskowych jest znacznie wyższe w porównaniu z rezonatorami dielektrycznymi.

Powtórzmy wreszcie, że opracowane przez nas nowe, nowatorskie modele układów scalonych Ledenyov RLC dla dokładnego scharakteryzowania nieliniowości materiałów HTS w mikrofalach mają pewne zalety w zakresie dokładności modelowania komputerowego, w porównaniu z wieloma innymi istniejącymi modelami układów scalonych RLC i LC w inżynierii mikrofalowej, dzięki czemu mogą być włączone do następnej generacji programów komputerowych wspomagających projektowanie (CAD).

Kończąc książkę, autorzy uważają, że zakończone teoretyczne i eksperymentalne prace badawcze nad dokładną charakterystyką nieliniowości w $YBa2Cu3O7-_{\delta}$ i $NdBa2Cu3O7-_{\delta}$ wysokotemperaturowych nadprzewodnikowych cienkich warstw w mikrofalach przyczyniają się znacząco do nauki i inżynierii mikrofalowej, w tym:

1. Lepsze zrozumienie natury nieliniowości powstania cienkich warstw nadprzewodnikowych $YBa2Cu3O7-_{\delta}$ i $NdBa2Cu3O7-_{\delta}$w mikrofalach w podstawowej nauce o nadprzewodnictwie;

2. Teoria Liedieniowa dotycząca nieliniowości w HTS w mikrofalach, która za dominujące przyczyny powstawania nieliniowości uznaje penetrację abricosowowskich wirów magnetycznych w ziarnie nadprzewodzącym i przez abricosowskie wiry magnetyczne ruch wzdłuż ziarna nadprzewodzącego, pozwala na lepszą charakterystykę nieliniowości w $YBa2Cu3O7-_{\delta}$ i $NdBa2Cu3O7-_{\delta}$ wysokiej temperatury nadprzewodzących cienkich warstw na podwyższonych poziomach sygnału mikrofalowego w podstawowej nauce o nadprzewodnictwie;

3. Ledenyov teoretyczna i eksperymentalna propozycja dotycząca możliwego zastosowania rezonatorów mikropaskowych $YBa2Cu3O7-_{\delta}$ i $NdBa2Cu3O7-_{\delta}$ wraz z eksperymentalną metodą badawczą i zestawem pomiarowym jako możliwym standardem dla dokładnej charakterystyki folii HTS w mikrofalach, podobnie jak rezonatora dielektrycznego w stosowanej nauce o nadprzewodnictwie;

4. Ledenyov zaawansowane lumped elementy równoważne modele obwodów, które mogą znacznie poprawić modelowanie komputerowe nieliniowości w $YBa2Cu3O7_{-\delta}$ i $NdBa2Cu3O7_{-\delta}$ wysokiej temperatury nadprzewodnikowych (HTS) cienkich warstw w mikrofalach w programach komputerowych wspomagających projektowanie (CAD), które pomagają w projektowaniu różnych typów HTS rezonatorów mikrofalowych, filtrów, komponentów, układów, urządzeń do licznych zastosowań mikrofalowych w elektronice.

Podziękowanie

Dimitri O. Ledenyov rozpoczął badania nad filtrowaniem sygnału elektromagnetycznego o ultra wysokiej częstotliwości z zastosowaniem rezonatorów i filtrów mikrofalowych na Wydziale Radiofizyki i Elektroniki Charkowskiego Uniwersytetu Narodowego im. W. N. Karazina, a następnie kontynuował pracę badawczą w Laboratorium Fizyki Niskotemperaturowej w Charkowskim Narodowym Centrum Naukowym Charkowskiego Instytutu Fizyki i Technologii w Charkowie na Ukrainie w latach 1994-2000. Od 2000 roku i do chwili obecnej Dimitri prowadzi swoje innowacyjne, zaawansowane badania nad generowaniem, filtrowaniem i przetwarzaniem sygnałów elektromagnetycznych z wykorzystaniem wysokotemperaturowych nadprzewodników (HTS), mikropasek / rezonatorów dielektrycznych, filtrów i innych urządzeń w mikrofalach na Wydziale Inżynierii Elektrycznej i Komputerowej Uniwersytetu James Cook w Townsville w Australii.

Viktor O. Ledenyov zaczął interesować się naturą fal dźwiękowych, technikami ich wytwarzania i zasadami modulacji podczas swojej edukacji w hiszpańskiej klasie gitary klasycznej w szkole muzycznej w Charkowie na Ukrainie w 1983 roku. Po pomyślnym ukończeniu szkoły muzycznej i liceum w Charkowie na Ukrainie w 1988 roku, Wiktor kontynuował edukację uniwersytecką, koncentrując się na mikrofalowych generatorach sygnału z rezonatorami mikropaskowymi, a następnie, przenosząc swoje zainteresowania badawcze na struktury rezonansowe dla akceleratorów cząstek naładowanych w Katedrze Radiofizyki i Elektroniki Narodowego Uniwersytetu im. W. N. Karazina w Charkowie, a następnie, w latach 1988-1993, w Laboratorium Fizyki Niskich Temperatur Szubnikowa w Narodowym Centrum Naukowym Charkowskiego Instytutu Fizyki i Technologii w Charkowie na Ukrainie.

Dimitrij O. Liedieniow i Wiktor O. Liedieniow prowadził aktywne prace badawcze w latach 1990-1999, tworząc podstawy nadprzewodnikowej kwantowej nauki obliczeniowej poprzez wynalezienie Liedieniowa nadprzewodnikowego strumienia magnetycznego qubitu; Liedieniowa 1024 Quantum Random Number Generator na chipsecie Qubits strumienia magnetycznego; i dokonując ważnego odkrycia, że węzeł Liedieniowa wiru magnetycznego znajduje się w skrajnej granicy kwantowej, a także wynalezienie Ultra Dense Digital Memory Liedieniowa na chipsecie Qubits z węzłami magnetycznymi oraz wynalezienie po raz pierwszy na świecie algorytmów kwantowych w kształcie koła Liedeniowa.

Dimitrij O. Liedieniow i Wiktor O. Liedieniow kontynuował swoje zaawansowane badania nadprzewodnictwa mikrofalowego na początku XXI wieku, czyniąc z Liedieniowa propozycję badań nad możliwością wykorzystania wysokotemperaturowych nadprzewodnikowych rezonatorów taśmowych $YBa_2Cu_3O_{7-\delta}$ i $NdBa_2Cu_3O_{7-\delta}$ wraz z opracowaną eksperymentalną metodą badawczą i zestawem pomiarowym jako możliwym standardem dla dokładnej charakterystyki wysokotemperaturowych nadprzewodników taśmowych (HTS) w mikrofalach, podobnie jak w przypadku rezonatora dielektrycznego w nauce o nadprzewodnictwie mikrofalowym.

W związku z tym, Dimitri O. Ledenyov chciałby wyrazić swoje najszczersze podziękowania dla prof. Janiny E. Mazierskiej z Uniwersytetu Jamesa Cooka, która dała Dimitri'emu możliwość prowadzenia programu badawczego doktora w JCU w Australii, wspierając go zarówno w uzyskaniu Międzynarodowego Podyplomowego Stypendium Badawczego na Uniwersytecie Jamesa Cooka, jak i prestiżowej nagrody dla absolwentów IEEE Microwave Theory and Technique Society (MTT-S), USA. Dlatego bardzo cenione są ekspertyzy badawcze, doradztwo i osobiste wsparcie prof. Janiny E. Mazierskiej.

Dimitri O. Liedenyov chciałby również wyrazić szczerą wdzięczność dr Kennethowi Leongowi z Uniwersytetu Jamesa Cooka, który uważnie przeczytał rozprawę doktorską, omówił interesujące go tematy badawcze i wniósł cenny wkład badawczy. Prof. Mohan Jacob, Uniwersytet Jamesa Cooka, jest doceniany za swoje cenne dyskusje badawcze, rady i wskazówki. Prof. Keith Kikkert, Uniwersytet Jamesa Cooka, udzielił kilku cennych rad na wczesnym etapie prac badawczych. Podziękowania Dimitri O. Liedenyov podziękował również wszystkim naukowcom, inżynierom, technikom i pozostałemu personelowi administracyjnemu za możliwość prowadzenia prac badawczych na Wydziale Elektrotechniki i Informatyki Uniwersytetu James Cook w Australii.

Uprzejmie dziękujemy firmie CERACO/THEVA w Niemczech za syntezę cienkich warstw nadprzewodnikowych $YBa_2Cu_3O_{7-\delta}$ i $NdBa_2Cu_3O_{7-\delta}$ o wysokiej temperaturze i doskonałej charakterystyce mikrofalowej.

Chcielibyśmy podziękować profesorowi Bin Wei z Uniwersytetu Tsinghua w Pekinie, P.R. Chiny, za opracowanie rezonatorów mikropaskowych wykonanych z $YBa_2Cu_3O_{7-\delta}$ i $NdBa_2Cu_3O_{7-\delta}$ cienkich warstw nadprzewodnikowych do badań mikrofalowych na Uniwersytecie James Cook w Australii.

Autorzy są głęboko wdzięczni naszemu ojcu, Olegowi P. Liedenyovowi, za liczne dyskusje naukowe na temat naszych zainteresowań badawczych, w tym za częstą wymianę przemyślanych opinii badawczych na temat problemów nadprzewodnictwa mikrofalowego, w tym wyprowadzania i rozwiązywania wzorów matematycznych w programie Maple oraz pisania i wykonywania programów do symulacji komputerowych w programie Matlab.

Autorzy dziękują wszystkim wybitnym naukowcom z wiodących uniwersytetów, instytucji i firm za liczne zaproszenia, przemyślane dyskusje badawcze i wsparcie finansowe w celu wzięcia udziału w międzynarodowych konferencjach naukowych, sympozjach badawczych i specjalnych spotkaniach w zakresie nadprzewodnictwa mikrofalowego w Azji, Europie i USA w ostatnich dziesięcioleciach.

Pragniemy również przekazać nasze serdeczne podziękowania rodzinie, krewnym i przyjaciołom za pomoc w osiągnięciu obecnego stanu badań i zapewnienie nam wszelkiego niezbędnego wsparcia i zachęty podczas pisania książki.

Lista liczb:

__Rozdział 1:__

NIE DOTYCZY

__Rozdział 2:__

Rys. 1. Sprzęt doświadczalny, używany przez Heike Kamerlingh Onnes, do odkrycia zjawiska nadprzewodnictwa na Uniwersytecie w Lejdzie, Holandia, w 1911 r. (zdjęcie wykonane przez pierwszego autora na Uniwersytecie w Lejdzie, Holandia) **26**

Rys. 2. Odkrycia nadprzewodników o wysokich temperaturach krytycznych w skali czasowej **27**

Rys. 3. $YBa2Cu3O7-_{\delta}$ struktura kraty krystalicznej **29**

Rys. 4. Zależność rezystywności dc od temperatury, R(T), w $YBa2Cu3O7-_{\delta}$ nadprzewodniku (po [18-21]) **31**

Rys. 5. Graficzna ilustracja reakcji magnetycznej wywołanej indukcją magnetyczną, Bi, w (a) normalnym metalu oraz (b) nadprzewodnika na przyłożone zewnętrzne pole magnetyczne, Hext, w temperaturach roboczych, T, wysokiej/niskiej temperatury krytycznej nadprzewodnika, Tc. **33**

Rys. 6. Współzależność parametrów krytycznych nadprzewodnika (po [21]) **35**

Rys. 7. Zależność krytycznych pól magnetycznych od temperatury, Hc(T), w nadprzewodnikach typu II (po [18-21]). **39**

Rys. 8. Obwód ekwiwalentny nadprzewodnika w dwóch cieczach Gorter-Casimir teoretyczna reprezentacja nadprzewodnika (po [25]) **42**

Rys. 9. Penetracja pola magnetycznego, *B(x)*, na głębokości penetracji, λ_L, do nadprzewodnika (po [19]). **44**

Rys. 10. Szczelina powierzchniowa i energetyczna fermi w **a)** konwencjonalnych nadprzewodnikach niskotemperaturowych typu S,

$R_S \approx \frac{\Box(T)}{k_B T}\omega^{3/2} \cdot exp\left(-\frac{\Box(T)}{k_B T}\right)$ b) niekonwencjonalnych nadprzewodnikach wysokotemperaturowych typu D, $R_S \approx \frac{\omega^{3/2}}{k_B T}\int_S \Box(p_x, p_y)\exp\left[\frac{-\Box(p_x, p_y)}{k_B T}\right]dp_x dp_y$)51

Rys. 11. Zastosowania techniczne wysokotemperaturowych nadprzewodników (HTS). **54**

Rys. 12. Graficzna ilustracja analizy porównawczej parametrów technicznych idealnego filtra RF, nadprzewodnikowego filtra RF i metalowego filtra RF. Parametry techniczne nadprzewodnikowego filtra RF są bardzo zbliżone do idealnych parametrów technicznych filtra RF. **56**

<u>Rozdział 3:</u>

Rys. 13. Graficzna ilustracja zależności pomiędzy opornością powierzchniową, RS, a reaktancją powierzchniową, XS, w zastosowaniu do dokładnej charakterystyki właściwości fizycznych różnych skondensowanych materiałów, w tym przewodów, nadprzewodników i dielektryków, w mikrofalach (po [15]). **66**

Rys. 14. Rezonatory dielektryczne i rezonatory mikropaskowe do dokładnej charakterystyki cienkich warstw HTS w mikrofalach: 1) rezonator dielektryczny Hakki-Coleman; 2) rezonator dielektryczny; 3) rezonator wnękowy; 4) rezonator wnękowy; 5) rezonator mikropaskowy; 6) rezonator mikropaskowy; 7) rezonator mikropaskowy; 8) rezonator falowodowy współpłaszczyznowy. **70**

Rys. 15. Nieliniowe zależności mocy przesyłanego sygnału mikrofalowego od częstotliwości, P(f), w YBa2Cu3O7-δ rezonatorze linii paskowej (po [76]). **81**

Rys. 16. Zależności oporu powierzchniowego od zewnętrznego pola magnetycznego, RS(Hrf), różnych próbek nadprzewodników o częstotliwości 821MHz w temperaturze 4,2 K. Dla porównania pokazano zachowanie pręta

ceramicznego. Podobno wysoka oporność powierzchniowa lasera Tl2Ba2Ca2Cu3O10 pochodzi z niepowlekanych krawędzi (po [77]).......... **82**
Rys. 17. Zależność oporu powierzchniowego od pola magnetycznego, RS(Hrf), z grubych warstw Tl2Ba2Ca2Cu3O10 dla zmiennych stopni teksturowania w osi C przy częstotliwości 18GHz w temperaturze 4K (po [79]).................. **84**
Rys. 18. Zależność oporu powierzchniowego od pola magnetycznego, RS(Hrf), YBa2Cu3O7-δ elektroforetycznie osadzonych grubych warstw o częstotliwości 21,5GHz w temperaturze 4,2K. YBa2Cu3O7-δ gruba folia o wysokiej teksturze - kółka złożone i YBa2Cu3O7-δ folia nieteksturowana - kółka otwarte. YBa2Cu3O7- foliaδ współparowana z elektronami (trójkąty odwrócone) oraz YBa2Cu3O7-δ folia CVD (trójkąty pionowe) są pokazane do porównania (po [81]).. **85**
Rys. 19. Zależność oporu powierzchniowego od pola magnetycznego, RS(Hrf), YBa2Cu3O7-δ cienka warstwa na rezonatorze paskowym LaAlO3 w różnych częstotliwościach w temperaturze 67,3K. Linie pełne pasują do początkowego wzrostu parabolicznego. Przy wyższym polu magnetycznym, Hrf, opór powierzchniowy, RS, wzrasta szybciej niż ekstrapolowany kwadratowy wzrost Rs (po [54]).. **87**
Rys. 20. Zależność oporu powierzchniowego od pola magnetycznego, RS(Hrf), YBa2Cu3O7-δ cienka warstwa na rezonatorze paskowym LaAlO3 podłoża przy częstotliwości 1,5GHz w różnych temperaturach. Linie stałe to kwadratowe dopasowanie (po [44]).. **88**
Rys. 21. Zależności frakcyjnej zmiany głębokości wnikania od pola magnetycznego RF, (Δλ/λ(0))(Hrf), z YBa2Cu3O7-δ cienka warstwa na rezonatorze paskowym LaAlO3 podłoża przy częstotliwości 1,5GHz w różnych temperaturach. Linie stałe są kwadratowymi dopasowaniami do danych (po [44]).. **89**
Rys. 22. Zależność frakcyjnej zmiany częstotliwości rezonansowej od pola magnetycznego RF, (Δf0/f0)(Hrf), YBa2Cu3O7-δ na rezonatorze pasmowo-

podłożowym LaAlO3 przy częstotliwości 1,5GHz w różnych temperaturach, jak na rysunkach 19 i 20. Linie stałe są kwadratowymi dopasowaniami do danych (po [44]). **90**

Rys. 23. Typowe zależności oporu powierzchniowego od pola magnetycznego, RS(P) i reaktancji powierzchniowej od pola magnetycznego, XS(P), YBa2Cu3O7-δ epitaksjalny rezonator warstwowy przy częstotliwości 1.5GHz w temperaturze 77.4K (po [85]). **91**

Rys. 24. Zależność oporu powierzchniowego od powierzchniowego pola magnetycznego, RS(Bs), YBa2Cu3O7-δ wysokiej jakości cienkie warstwy w rezonatorze dielektrycznym o częstotliwości 19GHz w temperaturze (a) 77K i (b) 4.2K. Oznaczenia: HS-YBCO rozpylone na LaAlO3; laser UAL-YBCO osadzony na LaAlO3; wiązka serowa współoparowana na MgO; UM-YBCO odparowane termicznie na CeO2/Al2O3; Tl-2223-Tl2Ba2Ca2Cu3O8 dwuetapowy proces na LaAlO3; Tl-2212-Tl2Ba2Ca1Cu2O8 dwuetapowy proces na MgO; laser UL-YBCO osadzony na CeO2/Al2O3 (po [86])....... **92**

Rys. 25. Mikrofalowy rozkład gęstości prądu w dwóch rezonatorach, mianowicie: a) YBa2Cu3O7-δ rezonator pasmowy oraz b) YBa2Cu3O7-δ film w rezonatorze dielektrycznym, przy częstotliwości 10,7GHz w temperaturze 75K (po [71]). **94**

Rys. 26. Opór powierzchniowy vs. pomiar szczytowego pola magnetycznego, RS(Hrf), w rezonatorze dielektrycznym i rezonatorze paskowym, przy użyciu tego samego YBa2Cu3O7-δ film na podłożu szafirowym dla obu typów rezonatorów przy częstotliwości 10,7GHz i temperaturze 75K. Linie ciągłe - obliczone krzywe, przy użyciu modelu przedstawionego w (po [71])......... **95**

Rys. 27. Zależność oporu powierzchniowego od temperatury, Rs(T), YBa2Cu3O7-δ cienkie warstwy na podłożu MgO, Niobu (Nb), i Niobu-Cyny (NbSn), nadprzewodniki na częstotliwości 8 GHz w różnych temperaturach. Skala na górnej osi odnosi się do obniżonej temperatury dla Nb3Sn i Nb, natomiast dolna skala odnosi się do rzeczywistej temperatury folii $YBa_2Cu_3O_{7-\delta}$ (po [87])... **96**

Rys. 28. Zależności Sapphire dielektrycznego rezonatora współczynnik jakości od temperatury, Q(T), z załadowanym $YBa_2Cu_3O_{7-\delta}$ filmów w Sapphire dielektrycznego rezonatora przy częstotliwości 17,5GHz w różnych temperaturach. Inset pokazuje zależności oporu powierzchniowego od temperatury, Rs(T), z obciążeniem $YBa_2Cu_3O_{7-\delta}$ filmów w rezonatorze dielektrycznym Sapphire przy częstotliwości 17,5GHz. $YBa_2Cu_3O_{7-\delta}$ folie były syntezowane w temperaturze 780C i 740C (po [88])... .... **98**

Rys. 29. Zależność oporu powierzchniowego od temperatury, Rs(T), $Tl_2Ba_2Ca_2Cu_3O_{10}$ i $YBa_2Cu_3O_{7-\delta}$ cienkie warstwy w rezonatorze dielektrycznym przy częstotliwości 8,5GHz. Do teoretycznej krzywej dodano oporność powierzchniową o wartości 50,μΩ aby uwzględnić straty sygnału, wynikające ze sprzęgania (po [89])... .... **99**

Rys. 30. Zależność oporu powierzchniowego od częstotliwości, Rs(f), $YBa_2Cu_3O_{7-\delta}$ cienkich warstw i miedzi (Cu) w temperaturze 77K oraz Niobu (Nb) w temperaturze 7,7K (po [72]). Wyniki JCU są dodawane do wykresu... .... **100**

Rozdział 4:

Rys. 31. Elementy grudkowe reprezentują obwód zastępczy przewodności nadprzewodnika,σ_s (po [14]).. **112**

Rys. 32. Elementy grudkowe reprezentują obwód zastępczy impedancji powierzchniowej nadprzewodnika, ZS (po [15])...................................... **113**

Rys. 33. Elementy grudkowe reprezentują obwód zastępczy impedancji powierzchniowej nadprzewodnika, ZS (po [16])...................................... **114**

Rys. 34. a) folia nadprzewodząca z granicą ziaren; b) równorzędny obwód elementów grudkowych folii nadprzewodzącej o strukturze ziarnistej (po [19])... **116**

Rys. 35. YBa2Cu3O7-δ zmodyfikowany nadprzewodnikowy model cienkowarstwowy (górny) i zastępczy układ elementów grudkowych do obliczania impedancji powierzchniowej folii, ZS (po [21]). **117**
Rys. 36. Reprezentacja linii przesyłowej węzła międzykanałowego pod względem teorii modelu układu elementów grudkowych (po [30]). **119**
Rys. 37. Zależność reaktancji od częstotliwości, X(ω), w idealnym układzie rezonansowym bez strat energii (po [31]) **121**
Rys. 38. Obwód ekwiwalentny elementów grudkowych równania (4.4) (po [31]) **122**
Rys. 39. Obwód ekwiwalentny elementów bryłowych równania (4.5) (po [31]) **123**
Rys. 40. Obwody równoległe (a) i szeregowe (b) elementów bryłowych równoważnych rezonatora mikrofalowego z efektami rozpraszania energii (po [31])... .... **124**
Rys. 41. Seria RLC z elementami grudkowymi obwodu równoważnego rezonatora mikrofalowego (po [39])... .... **127**
Rys. 42. a) Układ równoważnych elementów grudkowych dwuportowego rezonatora mikrofalowego, sprzężony z wejściowymi i wyjściowymi liniami przesyłowymi. b) Transformacja napięcia napędowego i obciążeń na bocznik z rezonatorem (po [41])... .... **128**
Rys. 43. Obwód ekwiwalentny elementów grudkowych układu rezonatora dielektrycznego (po [42])... .... **129**
Rys. 44. Seryjnie montowane elementy grudkowe równoważny układ rezonatora mikrofalowego z połączeniami do wejściowych i wyjściowych sieci sprzęgających (po [43]) **130**
Rys. 45. Szeregowe elementy grudkowe równoważny obwód rezonatora mikrofalowego z wbudowanymi elementami sprzęgającymi (po [43])..... . **131**
Rys. 46. Linia przesyłowa z rozdziałem prądu (po [44]) **132**

Rys. 47. Obwód ekwiwalentny linii przesyłowej z elementami grudkowymi (po [44]) **132**
Rys. 48. Obwód ekwiwalentny elementów bryłowych odcinka linii przesyłowej (po [45]) **133**
Rys. 49. Obwód ekwiwalentny elementów bryłowych linii przesyłowej HTS (nieliniowy) z siecią liniową portów N+1, obciążony N elementami nieliniowymi 1 portu (po [45]) **134**
Rys. 50. Obwód ekwiwalentny elementów grudkowych do badań zniekształceń intermodulacyjnych (IMD) w rezonatorach liniowych HTS w mikrofalach (po [46]) **135**

Rozdział 5:

Rys. 51. Obwody równoległe (a) i szeregowe (b) elementów grudkowych równoważne obwodom rezonatora dielektrycznego (dielektryk w C). **143**
Rys. 52. Typowy model obwodu z elementami grudkowymi LR, równoważny z nadprzewodnikiem, zgodny z teorią dwóch płynów Gortera-Casimira... **145**
Rys. 53. Ledenyov zaawansowany lumped elements równoważny model obwodu nadprzewodnika: Seria L - L|R **146**
Rys. 54. Liedieniow zmodyfikował zaawansowany model obwodu złożonego z elementów grudkowych, będący odpowiednikiem układu nadprzewodnika: L równoległy - L-R **147**
Rys. 55. Ledenjanow zaawansowany układ równoważników elementów grudkowych rezonatora dielektrycznego z nadprzewodnikiem w zgodzie z teorią dwupłynności Gortera-Casimira, (Model (A)) **148**
Rys. 56. Ledenyov zaawansowane elementy grudkowe równoważny obwód rezonatora dielektrycznego z nadprzewodnikiem: L równoległy - model L-R, (Model (B)) **149**

Rys. 57. Ledenyow zmodyfikował zaawansowany układ elementów grudkowych równoważnych obwodu rezonatora dielektrycznego z nadprzewodnikiem: Seria L - model L||R, (Model (C))............................**150**

Rys. 58. Symulowana zależność mocy mikrofalowej od częstotliwości, P(f), dla różnych parametrów dopasowania, *ρ, l, a, b, c, d,* dla ***idealnej***, ***liniowej, kwadratowej, wykładniczej*** zależności oporu powierzchniowego nadprzewodnika, RS i indukcyjności, LSS i LSn, od mocy mikrofalowej dla układów równoważnych elementów w kształcie bryłek w modelu L równoległym - L-R, (Model(B)). (f0 = 10 GHz) na Rys. 56...... ....**155**

Rys. 59. Symulowana zależność mocy mikrofalowej od częstotliwości, P(f), dla różnych parametrów dopasowania *ρ, l, a, b, c, d,* dla ***idealnej***, ***liniowej, kwadratowej, wykładniczej*** zależności oporu powierzchniowego nadprzewodnika, RS i indukcyjności, LSS i LSn, od mocy mikrofalowej dla układów równoważnych elementów grudkowych serii L - model L||R, (Model(C)). (f0 = 10GHz) na Rys. 57..**155**

Rys. 60. Symulowana zależność mocy mikrofalowej od częstotliwości, P(f), dla różnych parametrów dopasowania, (ρa) i (b), dla ***liniowej*** zależności powierzchniowej rezystancji nadprzewodnika, RS, i indukcyjności, LSS i LSn, dla mikrofalowego obwodu ekwiwalentnego elementów w L równolegle - model L-R, (Model(B)), na Rys. 56..**157**

Rys. 61. Symulowana zależność mocy mikrofalowej od częstotliwości, P(f), dla różnych parametrów dopasowania, (ρa) i (b), dla ***kwadratowej*** zależności powierzchniowej oporności nadprzewodnika, RS, i indukcyjności, LSS i LSn, od mocy mikrofalowej dla ekwiwalentnego układu elementów grudkowych w L równolegle - model L-R, (Model(B)), na Rys. 56..... ....**158**

Rys. 62. Symulowana zależność mocy mikrofalowej od częstotliwości, P(f), dla różnych parametrów dopasowania, a, b (a) i c, d (b) dla ***wykładniczej*** zależności powierzchniowej oporności nadprzewodnika, RS, i indukcyjności,

LSS i LSn, od mocy mikrofalowej dla ekwiwalentnych elementów w układzie L równoległym - model L-R, (Model(B), na Rys. 56...... .... **159**

Rys. 63. Symulowane zależności mocy mikrofalowej od częstotliwości, P(f), dla różnych parametrów dopasowania, (ρa) i (b), dla ***liniowej*** zależności powierzchniowej rezystancji nadprzewodnika, RS, i indukcyjności, LSS i LSn, od mocy mikrofalowej dla układów równoważnych elementów grudkowych w serii L - model L||R, (Model(C)), na Rys. 57...... .... **160**

Rys. 64. Symulowana zależność mocy mikrofalowej od częstotliwości, P(f), dla różnych parametrów dopasowania, (ρa) i (b), dla ***kwadratowej*** zależności powierzchniowej oporności nadprzewodnika, RS, i indukcyjności, LSS i LSn, od mocy mikrofalowej dla układów równoważnych elementów grudkowych w serii L - model L||R, (Model(C)), na Rys. 57....... .... **161**

Rys. 65. Symulowana zależność mocy mikrofalowej od częstotliwości, P(f), dla różnych parametrów dopasowania, a, b (a) i c, d (b) dla ***wykładniczej*** zależności powierzchniowej oporności nadprzewodnika, RS, i indukcyjności, LSS i LSn, od mocy mikrofalowej dla układów równoważnych elementów grudkowych w serii L - model L||R, (Model(C)), na Rys. 57........ .... **162**

Rozdział 6:

Rys. 66. Schemat rezonatora dielektrycznego Hakki-Coleman do charakteryzacji HTS z techniką...... pomiaru rezonansu wnęki cylindrycznej . **170**

Rys. 67. Wewnętrzna struktura rezonatora dielektrycznego Hakki-Coleman 25GHz z usuniętą jedną z płyt końcowych... **170**

Rys. 68. 25GHz rezonator dielektryczny Hakki-Coleman wewnątrz próżniowego dewaru... **171**

Rys. 69. Konfiguracja kriogenicznego systemu pomiaru mikrofalowego [8]... **171**

Rys. 70. Zależność od współczynnika jakości nieobciążonego od temperatury, Q(T), $YBa_2Cu_3O_{7-\delta}$ cienkie warstwy (1-2) o częstotliwości 25GHz przy mocy sygnału 0dBm. **173**
Rys. 71. Zależność nieobciążonego współczynnika jakości od temperatury, Q(T), $NdBa_2Cu_3O_{7-\delta}$ cienkich warstw (1-2) o częstotliwości 25GHz przy mocy sygnału 0dBm... .... **173**
Rys. 72. Zależność oporu powierzchniowego od temperatury, $R_S(T)$, $YBa_2Cu_3O_{7-\delta}$ cienkie warstwy (1-2) na podłożu MgO o częstotliwości 25GHz przy mocy sygnału 0 dBm... .... **175**
Rys. 73. Zależność oporu powierzchniowego od temperatury, $R_S(T)$, $NdBa_2Cu_3O_{7-\delta}$ cienkie warstwy (1-2) na podłożu MgO z $YBa_2Cu_3O_{7-\delta}$ warstwą buforową o częstotliwości 25GHz przy mocy sygnału 0dBm **175**
Rys. 74. Zależność oporu powierzchniowego od temperatury, $R_S(T)$, $YBa_2Cu_3O_{7-\delta}$ (filmy 1-2) i $NdBa_2Cu_3O_{7-\delta}$ (filmy 1-2) przy częstotliwości 25GHz przy mocy sygnału 0 dBm w temperaturach a) 15-50K, b) 50-90K **176**
Rys. 75. Zależność oporu powierzchniowego od temperatury, RS(T), folii $NdBa_2Cu_3O_{7-\delta}$ (1-2) i najbardziej prawdopodobnego błędu przy częstotliwości 25GHz.......... **177**
Rys. 76. Zależność oporności powierzchniowej od mocy mikrofalowej, $R_S(P_{RF})$, $YBa_2Cu_3O_{7-\delta}$ filmów (1-2) o częstotliwości 25GHz w różnych temperaturach **178**
Rys. 77. Zależność oporności powierzchniowej od mocy mikrofalowej, $R_S(P_{RF})$, dla $NdBa_2Cu_3O_{7-\delta}$ filmów (1-2) o częstotliwości 25GHz w różnych temperaturach.... .... **178**
Rys. 78. Zależność zmiany oporu powierzchniowego od temperatury, ΔRS(T), folii $YBa_2Cu_3O_{7-\delta}$ (1-2) dla ΔPRF od -5dBm do +25 dBm przy częstotliwości 25GHz.... .... **180**

Rys. 79. Zależność zmiany oporu powierzchniowego od temperatury, ΔRS(T), NdBa2Cu3O7-$_{\delta}$ folii (1-2) dla ΔPRF od -5dBm do +25dBm przy częstotliwości 25GHz.. **180**

Rozdział 7:

Rys. 80. a) YBa2Cu3O7-$_{\delta}$ oraz b) NdBa2Cu3O7- cienkie$_{\delta}$ powłoki nadprzewodnikowe wysokiej jakości, produkowane w Ceraco, Niemcy... **185**

Rys. 81. (a) 2GHz YBa2Cu3O7-$_{\delta}$ i NdBa2Cu3O7-$_{\delta}$ geometrie układu rezonatorów mikropaskowych, oraz (b) 2GHz YBa2Cu3O7-$_{\delta}$ i NdBa2Cu3O7-$_{\delta}$ elementy opakowania rezonatorów mikropaskowych............................ **186**

Rys. 82. a) 2GHz YBa2Cu3O7-$_{\delta}$ i NdBa2Cu3O7-$_{\delta}$ opakowanie rezonatora mikropaskowego; b) 2GHz YBa2Cu3O7-$_{\delta}$ i NdBa2Cu3O7-$_{\delta}$ rezonatory mikropaskowe, wykonane przez Dimitriego O. Ledenyova, JCU i Bin Wei, Uniwersytet Tsinghua..... .... **187**

Rys. 83. Symulowana odpowiedź sygnału, S21(f), YBa2Cu3O7-$_{\delta}$ i NdBa2Cu3O7-$_{\delta}$ rezonatorów mikropaskowych o wybranej geometrii układu o częstotliwości rezonansowej 1963,5MHz w temperaturze pracy w sieci Sonnet (oś Y): S21 (dB)..... .... **187**

Rys. 84. Zależność współczynnika transmisji od częstotliwości, S21(f), rezonatora YBa2Cu3O7-$_{\delta}$ R3Y, przy różnych poziomach mocy sygnału mikrofalowego w temperaturze 25K...... .... **188**

Rys. 85. Zależność współczynnika transmisji od częstotliwości, S21(f), rezonatora$_{\delta}$ NdBa2Cu3O7- mikropaskowego, R1N, przy różnych poziomach mocy sygnału mikrofalowego w temperaturze 25K..... .... **189**

Rys. 86. Zależność współczynnika transmisji od częstotliwości, S21(f), rezonatora YBa2Cu3O7-$_{\delta}$ mikropaskowego, R3Y, przy różnych poziomach mocy sygnału mikrofalowego w temperaturze 77K..... .... **190**

Rys. 87. Zależność współczynnika transmisji od częstotliwości, S21(f), rezonatora NdBa2Cu3O7-δ mikropaskowego, R1N, przy różnych poziomach mocy mikrofalowej w temperaturze 77K.. **190**

Rys. 88. Zależność współczynnika transmisji od częstotliwości, S21(f), rezonatora YBa2Cu3O7-δ mikropaskowego, R3Y, przy różnych poziomach mocy sygnału mikrofalowego w temperaturze 87K...... .... **191**

Rys. 89. Zależność współczynnika transmisji od częstotliwości, S21(f), rezonatoraδ NdBa2Cu3O7- mikropaskowego, R1N, przy różnych poziomach mocy sygnału mikrofalowego w temperaturze 90K....... .... **192**

Rys. 90. Zależność nieobciążonego czynnika jakości od temperatury, Q(T), NdBa2Cu3O7-δ dwóch rezonatorów mikropaskowych, R1N i R2N, (obliczana jako wartość średnia); oraz YBa2Cu3O7-δ rezonatora mikropaskowego, R3Y, przy mocy sygnału mikrofalowego 0dBm przy częstotliwości rezonansowej...... .... **193**

Rys. 91. Zależność oporu powierzchniowego od mocy sygnału mikrofalowego, Rs(P), rezonatoraδ YBa2Cu3O7- mikropaskowego, R3Y, przy częstotliwości rezonansowej, frezach, przy różnych temperaturach....... **195**

Rys. 92. Zależność oporu powierzchniowego od mocy sygnału mikrofalowego, Rs(P), rezonatora δNdBa2Cu3O7- mikropaskowego, R1N, przy częstotliwości rezonansowej, frezach, przy różnych temperaturach....... **195**

Rys. 93. Zależność oporu powierzchniowego od mocy sygnału mikrofalowego, Rs(P), rezonatoraδ NdBa2Cu3O7- mikropaskowego, R2N, przy częstotliwości rezonansowej, frezach, przy różnych temperaturach....... **196**

Rys. 94. Obliczona zależność zmiany rezystancji powierzchniowej od temperatury, RS (T) rezonatora YBa2Cu3O7-δ mikropaskowego, R3Y, przy częstotliwości rezonansowej ΔPRF od -5dBm do 30dBm...... .... **198**

Rys. 95. Obliczona zależność zmiany rezystancji powierzchniowej od temperatury, RS (T) rezonatora $NdBa_2Cu_3O_{7-\delta}$ mikropaskowego, R1N, przy częstotliwości rezonansowej ΔPRF od -5dBm do +30dBm........................ **199**

Rozdział 8:

Rys. 96. Obliczone zależności zmian oporów powierzchniowych od temperatury, ΔRS(T), w przypadku $YBa_2Cu_3O_{7-\delta}$ i $NdBa_2Cu_3O_{7-\delta}$ rezonatorów mikropaskowych przy częstotliwościach rezonansowych, frezach, przy ΔPRFInp od -5dBm do +30dBm................................ **210**

Lista stołów:

Rozdział 1:

NIE DOTYCZY

Rozdział 2:

Tab. 1.. Nadprzewodniki wysokotemperaturowe (HTS) o temperaturach krytycznych **28**

Tab. 2. Zalety techniczne filtrów sygnałowych HTS RF **57**

Rozdział 3:

NIE DOTYCZY

Rozdział 4:

NIE DOTYCZY

Rozdział 5:

NIE DOTYCZY

Rozdział 6:

NIE DOTYCZY

Rozdział 7:

NIE DOTYCZY

Rozdział 8:

NIE DOTYCZY

Indeks przedmiotowy

Temperatura bezwzględna, T, **41**
Oporność na prąd zmienny, **31**
Dopuszczenie (znormalizowane reaktywne), b, **122**
Zaawansowane modele układów równoważnych z elementami grudkowymi wysokotemperaturowego nadprzewodnika w rezonatorze dielektrycznym w mikrofalach, **4, 14, 16, 141, 147-151, 222, 256**
Agilent, **171**
Anormalny efekt skórny, **64**
Zastosowania nadprzewodników (techniczne), **2, 40, 51-54**
Zastosowana indukcja magnetyczna, B, **33, 216**
Au powlekany główny korpus pakietu, w tym pokrywa, płyta dolna, ściany osłonowe, rezonator mikropaskowy HTS, **187**
Au coated YBCO i NdBCO dwustronne cienkie warstwy na podłożach MgO, **185, 200, 201**
Au normalna metalowa warstwa ochronna, **200**
Aurum, Au, **185, 200, 201**
Australia, **7, 20, 166, 213, 214, 256**

Bardeen, Cooper, Schrieffer (BCS) teoria nadprzewodnictwa, **2, 48-51, 256**
Bean's critical state model, **117**
Bitowa stopa błędów (BER), **57**
Bolometr(-y), **53, 201**
Kondensacja Bose-Einsteina, **48**
Rezonatory masowe, **71**

Kategorie programów CAD, **110**
Symulatory obwodu, **110**
Optymalizatory obwodów, **110**
Rozpuszczalniki fal elektromagnetycznych, **110**
Estymatory indukcyjności, **110**
Symulatory logiczne, **110**
Redaktorzy układu graficznego, **110**
Syntezatory rozkładu, **110**
Teksturowanie w osi C grubych warstw Tl2Ba2Ca2Cu3O10, **84**
CeO2, **99**
Ceraco, Niemcy, **8, 169, 181-183, 204, 214, 224, 228**
Channelizery (RF), **53, 228, 231**
Cząstki naładowane, **54**
Magnesy akceleratorów, **54**
Magnesy cyklotronowe, **54**
Magnesy do stelatorów plazmowych, **54**
Magnesy reaktorów plazmowych takamakowych, **54**
Chemiczne osadzanie z pary wodnej (CVD), **17, 230**
Teoria obwodu (obwód równorzędny z elementami bryłowymi), **111, 151**
Pompy cyrkulacyjne (RF), **54**
Klasyczny efekt skórny, **64**
Klasyczna teoria elektrodynamiki, **142**
Długość koherencji, ξ, **37, 38, 46, 47, 115**
Złożona przewodność elektryczna, σ, **41**
Składnik(-y) (HTS), **16, 27, 28, 29, 47, 57, 58, 106, 181, 201**

Projektowanie wspomagane komputerowo (CAD), **110, 202, 211, 212**
Proces, **212**
Oprogramowanie, **211**
Computer modeling of superconductors at microwaves, **110**
Miedź, Cu, **12, 16, 17, 27, 28, 29, 71, 79, 100, 105, 168, 220**
Metoda rezonansu jamy miedzianej, **71**
Folia miedziana, **80**
Para(-y) elektronów Coopera, **48, 91, 113**
Model o sprzężonym uziarnieniu, **78, 101, 115-119, 138, 223**
Złącza (RF), **53**
Częstotliwość krytyczna, fC, **39**
Krytyczne pola magnetyczne, Hc, **37**
Wyższy, HC2, **37**
Niższy, HC1, **37**
Parametry krytyczne nadprzewodnika(-ów), **2, 30, 34, 35, 37, 39, 216**
Prąd krytyczny, IC, **36**
Krytyczna gęstość prądu, JC, **34, 36**
Częstotliwość krytyczna, fC, **39**
Krytyczne pole(a) magnetyczne, Hc, **34, 37**
Wyższy, HC2, **37**
Niższy, HC1, **37**
Temperatura krytyczna, TC, **34**
Efekt przesłuchu, **126**
Kriogeniczny układ pomiarowy mikrofalowy, **171**
Kriopompa, **171**
CSIRO, **7**
Rozkład gęstości prądu w dwóch rezonatorach w mikrofalach, **93-94**
YBa2Cu3O7-δ rezonator linii paskowej, **93-94**
YBa2Cu3O7-δ film w rezonatorze dielektrycznym, **93-94**
Technika pomiaru rezonansu wnęki cylindrycznej, **168, 169**

Rezystywność prądu stałego, **31, 216**
Linie opóźniające (RF), **54**
Gęstość elektronów nadprzewodzących, nS, **45**
Zależność parametrów modeli układów równoważnych elementów bryłowych od pola magnetycznego, Hrf, i mocy sygnału mikrofalowego, P, przy mikrofalach, **4, 152**
Zależność liniowa, **152**
Kwadratowa zależność, **152**
Zależność wykładnicza, **152**
Zależność oporu powierzchniowego od pola magnetycznego, RS(Hrf), **86**
Linear, **86**
Quadratic, **86**
Wykładniczy, **86**
Diamagnetyczne zachowanie nadprzewodników, **30, 32, 33**
Dielektryk, **19, 73-74, 167-170, 169**
Wgłębienie, **19**
Rezonator Hakki-Coleman, **19, 73-74, 167-170**
Rezonator(-y), **19, 169**
Rezonator prętowy, **83**
Projekty rezonatorów dielektrycznych, **73-74**
Konfiguracja ekranowana Hakki-Coleman, **73-74**
Konfiguracja jednopłytkowa (otwarta), **73-74**
Dielektryki o wysokiej przepustowości,ε r, i niskich stratach energii, **74**

Sapphire, MgO, **74**
Rutylu, **74**
Aluminium lantanowe, LaAlO3, **74**
Zanikająca oporność elektryczna nadprzewodników, **2, 30**
Dupleksery (RF), **54**

Efekt rozproszenia rozproszonych i plamistych elektronów na powierzchni przewodnika, **64**
Model średnio-efektywny, **118**
Kondensator Einsteina, **217**
Ograniczniki prądu elektrycznego, **54**
Oporność elektryczna nadprzewodników, **2, 30**
Teoria elektrodynamiki (klasyczna), **142**
Elektromagnetyczne, **2, 52, 54**
Silniki, **54**
Filtry sygnałów, **2, 52**
Generatory sygnałów, **54**
Generatory Impulsów Sygnałowych (MHG), **54**
Sygnał lewitacji pojazdów magnesy, **54**
Anteny radarów sygnałowych, **54**
Anteny radiowe/odbiorcze sygnału, **54**
Urządzenia do przechowywania sygnałów, **54**
Linie przesyłowe sygnałów, **54**
Widmo, **56**
Transformatory, **54**
Ścieżka elektronowa średnia wolna, *l*, **38**
Elektronicznie skanowane, elektronicznie sterowane radary fazowe (aktywne/pasywne), **53**
Elektronika, **2, 9, 10, 11, 13, 18, 25, 60, 110, 141, 166, 211, 212, 213, 245**
Elektroforetyczne osadzanie grubych warstw YBCO, **84**
Luka energetyczna, Δ(T), **49**
Analiza błędów w wynikach pomiarów oporu powierzchniowego, **176**
Badanie eksperymentalne cienkich warstw YBa2Cu3O7-δ i NdBa2Cu3O7-δ na podłożach MgO w rezonatorze dielektrycznym w mikrofalach, **167-183**
Badanie eksperymentalne cienkich warstw YBa2Cu3O7-δ i NdBa2Cu3O7-δ w rezonatorach mikropaskowych w mikrofalach, **184-204**
Wyniki pomiarów eksperymentalnych mikrofalowej charakterystyki YBa2Cu3O7-δ i NdBa2Cu3O7-δ cienkich warstw na podłożach MgO, **167-204**
Eksperymentalne wyniki pomiarów mocy mikrofalowej charakterystyki YBa2Cu3O7-δ i NdBa2Cu3O7-δ cienkich warstw na podłożach MgO przy różnych poziomach mocy mikrofalowej, **167-204**
Zewnętrzne nieliniowości powodują w nadprzewodniku w mikrofalach, **101**
Przemieszczenia w interfejsie krystalicznym lub na podłożu krystalicznym, **101**
Granice ziarna, **101**
Zanieczyszczenia, **101**
Normalne włączenie fazy metalowej, **101**
Zmiana dopingu tlenowego, **101**
Ewentualne wzornictwo, **101**
Podwójne granice, **101**

Fermi, **45, 46, 49**
Energia, **45, 46**

Powierzchnia, **49**

Filtry (sygnał elektromagnetyczny o częstotliwości radiowej (RF)), **53**

Metody osadzania filmów (YBCO), **96**

  Współsparowanie wiązki elektronów, **96**

  Ablacja laserowa, **96**

  MOCVD, **96**

  Napylanie jonowe, **96**

Folia(-y) (nadprzewodnik), **79, 80, 84**

  Wysoko teksturowane, **85**

  Wzór, **80**

  Teksturowane, **84**

  Nietknięte, **84, 85**

  Nierozproszony, **79**

Zamiatanie częstotliwości, **81**

Podstawowe właściwości nadprzewodników wysokotemperaturowych (HTS), **2, 29**

Współczynnik geometryczny, A, **176**

Niemcy, **7, 8, 167, 181, 182, 183, 204, 214, 224, 256**

Ginsburg-Landau, **38, 45-48**

  Długość koherencji, ξ_{GL}, **47**

  Mechanizm odparowywania, **91**

  Pierwsze równanie, **45-46**

  Parametr zamówienia, Ψ, **45**

  Parametr, k, **38, 46**

  Drugie równanie, **45-46**

  Teoria nadprzewodnictwa, **45-48**

Technika Glover-Tinkham do pomiaru zależności częstotliwościowej złożonej przewodności próbki przy częstotliwościach quasi-optycznych, **69**

Cele badawcze, **147**

  Pierwszy główny cel: stworzenie zaawansowanych modeli układów równoważnych z elementami grudkowymi dla nadprzewodników $YBa2Cu3O7-_{\delta}$ (YBCO) i $NdBa2Cu3O7-$ (NdBCO) $_{\delta}$na mikrofalach w celu lepszego projektowania układów mikrofalowych HTS.

  Drugi główny cel: eksperymentalne badanie nadprzewodników $YBa2Cu3O7-_{\delta}$ (YBCO) i $NdBa2Cu3O7-_{\delta}$ (NdBCO) na mikrofalach zarówno w rezonatorach dielektrycznych jak i mikropaskowych w celu scharakteryzowania efektów nieliniowych przy zwiększonych poziomach mocy sygnału mikrofalowego w temperaturach pracy.

Złoto, Au, **185**

Gorter-Casimir dwupłynna teoria nadprzewodnictwa, **40-42**

GPIB, **171**

Rezonator dielektryczny **Hakki-Coleman**, **19**, **167-170, 168, 169, 170, 1-256**

  Montaż korowy, **171**

  Konstrukcja wewnętrzna z **170**

  Technika pomiaru rezonansu (wnęka cylindryczna), **168, 169**

  Schemat **170**

  Parametry techniczne, **169**

  Dwadzieścia pięć (25) GHz, **168, 169, 170**

Zespół sprężarek helowych, **171**

Hewlett Packard, **127**

Nadprzewodniki wysokotemperaturowe (HTS), **30-40, 56, 57**

Właściwości, **30-40**
Zalety technologii RF, **57**
Główne zalety techniczne filtrów RF, **56**
Model strat histeretycznych, **117**
Pętle histeretyczne penetracja ziaren nadprzewodzących w nadprzewodniku, **91**

IBM PC, **171**
Laboratorium Badawcze IBM, **27**
TJ. **7, 23, 24, 104, 105, 106, 108, 109, 137, 138, 139, 181, 200, 214**
Nagroda MTT-S (Microwave Theory and Technique Society), **214**
Impedancja, Zs, **22, 23, 62-69, 75-77, 80, 83, 103-109, 112-120, 126, 129, 130, 138, 147, 166, 191, 192, 220**
Efekt niedopasowania impedancji, **126, 193**
Technologie informacyjno-komunikacyjne (TIK), **210**
Wewnętrzne nieliniowości powodują w nadprzewodniku w mikrofalach, **101**
Abricosovskie wiry magnetyczne wnikające do nadprzewodnika, **101**
Łamanie par elektronów Coopera, **101**
Symetrie parametrów D-wave lub S-wave innego rzędu, **101**
Obecność wirów magnetycznych Josephsona w słabych ogniwach, **101**
Lokalne ogrzewanie słabych ogniw, **101**
Nonuniformalne ogrzewanie mikrofalowe, **101**
Zmiana gęstości elektronów nadprzewodnikowych w wyniku działania zewnętrznego pola magnetycznego, Hrf, **101**
Ziarna słabo związane, **101**

James Cook University (JCU), **7, 100, 213, 214, 252**
Opór powierzchniowy, Rs, wyniki pomiarów, **100**
Josephson, **51, 53, 101, 115**
Efekt, **138**
Połączenie (JJ), **51, 53**
Wady podobne do złączy, **115**
Linki, **101**
Wortale magnetyczne, **101**

Technika **Kajfeza**, **127**

Podłoże LaAlO3, **86**
Oprogramowanie LabView, **171**
Liedieniow, **52, 53, 141-166, 146, 147, 149, 150, 211, 212, 215, 216, 217, 256**
Zaawansowany model układu równoważnego z elementami bryłowymi nadprzewodnika: Seria L - L||R, **146**
Zaawansowany układ równoważników elementów grudkowych rezonatora dielektrycznego z nadprzewodnikiem: Seria L - model L||R, **149**
Zmodyfikowany zaawansowany model układu równoważnego z elementami grudkowymi nadprzewodnika: L równoległy - L-R, **147**
Zmodyfikowany zaawansowany układ elementów grudkowych równoważny układowi rezonatora dielektrycznego z nadprzewodnikiem: L równoległy - model L-R, **150**

Algorytmy kwantowe kołowe, **217**
Węzeł wiru magnetycznego jako skrajna granica kwantowa, **53, 217**
Quantum Random Number Generator na chipsecie Qubits ze strumieniem magnetycznym (1024 QRNG_MFQ), **53, 217**
Model układu równoważnego elementów w grudkach RLC do dokładnej charakterystyki parametrów fizycznych cienkich/grubych warstw YBCO i NdBCO HTS w mikrofalach, **141-166, 211, 212.**
Nadprzewodnikowy strumień magnetyczny qubit, **52, 216**
Teoria dotycząca nieliniowości w HTS w mikrofalach, **220, 223**
Ultra Dense Digital Memory on Magnetic Knots Qubits (UDDM_MKQ) chipset, **53, 217**
Propozycja użycia rezonatorów $YBa2Cu3O7_{-\delta}$ i $NdBa2Cu3O7_{-\delta}$ mikropaskowych jako standardu do dokładnej charakterystyki folii HTS w mikrofalach, **201, 252**
Uniwersytet w Lejdzie, **21, 25, 26, 57, 216**
Płynny, **52, 53**
Helium, He, **52**
Azot, N, **53**
London electrodynamics theory of superconductivity, **43-45**
Model(-e) obwodów równoważnych z elementami wielkiej bryły, **110-137, 141-166**
Przegląd modeli układów równoważnych elementów grudkowych nadprzewodników i rezonatorów nadprzewodnikowych w mikrofalach, **110-137**
Zaawansowane modele układów równoważnych z elementami grudkowymi $YBa2Cu3O7_{-\delta}$ i $NdBa2Cu3O7_{-\delta}$ wysokotemperaturowe nadprzewodniki w rezonatorze dielektrycznym i rezonatorze mikropaskowym w mikrofalach, **141-166**
Teoria obwodów ekwiwalentnych elementów grudkowych, **111, 151**

Magnetyczne, **4, 13, 15, 19, 22, 31-40, 43, 44, 46, 48, 50, 51, 52, 53, 59, 63, 65, 67, 72, 74, 76-78, 80, 82-95, 99, 101, 107, 109, 111, 112, 115, 118, 120, 135, 137, 145, 152-154, 163, 164, 198, 203, 211, 216-219**
Pole, **4, 13, 15, 19, 22, 31-40, 43, 44, 46, 48, 50, 51, 59, 63, 65, 67, 72, 74, 76-78, 80, 82-95, 99, 101, 107, 109, 111, 112, 115, 118, 120, 135, 137, 145, 152-154, 163, 164, 198, 203, 211, 216-219**
Strumień qubit (nadprzewodzący), **52, 53**
Struktura wirów topnikowych, **50**
Indukcja (magnetyczna), B, **33, 216**
Magnesy do obrazowania rezonansowego (MRI), **53**
Program komputerowy Matlab, **19, 166**
Program komputerowy klonowy, **151, 166**
Zmierzona zależność współczynnika jakości od temperatury, Q0(T), i oporu powierzchniowego od mocy sygnału mikrofalowego, $_{RS}$(P),

$YBa_2Cu_3O_{7-\delta}$ i $NdBa_2Cu_3O_{7-\delta}$ Cienkie filmy w rezonatorach mikropaskowych w mikrofalach, **190-200.**
Zmierzone zależności współczynnika transmisji od częstotliwości, S21(f) $YBa_2Cu_3O_{7-\delta}$ i $NdBa_2Cu_3O_{7-\delta}$ Cienkie filmy przy różnych poziomach mocy sygnału mikrofalowego w rezonatorach mikropaskowych przy mikrofalach, **186-190**
Efekt Meissnera, **33, 37, 40**
Rtęć, **21, 25, 26, 57**
MgO podłoża, **4, 5, 8, 17, 93, 96, 167, 171, 173, 174, 177, 182, 183, 218, 219, 256**
Microstrip, **184-204**
  Filtr(y), **184-204**
  Rezonator(-y), **184-204**
Rezonatory mikropaskowe, **184, 219**
  Jako możliwy standard dokładnej charakterystyki folii HTS w mikrofalach (oryginalna propozycja Ledenyowa), **219**
  NdBCO (R1N, R2N, R3N), **184**
  YBCO (R1Y, R2Y), **184**
Mikrofalówka, **1-252**
  Wnioski, **1-252**
  Urządzenia, **1-252**
  Nadprzewodność, **1-252**
Mikrofalowa charakterystyka $YBa_2Cu_3O_{7-\delta}$ i $NdBa_2Cu_3O_{7-\delta}$ cienkich warstw w rezonatorze dielektrycznym, **167-181**
Mikrofalowa charakterystyka $YBa_2Cu_3O_{7-\delta}$ i $NdBa_2Cu_3O_{7-\delta}$ cienkich warstw w rezonatorze mikropaskowym, **182-200**
Mikrofalowe detektory kinetycznej induktancji, **76**
Rezonatory mikrofalowe do charakteryzacji cienkich warstw HTS, **69**
  a) Otwarty rezonator dielektryczny, **69**
  b) rezonator dielektryczny Hakki-Coleman, **69**
  c) rezonator płyt równoległych, **69**
  d) rezonator wnękowy, **69**
  e) rezonator koplanarny, **69**
  f) Rezonator dysków, **69**
  g) rezonator mikropaskowy, **69**
  h) rezonator paskowy, **69**
Absorpcja sygnału mikrofalowego, **200**
Faza mieszana (stan) nadprzewodnika, **37**
Miksery (RF), **54**
Wzór(-y), **4, 14, 16, 64, 110-137, 118, 141, 141-166, 146, 147, 147-151, 149, 150, 222, 256**
  Zaawansowane modele układów równoważnych z elementami grudkowymi wysokotemperaturowego nadprzewodnika w rezonatorze dielektrycznym w mikrofalach, **4, 14, 16, 141, 147-151, 222, 256**
  Ledenyov zaawansowany lumped elements równoważny model obwodu nadprzewodnika: Seria L - L||R, **146**
  Ledenyov zaawansowane elementy grudkowe równoważny obwód rezonatora dielektrycznego z nadprzewodnikiem: Seria L - model L||R, **149**
  Liedieniow zmodyfikował zaawansowany model obwodu złożonego z elementów grudkowych, będący odpowiednikiem układu

nadprzewodnika: L równoległy - L-R, **147**
Ledenyow zmodyfikował zaawansowany układ elementów grudkowych równoważnych obwodu rezonatora dielektrycznego z nadprzewodnikiem: L równoległy - model L-R, **150**
Reuter-Sondheimer model quasi-wolnych elektronów, **64**
RLC elementy grudkowe równoważne modele układów rezonansowych w mikrofalach, **110-137, 141-166**
Model linii przesyłowej, **118**
Słabo sprzężony model ziarna, **118**
Monolityczny mikrofalowy układ scalony (MMIC), **54**
Techniki wieloczęstotliwościowe do pomiaru parametrów rezonatora(-ów) mikrofalowego(-ych), **126**
Technika Kajfeza, **127**
Obciążony współczynnik jakości, QL, pomiar, **126**
Współczynniki sprzężenia, β_1 i β_2, pomiar, **126**
Technika fazowa S21 dla rezonatorów trybu transmisyjnego, **126-127**
Technika S11 dla rezonatorów z trybem odbicia, **126-127**
Tryb transmisji Technika Q-Factor (TMQF), **126-127, 172**

Program komputerowy National Instruments, **171**
Charakter nieliniowości w YBa2Cu3O7-δ i NdBa2Cu3O7-δ nadprzewodniki wysokotemperaturowe w mikrofalach, **1-252**
NdBa2Cu3O7-δ, (NdBCO), **182-200, 212, 1-252**
Folia na podłożu MgO, **182-200**
Rezonatory mikropaskowe, **182-200**
Rezonator mikropaskowy jako standard do dokładnej charakterystyki folii HTS w mikrofalach (oryginalna propozycja Liedenyova), **212**
Wybór i optymalizacja geometrii rezonatora Microstrip, **182-200**
Obliczanie geometrii układu rezonatora Microstrip, **182-200**
Opracowanie prototypu rezonatora Microstrip, **182-200**
Symulacja reakcji na sygnał rezonatora mikropaskowego, **182-200**
Materiał nadprzewodzący NdBCO, **201**
Utlenianie, **201**
Degradacja strukturalna i/lub uszkodzenia, **201**
NdBa2Cu3O7-δ techniki osadzania cienkich warstw, **17**
Chemiczne osadzanie z pary wodnej (CVD), **17**
Napylanie magnetronowe prądu stałego, **17**
Ablacja laserowa, **17**
epitaksja wiązki molekularnej (MBE), **17**
Rozpylanie jonowe RF, **17**
Współsparowywanie termiczne, **17**
Parametry cienkich warstw NdBCO, **168-169, 184-185**
Do dokładnej charakteryzacji w rezonatorze dielektrycznym, **168-169**

Do dokładnej charakteryzacji w rezonatorach mikropaskowych, **184-185**
Neodym, Nd, **8, 17**
Niderlandy, **25, 26, 216**
Niobu, Nb, **22, 47, 72, 82, 84, 96, 100, 219, 220**
Jama Niobu (Nb), **84**
Niobowy (Nb) ćwierćfalowy rezonator wnękowy, **82**
Cyna Niobu, (NbSn), **96, 222**
Nagroda Nobla z fizyki, **25, 48**
Hałas, **193**
Efekty nieliniowe, **7, 8, 12**
Generacja harmonii, **12**
Zwiększone straty wtrąceniowe pojawiają się przy wysokich poziomach mocy sygnałów mikrofalowych, **12**
Powstanie zakłóceń intermodulacyjnych, **12**
Nieliniowe właściwości mikrofalowe, **1-245**
NdBa2Cu3O7-δ folie nadprzewodzące, **1-242**
Nadprzewodnik (nadprzewodniki), **1-245**
YBa2Cu3O7-δ folie nadprzewodzące, **1-242**
Nieliniowości w nadprzewodnictwie mikrofalowym, **1-242**
Nonlinearities nature in superconductor, **101**
Zewnętrzne nieliniowości, **101**
Nieliniowości wewnętrzne, **101**
Nieliniowość pochodzi od nadprzewodnika, **78, 101,**
Abricosovskie wiry magnetyczne, **78**
Wortale magnetyczne Josephsona, **101**
Wzbudzenie nierównoważne, **78**
Niehomogeniczności, **78**
Efekty termiczne, **78**
Niekonwencjonalne parowanie, **78**
Słabe ogniwa, **78**
Pojawienie się nieliniowości w nadprzewodniku w postaci, **78**
ZS wielkość nieliniowe zmiany w czasie, **78**
Generacja Harmonii, **78**
Zniekształcenia intermodulacyjne, **78**
Normalny metal, **101**
Opór powierzchniowy w stanie normalnym, Rsn, **83**

Ohm prawo, **64**
Ohmicki kanał rezystancyjny, **113**
Parametr zamówienia, Ψ, **45**

Anteny naszywkowe, **54**
Efekty wzorowania, **93**
Rezonator płyt równoległych, **72**
Głębokość penetracji,λ_L, **34, 38, 43, 44, 47, 63, 64, 65, 71, 72, 88, 89, 90, 97, 98, 99, 106, 198, 216, 218**
Idealny dyrygent, **41, 42**
Przepuszczalność,μ , **33, 63**
Opóźnienie fazowe, **193**
Wykrywanie fotonów, **76**
Physical mechanisms of nonlinearities in YBa2Cu3O7-δ and NdBa2Cu3O7-δ high temperature superconductors at microwaves, **201-208**
Metoda fazowa, **127**
Pippard, **46, 47**
Długość koherencji, ξ_0, **47**
Teoria, **46-47**
Planarne rezonatory linii przesyłowych, **75**
Coplanar, **75**
Microstrip, **75**

Stripline, **75**
Stała płytkowa, **47**
Gęstość zaludnienia elektronów, **113**
Normalne elektrony, **113**
Super-elektrony (pary Coopera), **113**
Zależność od mocy (sygnał mikrofalowy), **66, 77, 83, 105, 108**
P.R. Chiny, **7, 8, 184, 215, 256**
Precyzyjne metody pomiarów mikrofalowych, **68**
Technika rezonansowa, **68**
Nierezonansowa technika odbicia, **68**
Precyzyjny(-e) pomiar(-e) parametrów fizycznych w mikrofalach, **68**, **167-181, 182-200**
Efekt zbliżeniowy, **201**

Czynnik (czynniki) jakości, Q, **5, 12, 51, 54, 71, 74, 76, 80, 97, 98, 120, 124, 125, 143, 144, 155, 171, 172, 190-192, 204, 206, 219, 223, 225**
Współczynnik jakości, Q, rezonatora dielektrycznego, **74-75, 176**
Załadowany, QL, **74-75, 125**
Wyładowany, Q0, **74-75, 125**
Współczynnik jakości (Loaded), QL, techniki pomiarowe, **126-127**
Technika Kajfeza, **127**
Technika fazowa S21 dla rezonatorów trybu transmisyjnego, **126-127**
Technika S11 dla rezonatorów z trybem odbicia, **126-127**
Technika transmisji w trybie Q-Factor (TMQF), **126-127**
Quantum magnetic vortices, **37**
Pamięć kwantowa na qubitach węzła magnetycznego, **53**
Quantum random number generator na strumieniu magnetycznym qubits (1024 QRNG_MFQ), **53**

Szybkie jednokrotne procesory centralne z logiką kwantową (RSFQ), **53**
Częstotliwość radiowa (RF), **53**
Channelizery, **53**
Pompy cyrkulacyjne, **53**
Łączniki, **53**
Linie opóźniające, **53**
Dupleksery, **53**
Filtry, **53**
Miksery, **53**
Badania i rozwój (R&D), 7, **10**
Wyniki badań nad precyzyjnymi pomiarami nieliniowości w $YBa2Cu3O7-_{\delta}$ i $NdBa2Cu3O7-_{\delta}$ nadprzewodnikach wysokotemperaturowych w mikrofalach, **167-181, 182-200**
W rezonatorze dielektrycznym, **167-181**
W rezonatorze mikropaskowym, **182-200**
Odporność, **30, 31, 117, 119, 167, 216**
Prąd zmienny (AC), **31**
Prąd stały (DC), **31**
Technika pomiaru rezonansu (wnęka cylindryczna), **168, 169**
Techniki rezonansowe do pomiarów impedancji powierzchniowej, **69**
Techniki masowego rezonatora mikrofalowego, **69**
Planarne techniki rezonatora mikrofalowego, **69**
Rezonator(-y) (mikrofalowy), **19, 69, 70, 71, 72, 73-74, 75, 83, 167-170, 182-200**
Masowy, **71**
Wgłębienie, **69**

Co-planar waveguide, **69, 70, 75**
Dielektryk, **70, 167-181**
Drążek dielektryczny, **83**
Dysk, **69**
Dielektryk Hakki-Coleman, **19, 69, 70, 73-74, 167-170**
Microstrip, **69, 70, 75, 182-200**
Otwarty dielektryk, **69**
Płyta równoległa, **69, 72**
Planarna linia przesyłowa, **70, 75**
Rezonator trybu odbicia, **127**
Szafirowy rezonator dielektryczny, **97**
Stripline, **69, 70, 75, 90**
Rezonator trybu transmisyjnego, **127**
Reuter-Sondheimer model quasi-wolnych elektronów, **64**
Filtr(-y) RF (Porównanie parametrów technicznych), **56**
Idealny, **56**
Metal zwykły, **56**
Nadprzewodnik, **56**
RLC elementy grudkowe równoważne modele układów rezonansowych w mikrofalach, **110-137, 141-166**
Rutylu, **74**

Parametry próbek, **168-169,**
Cienka folia YBCO i NdBCO do dokładnej charakteryzacji w rezonatorze dielektrycznym, **168-169**
Cienka folia YBCO i NdBCO do dokładnej charakteryzacji w rezonatorach mikropaskowych, **184-185**
Sapphire, **22, 74, 95, 97, 98, 99, 103, 140, 154, 167, 168, 169, 219, 232**
Pojedynczy kryształ o bardzo wysokiej czystości, **168**
Puck, **169**
Rózga, **168**
Hipoteza Silsbee, **36**
Tranzystor jednokomórkowy (SET), **53**
Rezonatory jednomodowe, **125**
Jednostopniowe chłodziarki kriogeniczne o zamkniętym obiegu, **53**
Głębokość skóry, δ, **63**
Efekt skórny, **200**
Głębokość penetracji efektu skórnego, **200**
Anteny inteligentne, **54**
Oprogramowanie sonetowe, **187**
Parametry S21, S11 i S22, **172**
Techniki pomiaru S-parametrów, **126**
Spin(-y) elektronu, **48**
Stabilne oscylatory, **54**
Uniwersytet Stanforda, **127**
Standard do dokładnej charakterystyki folii HTS w mikrofalach, **212**
Rezonator dielektryczny, **212**
Rezonator mikropaskowy (oryginalna propozycja Ledenyowa), **212**
Rezonator płyt równoległych, **72**
Kriokomor mieszadłowy (dwustopniowy cykl zamknięty), **171**
Rezonator linii paskowej, **69, 70, 75, 90**
Nadprzewodnikowe Quantum Interference Device (DC/RF SQUID), **52, 54**
Czujniki SQUID, **54**
Nadprzewodnikowy strumień magnetyczny qubit, **53**
Nadprzewodność, **1-252**
Nadprzewodnik (nadprzewodniki), **10, 25, 27, 28, 51**
D-wave, **51**

Nadprzewodniki wysokotemperaturowe z Tc, **28**
Nadprzewodniki niskotemperaturowe, **10, 25, 27**
S-wave, **51**
Czujniki nadprzewodnik-insulator-nadprzewodnik (SIS), **53**
Superfluid Heli, **217**
Powierzchniowe pole magnetyczne, HS, **83**
Powierzchniowe pole magnetyczne, Hs, trzy regiony, **86**
Obszar niskiego powierzchniowego pola magnetycznego, **86**
Region pośredniego powierzchniowego pola magnetycznego, **86**
Region wysokich powierzchniowych pól magnetycznych, **86**
Reakcja powierzchniowa, Xs, **63, 66, 77, 86, 90, 91, 217, 218**
Opór powierzchniowy, Rs, **5, 9, 11-13, 15, 18, 22-24, 46, 49, 51, 52, 59, 63-66, 69, 71-78, 82-105, 116, 118, 119, 139-145, 148, 149, 152, 153, 159-162, 165, 168, 169, 171, 173-179, 181, 190, 192-197, 202, 204-207, 210, 217-220, 223-225**
Przyczyny zewnętrzne i wewnętrzne, **101**
Wzór oporu powierzchniowego, Rs, w nadprzewodnikach z teorii BCS, **49**
Wzór oporu powierzchniowego, Rs, w nadprzewodnikach o fali D, **52**
Wzór oporu powierzchniowego, Rs, w nadprzewodnikach o fali S, **51**
Opór powierzchniowy w stanie normalnym, Rsn, **83**
Opór powierzchniowy w zależności od rodzaju zewnętrznego pola magnetycznego, RS(Hrf), w nadprzewodniku w czasie, **78**
Linear, **78**
Słabo nieliniowy, **78**
Silnie nieliniowy, **78**
Awaria, **78**

Teoria, **40-42, 43-45, 45-48, 48-51, 64, 111, 121**
Teoria Abrikosowa o właściwościach magnetycznych nadprzewodników typu II, **50**
Bardeen, Cooper, Schrieffer (BCS) teoria nadprzewodnictwa, **48-51**
Teoria obwodów elektronicznych, **111**
Ginsburg-Landau teoria nadprzewodnictwa, **45-48**
GLAG (Ginsburg-Landau-Abrikosov-Gorkov) teoria nadprzewodnictwa, **50**
Gorter-Casimir dwupłynna teoria nadprzewodnictwa, **40-42**
Teoria Liedieniowa na temat nieliniowości w HTS w mikrofalach, **220, 223**
London electrodynamics theory of superconductivity, **43-45**
Teoria obwodów ekwiwalentnych elementów grudkowych, **111, 151**
Teoria Pipparda o nielokalnej modyfikacji teorii londyńskiej, **46, 47.**
Pozostałości złożonych funkcji, **121**
Teoria Reutera-Sondheimera o impedancji powierzchniowej, Zs, w izotropowym normalnym przewodniku, **64**
Efekt termoelektryczny, **217**

Metoda trzech dB, **75, 126**
Tl2Ba2Ca2Cu3O10 (TBCCO) grube folie, **84, 99**
Tranzystor(y), **53, 201**
Transceiver (RF), **55**
  Selektywność, **55**
  Wrażliwość, **55**
Model linii przesyłowej, **118**
Technika współczynnika jakości trybu transmisyjnego (TMQF), **172, 193**
Uniwersytet Tsinghua, **184**
Teoria nadprzewodnictwa dwupłynnego (Gorter-Casimir), **40-42**
Dwa segmenty - liniowa aproksymacja wyników pomiarów, **197, 211**
Nadprzewodniki typu I, **36**
Nadprzewodniki typu II, **37**

Ukraina, **7, 58, 213, 256**
Niepewność wyników pomiarów z powodu, **194**
  Oczekiwane ograniczenia dotyczące instrumentów, **194**
  Możliwe sprzężenie nierównomierne, **194**
  Istniejące ubytki sprzężenia, **194**
USA, **7, 24, 61, 137, 166, 208, 214, 240**

Dewar próżniowy, **171**
Vector Network Analyser (VNA), **126, 177**

Słabo sprzężony model ziarna, **118**

YBa2Cu3O7-δ (YBCO), **1-241, 182-200**
  Dysk ceramiczny, **83**
  Folia na podłożu MgO, **184-204**
  Rezonatory Microstrip, **184-204**
  Rezonator mikropaskowy jako standard do dokładnej charakterystyki folii HTS w mikrofalach (oryginalna propozycja Liedenyova), **212**
  Wybór i optymalizacja geometrii rezonatora Microstrip, **184-204**
  Obliczanie geometrii układu rezonatora Microstrip, **184-204**
  Opracowanie prototypu rezonatora Microstrip, **184-204**
  Symulacja funkcji reakcji na sygnał rezonatora mikropaskowego, **184-204**
Materiał nadprzewodzący YBCO, **201**
  Utlenianie, **201**
  Degradacja strukturalna i/lub uszkodzenia, **201**
Metody osadzania cienkich/grubych warstw YBCO, **96**
  Współsparowanie wiązki elektronów, **96**
  Ablacja laserowa, **96**
  MOCVD, **96**
  Napylanie jonowe, **96**
Parametry cienkich warstw YBCO, **168-169, 184-185**
  Do dokładnej charakteryzacji w rezonatorze dielektrycznym, **168-169**
  Do dokładnej charakteryzacji w rezonatorach mikropaskowych, **184-185**

Indeks autorski

Abrikosow, **50, 60**
Allen, **166, 215**
Altman, **139**
Andreone, **23, 106, 107**
Anlage, **106**
Arndt, **139**
Ashburn, **58**
Attanassio, **107**
Atwater, **103**

Badaye, **181, 202**
Bardeen, **2, 48, 49, 60**
Barone, **138**
Fasola, **117, 138**
Beasley, **204**
Bednorz, **11, 21,27, 58**
Belitsky, **137**
Belk , **106**
Berezin, **107**
Bila, **139**
Bin Wei, **184, 203, 205, 215**
Boffa, **182, 203**
Bohn, **105, 108**
Booth, **23, 97, 109**
Bose, **48**
Budhani, **204**
Bunyakovsky, **25, 58**
Burton, **11, 21**

Cantoni, 181, 202
Carini, **105**
Casimir, **2, 8, 31, 40, 41, 42, 60, 111, 137, 144, 148, 166, 216, 221, 222**
Cauchy, **25, 58**
Ceraco, **183**
Chaudari, **138**
Cheng, **103**
Chu, **58**
Clarke, **203**
Coleman, **69, 70, 73, 105, 182**
Collado, **140**
Collin, **104**
Colun, **21**
Cook, **103**
Cooke, **108, 118, 139**
Cooper, **2, 48, 49, 60, 92, 113, 114, 115, 116, 137**

Dahm, **61**
Dzień, **106**
Delayen, **82, 108**
Desoer, **166**
Deutscher, **204**
Dhanaraj, **59**
Diete, **91, 109**
Diorio, **106**

Einstein, 48
Enaki, **21**

Faber, **181, 202**
Fermi, **45, 49**
Fiedziuszko, 73
Fietz, **109**
Jędrny, **59**
Fletcher, **103**
Fourie, **137**
Fourier, **25, 58**
Fröhlich, **60 lat**

Gaj, 137
Gaganidze, **109**
Gallito, **24**
Gao, **58**
Ginsburg, **2, 45-48, 50, 60**
Ginzton, **105**
Glatzl, **216**
Rękawicznik, **69, 104**
Gor'kov, **50, 61**

Gorter, **2, 8, 19, 31, 40, 41, 42, 60, 113, 111, 137, 144, 145, 148, 166, 216, 221, 222**
Göppl, **106**
Guillon, **105**
Gupta, **106**

Hackett, 107
Hafner, **22**
Hakki, **69, 70, 73, 105, 182**
Halbritter, **60, 107, 118, 138, 166**
Hein, **103, 108, 118, 139, 203**
Higuchi, **181, 202**
Hor, **58**
Huang, **58**
Hylton, **107, 138**

Ismail, **139**

Jacob, **22, 61, 107, 109, 166, 215, 216**
Jean-Fu Kiang, **61**
Jewett, **59**
Josephson, **51, 53, 101, 115, 116, 138**

Kajfez, **105, 139, 182, 203**
Kamerlingh Onnes, **21, 25, 26, 58, 216**
Kamihara, **58**
Katawe, **104**
Katoh, **105**
Kikkert, **214**
Kitazawa, **61**
Kociołek, **59**
Klein, **104, 105**
Knack, **61**
Knauf, **24**
Kobayashi, **83, 105, 108**
Kobrin, **104**
Krekels, **181, 202**
Kresin, **59, 103**
Kozakowski, **139**
Krupka, **105, 182, 183, 203 215, 216**

Laffez, **181, 202**
Lamperez, **139**
Lancaster, **109, 138, 166**
Landau, **2, 38, 45, 46, 47, 48, 50, 60, 92**
Langley, **106**
Liedieniow D O, **24, 59, 61, 109, 166, 182, 184, 185, 203, 213, 215, 216, 245**
Liedieniow O P, **59, 61, 215, 203**
Liedieniow V O, **24, 59, 61, 109, 203**
Leong, **105, 139, 140, 182, 203, 214, 215, 216**
Likharev, **52, 61**
Londyn F, **2, 34, 40, 43, 46, 47, 48, 60, 65, 104, 112, 113**
Londyn H, **2, 34, 40, 43, 46, 47, 48, 60, 65, 103, 111, 112**
Lynton, **60**
Lyons, **61, 166**

Martens, **22**
Mateu, **23, 140**
Ma X, **105**
Ma Z, **105, 139**
Mazierska (Ceremuga-Mazierska), **22, 24, 61, 103, 104, 105, 107, 140, 166, 182, 203, 204, 215, 216**
McLennan, **11, 21**
Meissner, **2, 32, 33, 37, 40, 43**
Meng, **58**
Monot, **181, 202**
Mori, **181, 202**
Mueller, **11, 21, 27, 58**
Murakami, **181, 202**
Muranaka, **181, 202**

Nguyen, **106, 109, 117, 138, 166**
Nisenoff, **21, 138**
Norris, **117, 138**

Oates, **15, 21, 22, 23, 86, 106, 107, 108, 116, 138, 166**
Ochsenfeld, **2, 32, 33, 40**
Ogg, **60**
Ohm, **64**

Parmenter, **21**
Paterno, **138**
Piel, **105**
Pippard, **46, 47, 60, 65, 103**
Pitt, **11, 21**
Pompeo, **22, 104, 183**
Poole, **140**
Ganek, **23**
Portis, **106, 107, 118, 139, 140**
Pozar, **103, 166**

Rafique, **137**
Rains, **182, 203, 216**
Rakshit, **204**
Rauch, **106**
Rauly, **137**
Reuter, **64, 103**
Rhoderick, **59**
Rickayzen, **60**
Rose-Innes, **59**
Trasa, **204**

Saito, **61**
Sakai, **181, 202**
Salluzo, **181, 202**
Scalapino, **61**
Schrieffer, **2, 48, 49**
Seidel, **21**
Semenow, **137**
Semerad, **24, 182, 203**
Serway, **59**
Wstrząśnięty, **181, 202**
Szubnikow, **213**
Silsbee, **36, 59**
Silva, **183**
Simon, **204**
Snortland, **108**
Sondheimer, **64, 103**
Piosenka, **106**
Sridhar, **138, 166**

Taber, **21, 72, 105**
Takahashi, **59**
Takaichi, **181, 202**
Takeuchi, **137**
Tancret, **181, 202**
Tao, **139**
Thiemann, **22**
Tichonowski, **203**
Tinkham, **59, 68, 103, 104**
Torng, **58**
Torokhtii, **183**
Trunin, **138**
Tsindlekht, **107**
Turner, **60, 103**

Utz, **24, 181, 202**

Van Duzer, **60, 103**
Van Tende, **181, 202**
Cielęcina, **181, 202**
Velichko, **23, 61, 104, 108**
Vendik, **140**
Volkmann, **137**

Wai-Kwong Kwok, **216**
Wallraff, **106**
Wang, **58**
Weinstock, **138**
Welp, **216**
Wilhelm, **11, 21**
Wilker, **105, 182**
Withers, **61, 166**
Wilk, **59, 103**
Woodall, **23**
Wosik, **15, 24, 118, 138**
Wu G, **59**
Wu M K, **58, 59**

Yoo, **181, 202**

Xin, **93, 108**
Xiong, **59**

Zhang, **23, 103**
Zhi-An, **59**
Zhu, **59**
Zmuidzinas, **106**
Zou, **181, 202**
Zuchowski, **182, 203, 216**

Nonlinearities in Microwave Superconductivity bada nieliniowości w nadprzewodnictwie mikrofalowym. Omówiono w nim nowe teoretyczne i eksperymentalne wyniki badań nad nieliniowością nadprzewodnictwa mikrofalowego, uzyskane przez Dimitriego O. Liedenyova podczas jego badań na Uniwersytecie Jamesa Cooka w Australii we współpracy z badaczami z Niemiec, P.R. China i Ukrainy. Opisuje on teorie i eksperymenty mające na celu precyzyjne wykrywanie, mierzenie, modelowanie, analizowanie i lepsze zrozumienie nieliniowości, proponując nowe rozwiązania inżynieryjne mające na celu poprawę syntezy materiałów HTS i projektów urządzeń mikrofalowych.

Cechy kluczowe:

* Badania Nieliniowe właściwości mikrofalowe YBa2Cu3O7-$_\delta$ i NdBa2Cu3O7-$_\delta$ Cienki, wysokotemperaturowy filtr nadprzewodnikowy w urządzeniach mikrofalowych w elektronice

* Badanie YBa2Cu3O7-$_\delta$ i NdBa2Cu3O7-$_\delta$ Optymalizacja projektowania urządzeń mikrofalowych poprzez dokładną charakterystykę nieliniowości Pochodzenie i właściwości w elektronice

* Opracowuje zaawansowany model obwodu zastępczego elementów grudkowych YBa2Cu3O7-$_\delta$ i NdBa2Cu3O7-$_\delta$ Nadprzewodniki wysokotemperaturowe w rezonatorze dielektrycznym w mikrofalach

* Tworzy zaawansowane modele układów równoważnych z elementami grudkowymi YBa2Cu3O7-$_{\delta\delta}$ i NdBa2Cu3O7- nadprzewodników wysokotemperaturowych w rezonatorach mikropaskowych w mikrofalach.

* Wykonuje komputerowe modelowanie nieliniowych właściwości mikrofalowych YBa2Cu3O7-$_\delta$ i NdBa2Cu3O7-$_\delta$ nadprzewodników wysokotemperaturowych w rezonatorze dielektrycznym przy użyciu opracowanego zaawansowanego modelu równoważnych elementów grudkowych w mikrofalach.

* Kompleksowe komputerowe modelowanie nieliniowych właściwości mikrofal YBa2Cu3O7-$_\delta$ i NdBa2Cu3O7-$_\delta$ nadprzewodników wysokotemperaturowych w rezonatorach mikropaskowych przez zastosowanie w mikrofalach stworzonego zaawansowanego modelu równoważnych elementów grudkowych.

* Prowadzi badania eksperymentalne cienkich warstw nadprzewodnika wysokotemperaturowego YBa2Cu3O7-$_\delta$ i NdBa2Cu3O7-$_\delta$ na podłożach MgO w rezonatorze dielektrycznym w mikrofalach.

* Prowadzi badania eksperymentalne cienkich warstw nadprzewodnika YBa2Cu3O7-$_\delta$ i NdBa2Cu3O7-$_\delta$ na podłożach MgO w rezonatorze mikropaskowym w mikrofalach.

* Porównanie komputerowych danych modelowych i wyników pomiarów doświadczalnych nieliniowych właściwości mikrofalowych YBa2Cu3O7-$_\delta$ i

$NdBa_2Cu_3O_{7-\delta}$ Nadprzewodniki wysokotemperaturowe w rezonatorze dielektrycznym i rezonatorze mikropaskowym w mikrofalach

* Skupia się na niektórych aspektach $YBa_2Cu_3O_{7-\delta}$ i $NdBa_2Cu_3O_{7-\delta}$ Poprawa syntezy wysokotemperaturowych nadprzewodników dla nowych projektów urządzeń mikrofalowych i zastosowań w elektronice.

Printed by Books on Demand GmbH, Norderstedt / Germany